21 世纪高等院校电气工程与自动化规划教材

21 century institutions of higher learning materials of Electrical Engineering and Automation Planning

Electrical Practical CAD Tutorial

电气 CAD
实例教程

（AutoCAD 2010 中文版）

左昉　胡仁喜　等　编著

U0258325

人民邮电出版社
北 京

图书在版编目（ＣＩＰ）数据

电气CAD实例教程：AutoCAD2010中文版 / 左昉等编
著. -- 北京 : 人民邮电出版社, 2012.11
21世纪高等院校电气工程与自动化规划教材
ISBN 978-7-115-29423-4

Ⅰ. ①电… Ⅱ. ①左… Ⅲ. ①电气设备-计算机辅助
设计-AutoCAD软件-高等学校-教材 Ⅳ. ①TM02-39

中国版本图书馆CIP数据核字(2012)第236263号

内 容 提 要

本书重点介绍 AutoCAD 2010 中文版的新功能及各种基本操作方法和技巧，并添加了具体的应用实例。其最大的特点是，在进行知识点讲解的同时，不仅列举了大量的实例，还增加了上机操作，使读者能够在实践中掌握 AutoCAD 2010 的操作方法和技巧。

全书分为 13 章，分别介绍了电气工程图概述，AutoCAD 2010 的入门，二维绘图命令，精确绘图命令，编辑命令，表格和尺寸标注，辅助绘图工具，电路图设计，控制电气设计，机械电气设计，通信工程图设计，电力电气工程图设计、建筑电气工程图设计等内容。

本书内容翔实，图文并茂，语言简洁，思路清晰，实例丰富，可以作为初学者的入门与提高教材，也可作为技术人员的参考工具书。

21 世纪高等院校电气工程与自动化规划教材

电气 CAD 实例教程（AutoCAD 2010 中文版）

◆ 编　著　左　昉　胡仁喜 等
　 责任编辑　李海涛

◆ 人民邮电出版社出版发行　　北京市丰台区成寿寺路 11 号
　 邮编　100164　电子邮件　315@ptpress.com.cn
　 网址　http://www.ptpress.com.cn
　 大厂回族自治县聚鑫印刷有限责任公司印刷

◆ 开本：787×1092　1/16
　 印张：20　　　　　　　　　　2012 年 11 月第 1 版
　 字数：501 千字　　　　　　　2025 年 1 月河北第 26 次印刷

ISBN 978-7-115-29423-4
定价：46.00 元（附光盘）

读者服务热线：(010) 81055256　印装质量热线：(010) 81055316
反盗版热线：(010) 81055315

AutoCAD 是美国 Autodesk 公司推出的，集二维绘图、三维设计、渲染及通用数据库管理和互联网通信功能为一体的计算机辅助绘图软件包。自 1982 年推出以来，从初期的 AutoCAD1.0 版本，经多次版本更新和性能完善，现已发展到 AutoCAD 2013，不仅在机械、电子、建筑等工程设计领域得到了广泛的应用，而且在地理、气象、航海等特殊图形的绘制，甚至乐谱、灯光、幻灯和广告等领域也得到了多方面的应用，目前已成为微机 CAD 系统中应用最为广泛的图形软件之一。

本书的编者都是各高校多年从事计算机图形教学研究的一线人员，他们具有丰富的教学实践经验与教材编写经验。多年的教学工作使他们能够准确地把握学生的读者心理与实际需求。本书凝结着他们的经验与体会，贯彻着他们的教学思想，同时编者根据读者工程应用学习的需要编写了此书，希望能够为广大读者的学习起到良好的引导作用，为广大读者自学提供一个简洁有效的终南捷径。

本书的编写采用目前应用较广泛的 AutoCAD 2010 版本。相比其他版本而言，AutoCAD 2010 中的二维和三维制图功能都得到了强化和改进，提高了制图的易用性。具体而言，新增功能有以下 2 个方面。

（1）参数化绘图：可以对绘制的对象进行几何约束和尺寸约束。几何约束有水平、竖直、平行、垂直、相切、圆滑、同点、同线、同心、对称等方式的约束；尺寸约束最大的特点就是可以尺寸驱动，也可以锁定对象。

（2）动态图块：几何约束和尺寸约束可以添加到动态图块中。动态块编辑器中还增强了动态参数管理和块属性表格。

本书重点介绍 AutoCAD 2010 中文版的新功能及各种基本操作方法和技巧，还添加了具体应用实例。全书分为 13 章，分别介绍了电气工程图概述，AutoCAD 2010 的入门，二维绘图命令，精确绘图命令，编辑命令，表格和尺寸标注，辅助绘图工具，电路图设计，控制电气设计，机械电气设计，通信工程图设计，电力电气工程图设计、建筑电气工程图设计等内容。

在本书的编写中，注意由浅入深，从易到难，各章节既相对独立又前后关联。编者根据自己多年的经验及学习的通常心理，及时给出总结和相关提示，帮助读者快捷地掌握所学知识。全书解说翔实，图文并茂，语言简洁，思路清晰，可以作为初学者的入门教材，也可作为工程技术人员的参考工具书。

本书由北京科技大学的左昉老师和军械工程学院的胡仁喜老师编写。另外，刘昌丽、路纯红、康士廷、熊慧、王佩楷、袁涛、张日晶、李鹏、王义发、周广芬、王培合、周冰、王玉秋、李瑞、董伟、王敏、王渊峰、王兵学、王艳池、夏德伟、张俊生等也为本书的编写提供了大力支持，值此图书出版发行之际，向他们表示衷心的感谢。

限于时间和编者水平，书中疏漏之处在所难免，不当之处恳请读者批评指正，编者不胜感激。有任何问题，请登录网站 www.sjzsanweishuwu.com 或联系 win760520@126.com。

编　者

2012 年 7 月

目　　录

第 1 章　电气工程图概述

● **学习目标**

电气工程图是一种示意性的工程图，它主要用图形符号、线框或者简化外形表示电气设备或系统中各有关组成部分的连接关系。本章将介绍电气工程相关的基础知识，并参照国家标准 GB/T1835—2000《电气工程 CAD 制图规则》中常用的有关规定，介绍绘制电气工程图的一般规则，并实际绘制标题栏，建立 A3 幅面的样板文件。

● **学习要点**

➢ 电气工程图的分类及特点
➢ 电气工程 CAD 制图规范
➢ 电气图符号的构成和分类

1.1　电气工程图的分类及特点

为了让读者在绘制电气工程图之前对电气工程图的基本概念有所了解，本节将简要介绍电气工程图的一些基础知识，包括电气工程图的应用范围、电气工程图的分类、电气工程图的特点等知识。

1.1.1　电气工程的应用范围

电气工程包含的范围很广，如电子、电力、工业控制、建筑电气等，不同的应用范围其工程图的要求大致是相同的；但也有其特定要求，规模也大小不一。根据应用范围的不同，电气工程大致可分为以下几类。

1. **电力工程**

（1）发电工程。根据不同电源性质，发电工程主要分为火电、水电、核电 3 类。发电工程中的电气工程指的是发电厂电气设备的布置、接线、控制及其他附属项目。

（2）线路工程。用于连接发电厂、变电站和各级电力用户的输电线路，包括内线工程和外线工程。内线工程指室内动力、照明电气线路及其他线路。外线工程指室外电源供电线路，包括架空电力线路、电缆电力线路等。

（3）变电工程。升压变电站将发电站发出的电能进行升压，以减少远距离输电的电能损失；降压变电站将电网中的高电压降为各级用户能使用的低电压。

2. 电子工程

电子工程主要是应用于计算机、电话、广播、闭路电视、通信等众多领域的弱电信号线路和设备。

3. 建筑电气工程

建筑电气工程主要是应用于工业与民用建筑领域的动力照明、电气设备、防雷接地等，包括各种动力设备、照明灯具、电器以及各种电气装置的保护接地、工作接地、防静电接地等。

4. 工业控制电气

工业控制电气主要是用于机械、车辆及其他控制领域的电气设备，包括机床电气、电机电气、汽车电气和其他控制电气。

1.1.2　电气工程图的特点

电气工程图有如下特点。

（1）电气工程图的主要表现形式是简图。简图是采用标准的图形符号和带注释的框或者简化外形表示系统或设备中各组成部分之间相互关系的一种图。电气工程中绝大部分采用简图的形式。

（2）电气图描述的主要内容是元件和连接线。一种电气设备主要由电气元件和连接线组成。因此，无论电路图、系统图，还是接线图和平面图都是以电气元件和连接线作为描述的主要内容。也正因为对电气元件和连接线有多种不同的描述方式，从而构成了电气图的多样性。

（3）电气工程图的基本要素是图形、文字和项目代号。一个电气系统或装置通常由许多部件、组件构成，这些部件、组件或者功能模块称为项目。项目一般由简单的符号表示，这些符号就是图形符号。通常每个图形符号都有相应的文字符号。在同一个图上，为了区别相同的设备，需要设备编号。设备编号和文字符号一起构成项目代号。

（4）电气工程图的两种基本布局方法是功能布局法和位置布局法。功能布局法指在绘图时，图中各元件的位置只考虑元件之间的功能关系，而不考虑元件的实际位置的一种布局方法。电气工程图中的系统图、电路图采用的是这种方法。

位置布局法是指电气工程图中的元件位置对应于元件的实际位置的一种布局方法。电气工程中的接线图、设备布置图采用的就是这种方法。

（5）电气工程图具有多样性。不同的描述方法，如能量流、逻辑流、信息流、功能流等，形成了不同的电气工程图。系统图、电路图、框图、接线图就是描述能量流和信息流的电气工程图；逻辑图是描述逻辑流的电气工程图；功能表图、程序框图描述的是功能流。

1.1.3　电气工程图的种类

电气工程图一方面可以根据功能和使用场合分为不同的类别，另一方面各种类别的电气工程图都有某些联系和共同点。不同类别的电气工程图适用于不同的场合，其表达工程含义的侧重点也不尽相同。对于不同专业和在不同场合下，只要是按照同一种用途绘成的电气图，不仅在表达方式与方法上必须是统一的，而且在图的分类与属性上也应该一致。

电气工程图用来阐述电气工程的构成和功能，描述电气装置的工作原理，提供安装和维护使用的信息，辅助电气工程研究，指导电气工程实践施工等。电气工程的规模不同，该项工程的电气图的种类和数量也不同。电气工程图的种类跟工程的规模有关，较大规模的电气工程通常要包含更多种类的电气工程图，从不同的侧面表达不同侧重点的工程含义。一般来讲，一项电气工程的电气图通常装订成册，包含以下内容。

1. 目录和前言

电气工程图的目录好比书的目录，便于资料系统化和检索图样，方便查阅，由序号、图样名称、编号、张数等构成。

前言中一般包括设计说明、图例、设备材料明细表、工程经费概算等。设计说明的主要目的在于阐述电气工程设计的依据、基本指导思想与原则，图样中未能清楚表明的工程特点、安装方法、工艺要求、特设设备的安装使用说明，以及有关的注意事项等的补充说明。图例就是图形符号，一般在前言中只列出本图样涉及的一些特殊图例。通常图例都有约定俗成的图形格式，可以在通过查询国家标准和电气工程手册获得。设备材料明细表列出该电气工程所需的主要电气设备和材料的名称、型号、规格和数量，可供实验准备、经费预算和购置设备材料时参考。工程经费概算用于大致统计出该套电气工程所需的费用，可以作为工程经费预算和决算的重要依据。

2. 电气系统图和框图

系统图是一种简图，由符号或带注释的框绘制而成，用来概略表示系统、分系统、成套装置或设备的基本组成、相互关系及其主要特征，为进一步编制详细的技术文件提供依据，供操作和维修时参考。系统图是绘制较其层次为低的其他各种电气图（主要是指电路图）的主要依据。

系统图对布图有很高的要求，强调布局清晰，以利于识别过程和信息的流向。基本的流向应该是自左至右或者自上至下，如图1-1所示。只有在某些特殊情况下才可例外，如用于表达非电工程中的电气控制系统或者电气控制设备的系统图和框图，可以根据非电过程的流程图绘制，但是图中的控制信号应该与过程的流向相互垂直，以利识别，如图1-2所示。

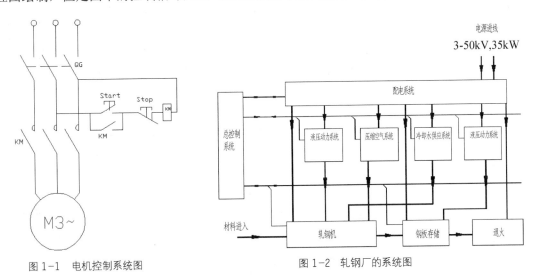

图1-1 电机控制系统图　　　　　图1-2 轧钢厂的系统图

3. 电路图

电路图是用图形符号绘制，并按工作顺序排列，详细表示电路、设备或成套装置的全部基本组成部分的连接关系，侧重表达电气工程的逻辑关系，而不考虑其实际位置的一种简图。电路图的用途很广，可以用于详细地理解电路、设备或成套装置及其组成部分的作用原理，分析和计算电路特性，为测试和寻找故障提供信息，并作为编制接线图的依据，简单的电路图还可以直接用于接线。

电路图的布图应突出表示功能的组合和性能。每个功能级都应以适当的方式加以区分，突出信息流及各级之间的功能关系。其中使用的图形符号，必须具有完整形式，元件画法简单而且符合国家规范。电路图应根据使用对象的不同需要，增注相应的各种补充信息，特别是应该尽可能地考虑给出维修所需的各种详细资料，如项目的型号与规格，表明测试点，并给出有关的测试数据（各种检测值）和资料（波形图）等。图 1-3 所示为 CA6140 车床电气设备电路图。

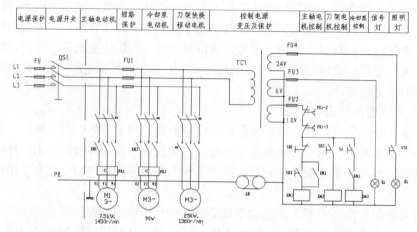

图 1-3 CA6140 车床电气设备电路图

4. 电气接线图

接线图是用符号表示成套装置，设备或装置的内部、外部各种连接关系的一种简图，便于安装接线及维护。

接线图中的每个端子都必须注出元件的端子代号，连接导线的两端子必须在工程中统一编号。接线图布图时，应大体按照各个项目的相对位置进行布置，连接线可以用连续线方式画，也可以用断线方式画。如图 1-4 所示，不在同一张图的连接线可采用断线画法。

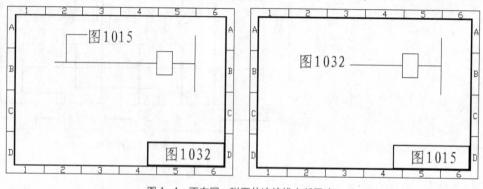

图 1-4 不在同一张图的连接线中断画法

5. 电气平面图

电气平面图主要是表示某一电气工程中电气设备、装置和线路的平面布置。它一般是在建筑平面的基础上绘制出来的。常见的电气平面图有线路平面图、变电所平面图、照明平面图，弱点系统平面图、防雷与接地平面图等。图 1-5 所示为某车间的电气平面图。

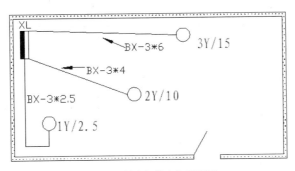

图 1-5　某车间的电气平面图

6. 其他电气工程图

在常见电气工程图中除以上提到的系统图、电路图、接线图、平面图主要的 4 种外，还有以下 4 种。

（1）设备布置图。设备布置图主要表示各种电气设备的布置形式、安装方式及相互间的尺寸关系，通常由平面图、立体图、断面图、剖面图等组成。

（2）设备元件和材料表。设备元件和材料表是把某一电气工程所需主要设备、元件、材料和有关的数据列成表格，表示其名称、符号、型号、规格、数量等。

（3）大样图。大样图主要表示电气工程某一部件、构件的结构，用于指导加工与安装，其中一部分大样图为国家标准。

（4）产品使用说明书用电气图。电气工程中选用的设备和装置，其生产厂家往往随产品使用说明书附上电气图，这些也是电气工程图的组成部分。

1.2　电气工程 CAD 制图规范

本节扼要介绍国家标准 GB/T 18131—2000《电气工程 CAD 制图规则》中常用的有关规定，同时对其引用的有关标准中的规定加以引用与解释。

1.2.1　图纸格式

1. 幅面

电气工程图纸采用的基本幅面有 5 种：A0、A1、A2、A3 和 A4，各图幅的相应尺寸如表 1-1 所示。

表 1-1　　　　　　　　**图幅尺寸的规定**　（单位：mm）

幅面	A0	A1	A2	A3	A4
长	1189	841	594	420	297
宽	841	594	420	297	210

2. 图框

（1）图框尺寸。如表 1-2 所示，在电气图中，确定图框线的尺寸有两个依据，一是图纸是否需要装订，二是图纸幅面的大小。需要装订时，装订的一边就要留出装订边。图 1-6 和图 1-7 所示分别为不留装订边的图框、留装订边的图框。右下角矩形区域为标题栏位置。

表 1-2 图纸图框尺寸（单位：mm）

幅面代号	A0	A1	A2	A3	A4
e	20			10	
c	10			5	
a	25				

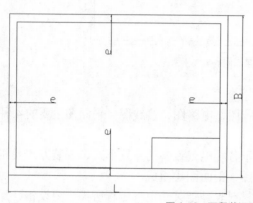

图 1-6 不留装订边的图框

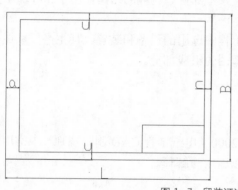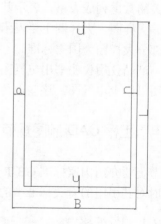

图 1-7 留装订边的图框

（2）图框线宽。图框的内框线，根据不同幅面，不同输出设备宜采用不同的线宽，如表 1-3 所示。各种图幅的外框线均为 0.25mm 的实线。

表 1-3 图幅内框线宽（单位：mm）

幅面	绘图机类型	
	喷墨绘图机	笔式绘图机
A0，A1	1.0	0.7
A2，A3，A4	0.7	0.5

1.2.2 文字

1. 字体

电气工程图样和简图中的汉字应为长仿宋体。在 AutoCAD 2010 环境中，汉字字体可采用 Windows 系统所带的 TrueType "仿宋_GB2312"。

2. 文本尺寸高度

（1）常用的文本尺寸宜在下列尺寸中选择：1.5，3.5，5，7，10，14，20，单位：mm。

（2）字符的宽高比约为 0.7。

（3）各行文字间的行距不应小于 1.5 倍的字高。

（4）图样中采用的各种文本尺寸如表 1-4 所示。

表 1-4 　　　　　　　　　　　　　　　　图样中各种文本尺寸

文本类型	中文		字母及数字	
	字高	字宽	字高	字宽
标题栏图名	7~10	1~7	1~7	3.1~5
图形图名	7	5	5	3.5
说明抬头	7	5	5	3.5
说明条文	5	3.5	3.5	1.5
图形文字标注	5	3.5	3.5	1.5
图号和日期	5	3.5	3.5	1.5

3. 表格中的文字和数字

（1）数字书写：带小数的数值，按小数点对齐；不带小数点的数值，按各位对齐。

（2）文本书写：正文按左对齐。

1.2.3 图线

1. 线宽

根据用途，图线宽度宜从下列线宽中选用：0.18，0.25，0.35，0.5，0.7，1.0，1.4，1.0，单位：mm。

图形对象的线宽尽量不多于 2 种，每种线宽间的比值应不小于 2。

2. 图线间距

平行线（包括画阴影线）之间的最小距离不小于粗线宽度的两倍，建议不小于 0.7mm。

3. 图线形式

根据不同的结构含义，采用不同的线型，具体要求如表 1-5 所示。

表 1-5 　　　　　　　　　　　　　　　　图线形式

图线名称	图形形式	图线应用	图线名称	图形形式	图线应用
粗实线	▬▬▬▬	电器线路一次线路	点画线	—·—·—	控制线,信号线,围框图
细实线	———	二次线路一般线路	点画线,双点画线	—··—··—	原轮廓线
虚　线	-------	屏蔽线，机械连线	双点画线	—··—··—	辅助围框线，36V 以下线路

4. 线型比例

线型比例 k 与印制比例宜保持适当关系，当印制比例为 $1：n$ 时，在确定线宽库文件后，线型比例可取 $k×n$。

1.2.4　比例

推荐采用比例如表 1-6 所示。

表 1-6　　　　　　　　　　　　　　比例

类别	推荐比例		
放大比例	50：1		
	5：1		
原尺寸	1：1		
缩小比例	1：2	1：5	1：10
	1：20	1：50	1：100
	1：200	1：500	1：1000
	1：2000	1：5000	1：10000

1.3　电气图符号的构成和分类

按简图形式绘制的电气工程图中，元件、设备、线路及其安装方法等都是借用图形符号、文字符号和项目代号来表达的：分析电气工程图，首先要明了这些符号的形式、内容、含义以及它们之间的相互关系。

1.3.1　电气图形符号的构成

电气图形符号包括一般符号、符号要素、限定符号和方框符号。

1. 一般符号

一般符号是用来表示一类产品或此类产品特征的简单符号，如电阻、电容、电感等，如图 1-8 所示。

图 1-8　电阻、电容、电感符号

2. 符号要素

符号要素是一种具有确定意义的简单图形，必须同其他图形组合构成一个设备或概念的完成符号。例如，真空二极管是由外壳、阴极、阳极和灯丝 4 个符号要素组成的。符号要素一般不能单独使用，只有按照一定方式组合起来才能构成完成的符号。符号要素的不同组合可以构成不同的符号。

3. 限定符号

一种用以提供附加信息的加在其他符号上的符号，称为限定符号。限定符号一般不代表独立的设备、器件和元件，仅用来说明某些特征、功能、作用等。限定符号一般不单独使用，当一般符号加上不同的限定符号，可得到不同的专用符号。例如，在开关的一般符号上加不同的限定符号可分别得到隔离开关、断路器、接触器、按钮开关和转换开关。

4. 方框符号

用以表示元件、设备等的组合及其功能，既不给出元件、设备的细节，也不考虑所有这些连接的一种简单图形符号。方框符号在系统图和框图中使用最多，读者可在第 5 章中见到详细的设计实例。另外，电路图中的外购件、不可修理件也可用方框符号表示。

1.3.2 电气图形符号的分类

新的《电气简图用图形符号》国家标准代号为 GB/T 4728.1—2005，采用国际电工委员会（IEC）标准，在国际上具有通用性，有利于对外技术交流。GB/T 4728 电气图用图形符号共分 13 部分。

1. 总则

有本标准内容提要、名词术语、符号的绘制、编号使用及其他规定。

2. 符号要素、限定符号和其他常用符号

内容包括轮廓和外壳、电流和电压的种类、可变性、力或运动的方向、流动方向、材料的类型、效应或相关性、辐射、信号波形、机械控制、操作件和操作方法、非电量控制、接地、接机壳和等电位、理想电路元件等。

3. 导体和连接件

内容包括电线、屏蔽或绞合导线、同轴电缆、端子与导线连接、插头和插座、电缆终端头等。

4. 基本无源元件

内容包括电阻器、电容器、铁氧体磁心、压电晶体、驻极体等。

5. 半导体管和电子管

内容包括二极管、三极管、晶闸管、电子管等。

6. 电能的发生与转换

内容包括绕组、发电机、变压器等。

7. 开关、控制和保护器件

内容包括触点、开关、开关装置、控制装置、起动器、继电器、接触器和保护器件等。

8. 测量仪表、灯和信号器件

内容包括指示仪表、记录仪表、热电偶、遥测装置、传感器、灯、电铃、蜂鸣器、喇叭等。

9. 电信：交换和外围设备

内容包括交换系统、选择器、电话机、电报和数据处理设备、传真机等。

10. 电信：传输

内容包括通信电路、天线、波导管器件、信号发生器、激光器、调制器、解调器、光纤传输线路等。

11. 建筑安装平面布置图

内容包括发电站、变电所、网络、音响和电视的分配系统、建筑用设备、露天设备。

12. 二进制逻辑元件

内容包括计算器、存储器等。

13. 模拟元件

内容包括放大器、函数器、电子开关等。

思考与练习

1. 电气工程图分为哪几类？

2. 电气工程图具有什么特点？

3. 电气工程图在 CAD 制图中，在图纸格式、文字、图线等方面有什么要求？

第 **2** 章 AutoCAD 2010 入门

● 学习目标

本章学习 AutoCAD 2010 绘图的基本知识。了解如何设置图形的系统参数、样板图,熟悉创建新的图形文件、打开已有文件的方法等,为进入系统学习准备必要的前提知识。

● 学习要点

➢ 操作界面
➢ 设置绘图环境
➢ 配置绘图系统
➢ 文件管理
➢ 掌握基本输入操作

2.1 操作界面

AutoCAD 操作界面是 AutoCAD 显示、编辑图形的区域,一个完整的 AutoCAD 操作界面如图 2-1 所示,包括标题栏、菜单栏、工具栏、快速访问工具栏、交互信息工具栏、功能区、绘图区、十字光标、坐标系图标、命令行窗口、状态栏、布局标签、滚动条、状态托盘等。

技巧荟萃

需要将 AutoCAD 的工作空间切换到"AutoCAD 经典"模式下(单击操作界面右下角中的"切换工作空间"按钮,在弹出的菜单中单击"AutoCAD 经典"命令),才能显示如图 2-1 所示的操作界面。本书稿中的所有操作均在"AutoCAD 经典"模式下进行。

---

1. 标题栏

在 AutoCAD 2010 中文版操作界面的最上端是标题栏。在标题栏中,显示了系统当前正在运行的应用程序(AutoCAD 2010)和用户正在使用的图形文件。第一次启动 AutoCAD 2010时,在标题栏中,将显示 AutoCAD 2010 在启动时创建并打开的图形文件的名称"Drawing1.dwg",如图 2-1 所示。

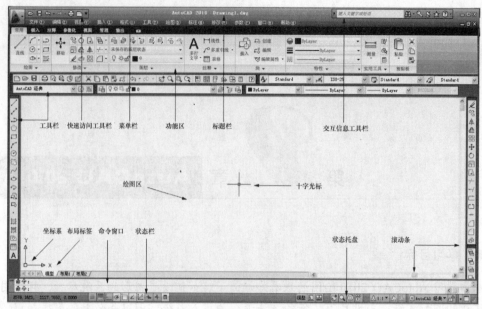

图 2-1　AutoCAD 2010 中文版操作界面

2. 菜单栏

标题栏的下方是菜单栏，同其他 Windows 程序一样，AutoCAD 的菜单也是下拉式的，并在菜单中包含子菜单。AutoCAD 的菜单栏中包含 12 个菜单："文件"、"编辑"、"视图"、"插入"、"格式"、"工具"、"绘图"、"标注"、"修改"、"参数"、"窗口"和"帮助"，这些菜单几乎包含了 AutoCAD 的所有绘图命令，后续章节将对这些菜单功能做详细讲解。一般来说，AutoCAD 下拉菜单中的命令有以下 3 种。

（1）带有子菜单的菜单命令。这种类型的菜单命令后面带有小三角形。例如，选择菜单栏中的"绘图"命令，指向其下拉菜单中的"圆"命令，系统就会进一步显示出"圆"子菜单中所包含的命令，如图 2-2 所示。

（2）打开对话框的菜单命令。这种类型的命令后面带有省略号。例如，选择菜单栏中的"格式"→"表格样式"命令，如图 2-3 所示，系统就会打开"表格样式"对话框，如图 2-4 所示。

（3）直接执行操作的菜单命令。这种类型的命令后面既不带小三角形，也不带省略号，选择该命令将直接进行相应的操作。例如，选择菜单栏中的"视图"→"重画"命令，系统将刷新显示所有视口。

3. 工具栏

图 2-2　带有子菜单的菜单命令

工具栏是一组按钮工具的集合，把光标移动到某个按钮上，稍停片刻即在该按钮的一侧显示相应的功能提示，同时在状态栏中，显示对应的说明和命令名，此时，单击按钮就可以启动相应的命令了。在 AutoCAD 经典模式的默认情况下，可以看到操作界面顶部的"标准"工具栏、"样式"工具栏、"特性"工具栏以及"图层"工具栏（见图 2-5）和位于绘图区左侧的"绘图"工具栏、右侧的"修改"工具栏和"绘图次序"工具栏（见图 2-6）。

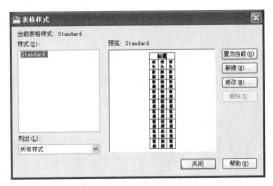

图2-3　打开对话框的菜单命令　　　　　　　　图2-4　"表格样式"对话框

图2-5　默认情况下显示的工具栏

图2-6　"绘图"、"修改"、"绘图次序"工具栏

（1）设置工具栏。AutoCAD 2010提供了46种工具栏，将光标放在操作界面上方的工具栏区右击，系统会自动打开单独的工具栏标签，如图2-7所示。单击某一个未在界面显示的工具栏名，系统自动在界面打开该工具栏；反之，关闭工具栏。

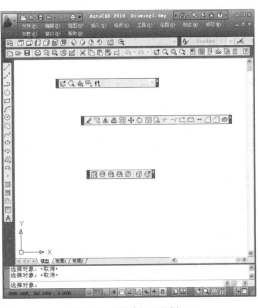

图2-7　单独的工具栏标签　　　　　　　　　　图2-8　"浮动"工具栏

（2）工具栏的"固定"、"浮动"与"打开"。工具栏可以在绘图区"浮动"显示（见图2-8），此时显示该工具栏标题，并可关闭该工具栏，可以拖动"浮动"工具栏到绘图区边界，使它变为"固定"工具栏，此时该工具栏标题隐藏。也可以把"固定"工具栏拖出，使它成为"浮动"工具栏。

有些工具栏按钮的右下角带有一个小三角，单击会打开相应的工具栏，将光标移动到某一按钮上并单击，该按钮就变为当前显示的按钮。单击当前显示的按钮，即可执行相应的命令（见图2-9）。

图 2-9　打开工具栏

4. 快速访问工具栏和交互信息工具栏

（1）快速访问工具栏。该工具栏包括"新建"、"打开"、"保存"、"放弃"、"重做"和"打印"6个最常用的工具按钮。用户也可以单击此工具栏后面的小三角下拉按钮选择设置需要的常用工具。

（2）交互信息工具栏。该工具栏包括"搜索"、"速博应用中心"、"通讯中心"、"收藏夹"和"帮助"5个常用的数据交互访问工具按钮。

5. 功能区

包括"常用"、"插入"、"注释"、"参数化"、"视图"、"管理"和"输出"7个选项卡，在功能区中集成了相关的操作工具，方便了用户的使用。用户可以单击功能区选项板后面的▼按钮，控制功能的展开与收缩。打开或关闭功能区的操作方法如下。

（1）命令行：RIBBON（或RIBBONCLOSE）。

（2）菜单：选择菜单栏中的"工具"→"选项板"→"功能区"命令。

6. 绘图区

绘图区是指在标题栏下方的大片空白区域。绘图区是用户使用AutoCAD绘制图形的区域，用户要完成一幅设计图形，其主要工作都是在绘图区中完成。

在绘图区中，有一个作用类似光标的十字线，其交点坐标反映了光标在当前坐标系中的位置。在AutoCAD中，将该十字线称为光标，如图1-1中所示，AutoCAD通过光标坐标值显示当前点的位置。十字线的方向与当前用户坐标系的x、y轴方向平行，十字线的长度系统预设为绘图区大小的5%。

（1）修改绘图区十字光标的大小。光标的长度可以根据绘图的实际需要修改其大小，方法如下。

选择菜单栏中的"工具"→"选项"命令，打开"选项"对话框。单击"显示"选项卡，在"十字光标大小"文本框中直接输入数值，或拖动文本框后面的滑块，即可以对十字光标的大小进行调整，如图2-10所示。

此外，还可以通过设置系统变量CURSORSIZE的值，修改其大小，其方法是在命令行中输入如下命令：

```
命令：CURSORSIZE
输入 CURSORSIZE 的新值 <5>：
```

在提示下输入新值即可修改光标大小，默认值为5%。

（2）修改绘图区的颜色。在默认情况下，AutoCAD的绘图区是黑色背景、白色线条，这不符合大多数用户的习惯，因此修改绘图区颜色，是大多数用户都要进行的操作。修改绘图区颜色的方法如下。

① 选择菜单栏中的"工具"→"选项"命令，打开"选项"对话框，单击如图2-10所

示的"显示"选项卡，再单击"窗口元素"选项组中的"颜色"按钮，打开如图 2-11 所示的"图形窗口颜色"对话框。

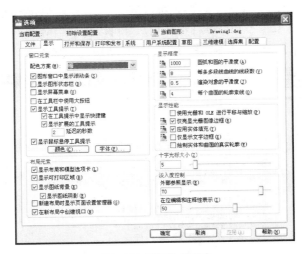

图 2-10　"显示"选项卡

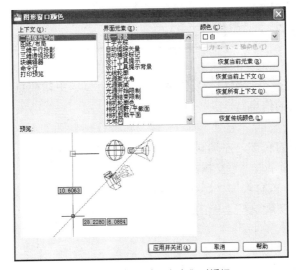

图 2-11　"图形窗口颜色"对话框

　　② 在"颜色"下拉列表框中，选择需要的窗口颜色，然后单击"应用并关闭"按钮，此时 AutoCAD 的绘图区就变换了背景色，通常按视觉习惯选择白色为窗口颜色。

　　7．坐标系图标

　　在绘图区的左下角，有一个箭头指向的图标，称之为坐标系图标，表示用户绘图时正使用的坐标系样式。坐标系图标的作用是为点的坐标确定一个参照系。根据工作需要，用户可以选择将其关闭，其方法是选择菜单栏中的"视图"→"显示"→"UCS 图标"→"开"命令，如图 2-12 所示。

　　8．命令行窗口

　　命令行窗口是输入命令名和显示命令提示的区域，默认命令行窗口布置在绘图区下方，由若干文本行构成。对命令行窗口，有以下几点需要说明。

（1）移动拆分条，可以扩大和缩小命令行窗口。

（2）可以拖动命令行窗口，布置在绘图区的其他位置。默认情况下在图形区的下方。

（3）对当前命令行窗口中输入的内容，可以按<F2>键用文本编辑的方法进行编辑，如图 2-13 所示。AutoCAD 文本窗口和命令行窗口相似，可以显示当前 AutoCAD 进程中命令的输入和执行过程。在执行 AutoCAD 某些命令时，会自动切换到文本窗口，列出有关信息。

图 2-12 "视图"菜单

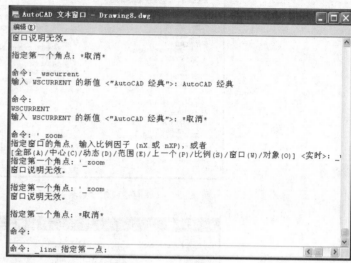

图 2-13 文本窗口

（4）AutoCAD 通过命令行窗口，反馈各种信息，也包括出错信息，因此，用户要时刻关注在命令行窗口中出现的信息。

9. 状态栏

状态栏在操作界面的底部，左端显示绘图区中光标定位点的坐标 x、y、z 值，右端依次有"捕捉模式"、"栅格显示"、"正交模式"、"极轴追踪"、"对象捕捉"、"对象捕捉追踪"、"允许/禁止动态 UCS"、"动态输入"、"显示/隐藏线宽"和"快捷特征"10 个功能开关按钮。单击这些开关按钮，可以实现这些功能的开和关。这些开关按钮的功能与使用方法将在第 4 章详细介绍，在此从略。

10. 布局标签

AutoCAD 系统默认设定一个"模型"空间和"布局 1"、"布局 2"两个图样空间布局标签。在这里有两个概念需要解释一下。

（1）布局。布局是系统为绘图设置的一种环境，包括图样大小、尺寸单位、角度设定、数值精确度等，在系统预设的 3 个标签中，这些环境变量都按默认设置。用户根据实际需要改变这些变量的值，在此暂且从略。用户也可以根据需要设置符合自己要求的新标签。

（2）模型。AutoCAD 的空间分模型空间和图样空间两种。模型空间是通常绘图的环境，而在图样空间中，用户可以创建叫做"浮动视口"的区域，以不同视图显示所绘图形。用户可以在图样空间中调整浮动视口并决定所包含视图的缩放比例。如果用户选择图样空间，可打印多个视图，也可以打印任意布局的视图。AutoCAD 系统默认打开模型空间，用户可以通过单击操作界面下方的布局标签，选择需要的布局。

11. 滚动条

在 AutoCAD 的绘图区下方和右侧还提供了用来浏览图形的水平和竖直方向的滚动条。

拖动滚动条中的滚动块，可以在绘图区按水平或竖直两个方向浏览图形。

12. 状态托盘

状态托盘包括一些常见的显示工具和注释工具按钮，包括模型与布局空间转换按钮，如图 2-14 所示，通过这些按钮可以控制图形或绘图区的状态。

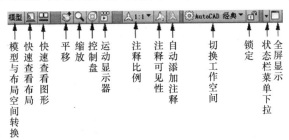

图 2-14　状态托盘

- "模型与布局空间转换"按钮 ：在模型空间与布局空间之间进行转换。
- "快速查看布局"按钮 ：快速查看当前图形在布局空间中的布局。
- "快速查看图形"按钮 ：快速查看当前图形在模型空间中的位置。
- "平移"按钮 ：对图形进行平移操作。
- "缩放"按钮 ：对图形进行缩放操作。
- "控制盘"按钮 ：对图形进行显示控制操作。
- "运动显示器"按钮 ：对图形运动状态进行控制。
- "注释比例"按钮 ：单击此按钮，打开注释比例列表，如图 2-15 所示，可以根据需要选择适当的注释比例。
- "注释可见性"按钮 ：当此按钮图标亮显时，显示所有比例的注释性对象；当按钮图标变暗时，仅显示当前比例的注释性对象。
- "自动添加注释"按钮 ：注释比例更改时，自动将比例添加到注释对象中。
- "切换工作空间"按钮 ：进行工作空间转换。
- "锁定"按钮 ：控制是否锁定工具栏或图形窗口在操作界面上的位置。
- "状态栏菜单下拉"按钮 ：单击该按钮，打开如图 2-16 所示的快捷菜单，可以选择打开或锁定相关选项位置。

图 2-15　注释比例列表

图 2-16　快捷菜单

● "全屏显示"按钮□：单击该按钮可以清除操作界面中的标题栏、工具栏、选项板等界面元素，全屏显示 AutoCAD 的绘图区，如图 2-17 所示。

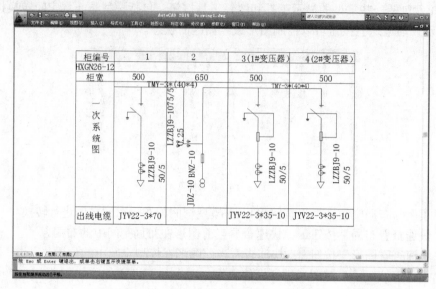

图 2-17　全屏显示

2.2　设置绘图环境

2.2.1　设置图形单位

【执行方式】

命令行：DDUNITS（或 UNITS，快捷命令：UN）。

菜单栏：选择菜单栏中的"格式"→"单位"命令。

执行上述操作后，系统打开"图形单位"对话框，如图 2-18 所示，该对话框用于定义单位和角度格式。

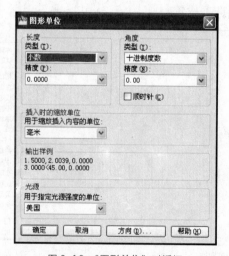

图 2-18　"图形单位"对话框

【选项说明】

（1）"长度"与"角度"选项组：指定测量的长度与角度当前单位及精度。

（2）"插入时的缩放单位"选项组：控制插入到当前图形中的块和图形的测量单位。如果块或图形创建时使用的单位与该选项指定的单位不同，则在插入这些块或图形时，将对其按比例进行缩放。插入比例是原块或图形使用的单位与目标图形使用的单位之比。如果插入块时不按指定单位缩放，则在其下拉列表框中选择"无单位"选项。

（3）"输出样例"选项组：显示用当前单位和角度设置的例子。

（4）"光源"选项组：控制当前图形中光度控制光源的强度测量单位。为创建和使用光度控制光源，必须从下拉列表中指定非"常规"的单位。如果"插入比例"设置为"无单位"，则将显示警告信息，通知用户渲染输出可能不正确。

（5）"方向"按钮：单击该按钮，系统打开"方向控制"对话框，如图 2-19 所示，可进行方向控制设置。

图 2-19　"方向控制"对话框

2.2.2　设置图形界限

【执行方式】

命令行：LIMITS。

菜单栏：选择菜单栏中的"格式"→"图形界限"命令。

【操作步骤】

命令行提示与操作如下：

```
命令：LIMITS
重新设置模型空间界限：
指定左下角点或 [开(ON)/关(OFF)] <0.0000,0.0000>:输入图形界限左下角的坐标，按<Enter>键
指定右上角点 <12.0000,9.0000>:输入图形界限右上角的坐标，按<Enter>键
```

【选项说明】

（1）开（ON）：使图形界限有效。系统在图形界限以外拾取的点将视为无效。

（2）关（OFF）：使图形界限无效。用户可以在图形界限以外拾取点或实体。

（3）动态输入角点坐标：可以直接在绘图区的动态文本框中输入角点坐标，输入了横坐标值后，按<,>键，接着输入纵坐标值，如图 2-20 所示。也可以按光标位置直接单击，确定角点位置。

图 2-20　动态输入

2.3　配置绘图系统

每台计算机所使用的显示器、输入设备和输出设备的类型不同，用户喜好的风格及计算机的目录设置也不同。一般来说，使用 AutoCAD 2010 的默认配置就可以绘图，但为了使用用户的定点设备或打印机，以及提高绘图的效率，推荐用户在开始作图前先进行必要的配置。

【执行方式】

命令行：PREFERENCES。

菜单栏：选择菜单栏中的"工具"→"选项"命令。

快捷菜单：在绘图区右击，系统打开快捷菜单，如图 2-21 所示，选择"选项"命令。

【操作步骤】

执行上述命令后，系统打开"选项"对话框。用户可以在该对话框中设置有关选项，对绘图系统进行配置。下面就其中主要的两个选项卡做一下说明，其他配置选项，在后面用到时再做具体说明。

（1）系统配置。"选项"对话框中的第 5 个选项卡为"系统"选项卡，如图 2-22 所示。该选项卡用来设置 AutoCAD 系统的有关特性。其中"常规选项"选项组确定是否选择系统配置的有关基本选项。

（2）显示配置。"选项"对话框中的第 2 个选项卡为"显示"选项卡，该选项卡用于控制 AutoCAD 系统的外观，如图 2-23 所示。该选项卡设定滚动条显示与否、界面菜单显示与否、绘图区颜色、光标大小、AutoCAD 的版面布局设置、各实体的显示精度等。

图 2-21　快捷菜单

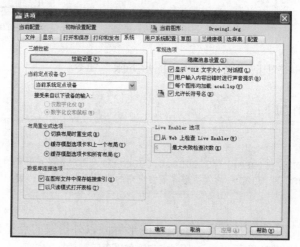

图 2-22　"系统"选项卡

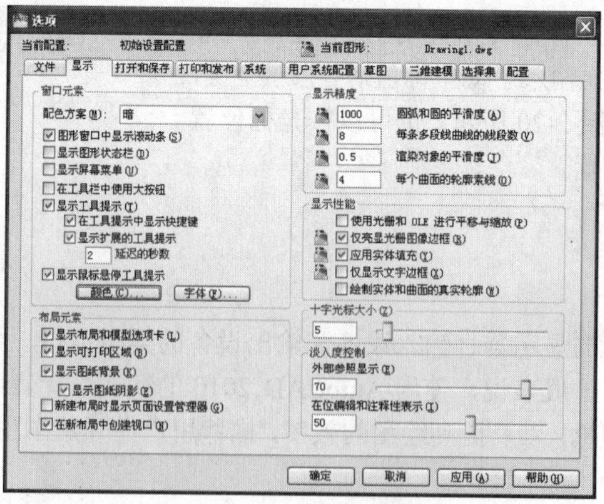

图 2-23　"显示"选项卡

技巧荟萃

　　设置实体显示精度时，请务必记住，显示质量越高，即精度越高，计算机计算的时间越长。建议不要将精度设置得太高，显示质量设定在一个合理的程度即可。

2.4　文件管理

　　本节介绍有关文件管理的一些基本操作方法，包括新建文件、打开已有文件、保存文件、删除文件等，这些都是进行 AutoCAD 2010 操作最基础的知识。

　　1.　新建文件

　　【执行方式】

　　命令行：NEW。

　　菜单栏：选择菜单栏中的"文件"→"新建"命令。

　　工具栏：单击"标准"工具栏中的"新建"按钮 。

　　执行上述操作后，系统打开如图 2-24 所示的"选择样板"对话框。

图 2-24　"选择样板"对话框

　　另外还有一种快速创建图形的功能，该功能是开始创建新图形的最快捷方法。

```
命令行：QNEW
```

　　执行上述命令后，系统立即从所选的图形样板中创建新图形，而不显示任何对话框或提示。

　　在运行快速创建图形功能之前必须进行如下设置。

　　（1）在命令行输入"FILEDIA"，按<Enter>键，设置系统变量为 1；在命令行输入"STARTUP"，设置系统变量为 0。

　　（2）选择菜单栏中的"工具"→"选项"命令，在"选项"对话框中选择默认图形样板文件。具体方法是：在"文件"选项卡中，单击"样板设置"前面的"+"，在展开的选项列表中选择"快速新建的默认样板文件名"选项，如图 2-25 所示。单击"浏览"按钮，打开"选择文件"对话框，然后选择需要的样板文件即可。

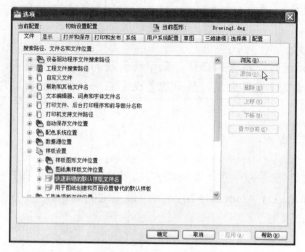

图 2-25　"文件"选项卡

2．打开文件

【执行方式】

命令行：OPEN。

菜单栏：选择菜单栏中的"文件"→"打开"命令。

工具栏：单击"标准"工具栏中的"打开"按钮 📂。

执行上述操作后，打开"选择文件"对话框，如图 2-26 所示。在"文件类型"下拉列表中可选.dwg 文件、.dwt 文件、.dxf 文件和.dws 文件。.dws 文件是包含标准图层、标注样式、线型和文字样式的样板文件；.dxf 文件是用文本形式存储的图形文件，能够被其他程序读取，许多第三方应用软件都支持.dxf 格式。

图 2-26　"选择文件"对话框

技巧荟萃

有时在打开.dwg 文件时，系统会打开一个信息提示对话框，提示用户图形文件不能打开，在这种情况下先退出打开操作，然后选择菜单栏中的"文件"→"图形实用工具"→"修复"命令，或在命令行中输入"recover"，接着在"选择文件"对话框中输入要恢复的文件，确认后系统开始执行恢复文件操作。

3. 保存文件

【执行方式】

命令名：QSAVE（或 SAVE）。

菜单栏：选择菜单栏中的"文件"→"保存"命令。

工具栏：单击"标准"工具栏中的→"保存"按钮 🔒。

执行上述操作后，若文件已命名，则系统自动保存文件，若文件未命名（即为默认名 drawing1.dwg），则系统打开"图形另存为"对话框，如图 2-27 所示，用户可以重新命名保存。在"保存于"下拉列表框中指定保存文件的路径，在"文件类型"下拉列表框中指定保存文件的类型。

图 2-27　"图形另存为"对话框

为了防止因意外操作或计算机系统故障导致正在绘制的图形文件丢失，可以对当前图形文件设置自动保存，其操作方法如下。

（1）在命令行输入"SAVEFILEPATH"，按<Enter>键，设置所有自动保存文件的位置，如"D:\HU\"。

（2）在命令行输入"SAVEFILE"，按<Enter>键，设置自动保存文件名。该系统变量储存的文件名文件是只读文件，用户可以从中查询自动保存的文件名。

（3）在命令行输入"SAVETIME"，按<Enter>键，指定在使用自动保存时，多长时间保存一次图形，单位是"分"。

4. 另存为

【执行方式】

命令行：SAVEAS。

菜单栏：选择菜单栏中的"文件"→"另存为"命令。

执行上述操作后，打开"图形另存为"对话框，如图 2-27 所示，系统用新的文件名保存，并为当前图形更名。

 技巧荟萃

系统打开"选择样板"对话框，在"文件类型"下拉列表框中有 4 种格式的图形样板，后缀分别是.dwt、.dwg、.dws 和.dxf。

5. 退出

【执行方式】

命令行：QUIT 或 EXIT。

菜单栏：选择菜单栏中的"文件"→"退出"命令。

按钮：单击 AutoCAD 操作界面右上角的"关闭"按钮 ⊠。

执行上述操作后，若用户对图形所做的修改尚未保存，则会打开如图 2-28 所示的系统警告对话框。单击"是"按钮，系统将保存文件，然后退出；单击"否"按钮，系统将不保存文件。若用户对图形所做的修改已经保存，则直接退出。

图 2-28 系统警告对话框

2.5 基本输入操作

2.5.1 命令输入方式

AutoCAD 交互绘图必须输入必要的指令和参数。有多种 AutoCAD 命令输入方式，下面以画直线为例，介绍命令输入方式。

（1）在命令行输入命令名。命令字符可不区分大小写，如命令"LINE"。执行命令时，在命令行提示中经常会出现命令选项。在命令行输入绘制直线命令"LINE"后，命令行中的提示如下：

```
命令：LINE
指定第一点:在绘图区指定一点或输入一个点的坐标
指定下一点或 [放弃(U)]:
```

命令行中不带括号的提示为默认选项（如上面的"指定下一点或"），因此可以直接输入直线段的起点坐标或在绘图区指定一点，如果要选择其他选项，则应该首先输入该选项的标识字符，如"放弃"选项的标识字符"U"，然后按系统提示输入数据即可。在命令选项的后面有时还带有尖括号，尖括号内的数值为默认数值。

（2）在命令行输入命令缩写字。例如，L(Line)、C(Circle)、A(Arc)、Z(Zoom)、R(Redraw)、M(Move)、CO(Copy)、PL(Pline)、E(Erase)等。

（3）选择"绘图"菜单栏中对应的命令，在命令行窗口中可以看到对应的命令说明及命令名。

（4）单击"绘图"工具栏中对应的按钮，命令行窗口中也可以看到对应的命令说明及命令名。

（5）在命令行打开快捷菜单。如果在前面刚使用过要输入的命令，可以在命令行右击，打开快捷菜单，在"近期使用的命令"子菜单中选择需要的命令，如图 2-29 所示。"近期使用的命令"子菜单中储存最近使用的 6 个命令，如果经常重复使用某 6 个命令以内的命令，这种方法就比较快速简洁。

（6）在绘图区右击。如果用户要重复使用上次使用的命令，可以直接在绘图区右击，系统立即重复执行上次使用的命令，这种方法适用于重复执行某个命令。

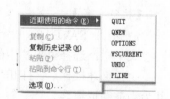

图 2-29 命令行快捷菜单

技巧荟萃

在命令行中输入坐标时，请检查此时的输入法是否是英文输入。如果是中文输入法，如输入 "150, 20"，则由于逗号 ","的原因，系统会认定该坐标输入无效。这时，只需将输入法改为英文即可。

2.5.2　命令的重复、撤销、重做

（1）命令的重复。单击<Enter>键，可重复调用上一个命令，不管上一个命令是完成了还是被取消了。

（2）命令的撤销。在命令执行的任何时刻都可以取消和终止命令的执行。

【执行方式】

命令行：UNDO。

菜单栏：选择菜单栏中的"编辑"→"放弃"命令。

快捷键：按<Esc>键。

（3）命令的重做。已被撤销的命令要恢复重做，可以恢复撤销的最后一个命令。

【执行方式】

命令行：REDO。

菜单栏：选择菜单栏中的"编辑"→"重做"命令。

快捷键：按<Ctrl>+<Y>键。

AutoCAD 2010 可以一次执行多重放弃和重做操作。单击"标准"工具栏中的"放弃"按钮⟲或"重做"按钮⟳后面的小三角，可以选择要放弃或重做的操作，如图 2-30 所示。

图 2-30　多重放弃选项

2.5.3　透明命令

在 AutoCAD 2010 中有些命令不仅可以直接在命令行中使用，还可以在其他命令的执行过程中插入并执行，待该命令执行完毕后，系统继续执行原命令，这种命令称为透明命令。透明命令一般多为修改图形设置或打开辅助绘图工具的命令。

2.5.2 小节中 3 种命令的执行方式同样适用于透明命令的执行，如在命令行中进行如下操作：

```
命令：ARC
指定圆弧的起点或 [圆心(C)]：'ZOOM（透明使用显示缩放命令 ZOOM）
>>（执行 ZOOM 命令）
正在恢复执行 ARC 命令
指定圆弧的起点或 [圆心(C)]：继续执行原命令
```

2.5.4　按键定义

在 AutoCAD 2010 中，除了可以通过在命令行输入命令、单击工具栏按钮或选择菜单栏中的命令来完成操作外，还可以通过使用键盘上的一组或单个快捷键快速实现指定功能，如按<F1>键，系统调用 AutoCAD 帮助对话框。

系统使用 AutoCAD 传统标准（Windows 之前）或 Microsoft Windows 标准解释快捷键。有些快捷键在 AutoCAD 的菜单中已经指出，如"粘贴"的快捷键为<Ctrl>+<V>，这些只要

用户在使用的过程中多加留意，就会熟练掌握。快捷键的定义见菜单命令后面的说明，如"粘贴<Ctrl>+<V>"。

2.5.5　命令执行方式

有的命令有两种执行方式，通过对话框或通过命令行输入命令。例如，指定使用命令行方式，可以在命令名前加短划线来表示，如"-LAYER"表示用命令行方式执行"图层"命令。而如果在命令行输入"LAYER"，系统则会打开"图层特性管理器"对话框。

另外，有些命令同时存在命令行、菜单栏和工具栏 3 种执行方式，这时如果选择菜单栏或工具栏方式，命令行会显示该命令，并在前面加一下划线。例如，通过菜单或工具栏方式执行"直线"命令时，命令行会显示"_line"，命令的执行过程与结果与命令行方式相同。

2.5.6　数据输入法

在 AutoCAD 2010 中，点的坐标可以用直角坐标、极坐标、球面坐标和柱面坐标表示，每一种坐标又分别具有两种坐标输入方式：绝对坐标和相对坐标。其中直角坐标和极坐标最为常用，具体输入方法如下。

1. 直角坐标法

用点的 x、y 坐标值表示的坐标。

在命令行中输入点的坐标"15,18"，则表示输入了一个 x、y 的坐标值分别为 15、18 的点，此为绝对坐标输入方式，表示该点的坐标是相对于当前坐标原点的坐标值，如图 2-31（a）所示。如果输入"@10,20"，则为相对坐标输入方式，表示该点的坐标是相对于前一点的坐标值，如图 2-31（b）所示。

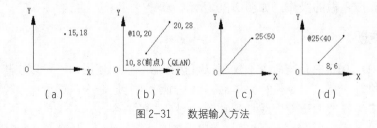

图 2-31　数据输入方法

2. 极坐标法

用长度和角度表示的坐标，只能用来表示二维点的坐标。

在绝对坐标输入方式下，表示为："长度<角度"，如"25<50"，其中长度表示该点到坐标原点的距离，角度表示该点到原点的连线与 X 轴正向的夹角，如图 2-31（c）所示。

在相对坐标输入方式下，表示为："@长度<角度"，如"@25<45"，其中长度为该点到前一点的距离，角度为该点至前一点的连线与 x 轴正向的夹角，如图 2-31（d）所示。

3. 动态数据输入

按下状态栏中的"动态输入"按钮，系统打开动态输入功能，可以在绘图区动态地输入某些参数数据。例如，绘制直线时，在光标附近，会动态地显示"指定第一个角点或"，以及后面的坐标框。当前坐标框中显示的是目前光标所在位置，可以输入数据，两个数据之间以逗号隔开，如图 2-32 所示。指定第一点后，系统动态显示直线的角度，同时要求输入线段长度值，如图 2-33 所示，其输入效果与"@长度<角度"方式相同。

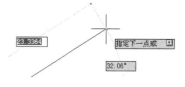

图 2-32　动态输入坐标值　　　　　图 2-33　动态输入长度值

下面分别介绍点与距离值的输入方法。

（1）点的输入。在绘图过程中，常需要输入点的位置，AutoCAD 提供了如下几种输入点的方式。

① 用键盘直接在命令行输入点的坐标。直角坐标有两种输入方式：x,y（点的绝对坐标值，如"100,50"）和@ x,y（相对于上一点的相对坐标值，如"@ 50,-30"）。

极坐标的输入方式为"长度<角度"（其中，长度为点到坐标原点的距离，角度为原点至该点连线与 x 轴的正向夹角，如"20<45"）或"@长度<角度"（相对于上一点的相对极坐标，如"@ 50<-30"）。

② 用鼠标等定标设备移动光标，在绘图区单击直接取点。

③ 用目标捕捉方式捕捉绘图区已有图形的特殊点（如端点、中点、中心点、插入点、交点、切点、垂足点等）。

④ 直接输入距离。先拖拉出直线以确定方向，然后用键盘输入距离。这样有利于准确控制对象的长度，如要绘制一条 10mm 长的线段，命令行提示与操作方法如下：

```
命令: _line
指定第一点:在绘图区指定一点
指定下一点或 [放弃(U)]:
```

这时在绘图区移动光标指明线段的方向，但不要单击鼠标，然后在命令行输入"10"，这样就在指定方向上准确地绘制了长度为 10mm 的线段，如图 2-34 所示。

（2）距离值的输入。在 AutoCAD 命令中，有时需要提供高度、宽度、半径、长度等表示距离的值。AutoCAD 系统提供了两种输入距离值的方式：一种是用键盘在命令行中直接输入数值；另一种是在绘图区选择两点，以两点的距离值确定出所需数值。

图 2-34　绘制直线

2.6　上机操作

【实验 1】设置绘图环境。

1. 目的要求

任何一个图形文件都有一个特定的绘图环境，包括图形边界、绘图单位、角度等。设置绘图环境通常有两种方法：设置向导与单独的命令设置方法。通过学习设置绘图环境，可以促进读者对图形总体环境的认识。

2. 操作提示

（1）选择菜单栏中的"文件"→"新建"命令，系统打开"选择样板"对话框，单击"打开"按钮，进入绘图界面。

（2）选择菜单栏中的"格式"→"图形界限"命令，设置界限为"（0,0），（297,210）"，在命令行中可以重新设置模型空间界限。

（3）选择菜单栏中的"格式"→"单位"命令，系统打开"图形单位"对话框，设置单位为"小数"，精度为"0.00"；角度为"度/分/秒"，精度为"0d00′00″"；角度测量为"其他"，数值为"135"；角度方向为"顺时针"。

（4）选择菜单栏中的"工具"→"工作空间"→"初始设置工作空间"命令，进入工作空间。

【实验 2】熟悉操作界面。

1．目的要求

操作界面是用户绘制图形的平台，操作界面的各个部分都有其独特的功能，熟悉操作界面有助于用户方便快速地进行绘图。本例要求了解操作界面各部分功能，掌握改变绘图区颜色和光标大小的方法，能够熟练地打开、移动、关闭工具栏。

2．操作提示

（1）启动 AutoCAD 2010，进入操作界面。

（2）调整操作界面大小。

（3）设置绘图区颜色与光标大小。

（4）打开、移动、关闭工具栏。

（5）尝试同时利用命令行、菜单命令和工具栏绘制一条线段。

【实验 3】管理图形文件。

1．目的要求

图形文件管理包括文件的新建、打开、保存、加密、退出等。本例要求读者熟练掌握 DWG 文件的赋名保存、自动保存、加密及打开的方法。

2．操作提示

（1）启动 AutoCAD 2010，进入操作界面。

（2）打开一幅已经保存过的图形。

（3）进行自动保存设置。

（4）尝试在图形上绘制任意图线。

（5）将图形以新的名称保存。

（6）退出该图形。

【实例 4】数据操作。

1．目的要求

AutoCAD 2010 人机交互的最基本内容就是数据输入。本例要求用户熟练地掌握各种数据的输入方法。

2．操作提示

（1）在命令行输入"LINE"命令。

（2）输入起点在直角坐标方式下的绝对坐标值。

（3）输入下一点在直角坐标方式下的相对坐标值。

（4）输入下一点在极坐标方式下的绝对坐标值。

（5）输入下一点在极坐标方式下的相对坐标值。

（6）单击直接指定下一点的位置。

（7）按<Enter>键，结束绘制线段的操作。

思考与练习

1. 请指出 AutoCAD 2010 工作界面中菜单栏、命令窗口、状态栏和工具栏的位置及作用。

2. 在 AutoCAD 中，（　　）设置光标悬停在命令上基本工具提示与显示扩展工具提示之间显示的延迟时间。

    （A）在"选项"对话框的"显示"选项卡中

    （B）在"选项"对话框的"文件"选项卡中

    （C）在"选项"对话框的"系统"选项卡中

    （D）在"选项"对话框的"用户系统配置"选项卡中

3. 下列中，（　　）选项用户不可以自定义。

    （A）命令行中文字的颜色　　　　　　　（B）　图纸空间光标颜色

    （C）命令行背景的颜色　　　　　　　　（D）　二维视图中 UCS 图标的颜色

4. 用（　　）命令可以设置图形界限。

    （A）SCALC　　　　（B）EXTEND　　　　（C）LIMITS　　　　（D）LAYER

5. 要恢复 U 命令放弃的操作，应该用（　　）命令。

    （A）REDO　　　　（B）REDRAWALL　　　　（C）REGEN　　　　（D）REGENALL

6. 设置自动保存图形文件间隔时间正确的是（　　）。

    （A）命令行中输入"AUTOSAVE"后按回车键

    （B）命令行中输入"SAVETIME"后按回车键

    （C）按组合键<Ctrl>+<Shift>+<S>

    （D）按组合键<Ctrl>+<S>

第 **3** 章 二维绘图命令

● 学习目标

二维图形是指在二维平面空间绘制的图形，AutoCAD 提供了大量的绘图工具，可以帮助用户完成二维图形的绘制。用户利用 AutoCAD 提供的二维绘图命令，可以快速方便地完成某些图形的绘制。本章主要介绍直线、圆和圆弧、椭圆与椭圆弧、平面图形、点、轨迹线与区域填充、多段线、样条曲线和多线的绘制。

● 学习要点

➢ 了解二维绘图命令

➢ 熟练掌握二维绘图的方法

3.1　直线类命令

直线类命令包括直线段、射线和构造线。这几个命令是 AutoCAD 中最简单的绘图命令。

3.1.1　直线段

【执行方式】

命令行：LINE（快捷命令：L）。

菜单栏：选择菜单栏中的"绘图"→"直线"命令。

工具栏：单击"绘图"工具栏中的"直线"按钮 。

【操作步骤】

命令行提示与操作如下：

```
命令：LINE
指定第一点：输入直线段的起点坐标或在绘图区单击指定点
指定下一点或 [放弃(U)]：输入直线段的端点坐标，或利用光标指定一定角度后，直接输入直线的长度
指定下一点或 [放弃(U)]：输入下一直线段的端点，或输入选项"U"表示放弃前面的输入；右击或按<Enter>
键结束命令
指定下一点或 [闭合(C)/放弃(U)]：输入下一直线段的端点，或输入选项"C"使图形闭合，结束命令
```

【选项说明】

（1）若采用按<Enter>键响应"指定第一点"提示，系统会把上次绘制图线的终点作为本

次图线的起始点。若上次操作为绘制圆弧，按<Enter>键响应后绘出通过圆弧终点并与该圆弧相切的直线段，该线段的长度为光标在绘图区指定的一点与切点之间线段的距离。

（2）在"指定下一点"提示下，用户可以指定多个端点，从而绘出多条直线段。但是，每一段直线是一个独立的对象，可以进行单独的编辑操作。

（3）绘制两条以上直线段后，若采用输入选项"C"响应"指定下一点"提示，系统会自动连接起始点和最后一个端点，从而绘出封闭的图形。

（4）若采用输入选项"U"响应提示，则删除最近一次绘制的直线段。

（5）若设置正交方式（按下状态栏中的"正交模式"按钮），只能绘制水平线段或垂直线段。

（6）若设置动态数据输入方式（按下状态栏中的"动态输入"按钮），则可以动态输入坐标或长度值，效果与非动态数据输入方式类似。除了特别需要，以后不再强调，而只按非动态数据输入方式输入相关数据。

3.1.2　实例——绘制阀符号

本实例利用直线命令绘制连续线段，从而绘制出阀符号，如图 3-1 所示。

图 3-1　绘制阀符号

操作步骤

 光盘\动画演示\第 3 章\绘制阀符号.avi

单击"绘图"工具栏中的"直线"按钮或快捷命令 L，在屏幕上指定一点（即顶点 1 的位置）后，根据系统提示，指定阀的各个顶点，命令行提示如下：

```
命令：_line
指定第一点：(在屏幕上指定一点)
指定下一点或 [放弃(U)]：(垂直向下在屏幕上大约位置指定点2)
指定下一点或 [放弃(U)]：(在屏幕上大约位置指定点3，使点3大约与点1等高，见图3-2)
指定下一点或 [闭合(C)/放弃(U)]：(垂直向下在屏幕上大约位置指定点4，使点4大约与点2等高)
指定下一点或 [闭合(C)/放弃(U)]：C✓(系统自动封闭连续直线并结束命令，结果如图3-3所示)
```

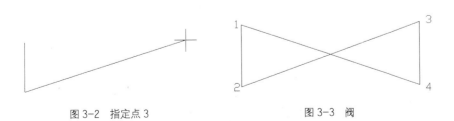

图 3-2　指定点 3　　　　　　　　　　图 3-3　阀

3.1.3 构造线

【执行方式】

命令行：XLINE（快捷命令：XL）。

菜单栏：选择菜单栏中的"绘图"→"构造线"命令。

工具栏：单击"绘图"工具栏中的"构造线"按钮 ✐。

【操作步骤】

命令行提示与操作如下：

```
命令：XLINE
指定点或 [水平(H)/垂直(V)/角度(A)/二等分(B)/偏移(O)]：指定起点 1
指定通过点：指定通过点 2，绘制一条双向无限长直线
指定通过点：继续指定点，继续绘制直线，如图 3-4（a）所示，按<Enter>键结束命令
```

【选项说明】

（1）执行选项中有"指定点"、"水平"、"垂直"、"角度"、"二等分"和"偏移"6 种方式绘制构造线，分别如图 3-4（a）～（f）所示。

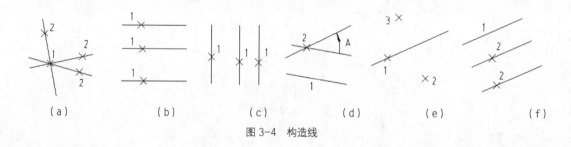

(a)	(b)	(c)	(d)	(e)	(f)

图 3-4 构造线

（2）构造线模拟手工作图中的辅助作图线。用特殊的线型显示，在图形输出时可不作输出。应用构造线作为辅助线绘制机械图中的三视图是构造线的最主要用途，构造线的应用保证了三视图之间"主、俯视图长对正，主、左视图高平齐，俯、左视图宽相等"的对应关系。图 3-5 所示为应用构造线作为辅助线绘制机械图中三视图的示例。图中细线为构造线，粗线为三视图轮廓线。

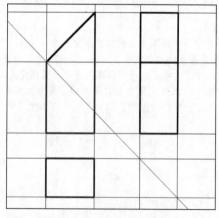

图 3-5 构造线辅助绘制三视图

3.2 圆类命令

圆类命令主要包括"圆"、"圆弧"、"圆环"、"椭圆"以及"椭圆弧"命令，这几个命令
是 AutoCAD 中最简单的曲线命令。

3.2.1 圆

【执行方式】

命令行：CIRCLE（快捷命令：C）。

菜单栏：选择菜单栏中的"绘图"→"圆"命令。

工具栏：单击"绘图"工具栏中的"圆"按钮⊘。

【操作步骤】

命令行提示与操作如下：

```
命令: CIRCLE
指定圆的圆心或 [三点(3P)/两点(2P)/切点、切点、半径(T)]: 指定圆心
指定圆的半径或 [直径(D)]: 直接输入半径值或在绘图区单击指定半径长度
指定圆的直径 <默认值>: 输入直径值或在绘图区单击指定直径长度
```

【选项说明】

（1）三点（3P）：通过指定圆周上三点绘制圆。

（2）两点（2P）：通过指定直径的两端点绘制圆。

（3）切点、切点、半径（T）：通过先指定两个相切对象，再给出半径的方法绘制圆。图
3-6（a）～（d）所示为以"切点、切点、半径"方式绘制圆的各种情形（加粗的圆为最后绘
制的圆）。

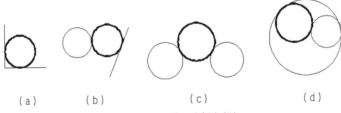

(a)　　　　(b)　　　　　(c)　　　　　(d)

图 3-6　圆与另外两个对象相切

图 3-7　"相切、相切、相切"　绘制方法

选择菜单栏中的"绘图"→"圆"命令，其子菜单中多了一种"相切、相切、相切"的绘制方法，当选择此方式时（见图3-7），命令行提示与操作如下：

```
指定圆上的第一个点：_tan 到：选择相切的第一个圆弧
指定圆上的第二个点：_tan 到：选择相切的第二个圆弧
指定圆上的第三个点：_tan 到：选择相切的第三个圆弧
```

 技巧荟萃

对于圆心点的选择，除了直接输入圆心点外，还可以利用圆心点与中心线的对应关系，利用对象捕捉的方法选择。

按下状态栏中的"对象捕捉"按钮，命令行中会提示"命令:<对象捕捉 开>"。

3.2.2　实例——绘制传声器符号

本实例利用直线、圆命令绘制相切圆，从而绘制出传声器符号，如图3-8所示。

图 3-8　绘制传声器符号

 操作步骤

 光盘\动画演示\第3章\绘制传声器符号.avi

（1）单击"绘图"工具栏中的"直线"按钮或快捷命令L，命令行提示：

```
命令：_line
指定第一点：（在屏幕适当位置指定一点）
指定下一点或 [放弃(U)]：（垂直向下在适当位置指定一点）
指定下一点或 [放弃(U)]：↙（回车，完成直线绘制）
```

结果如图3-9所示。

（2）单击"绘图"工具栏中的"圆"按钮或快捷命令C，命令行提示：

```
命令：_circle
指定圆的圆心或 [三点(3P)/两点(2P)/相切、相切、半径(T)]：（在直线左边中间适当位置指定一点）
指定圆的半径或 [直径(D)]：（在直线上大约与圆心垂直的位置指定一点，如图3-10所示）
```

图 3-9　绘制直线

图 3-10　指定半径

绘制结果如图3-8所示。

注意

　　对于圆心点的选择，除了直接输入圆心点(150,200)之外，还可以利用圆心点与中心线的对应关系，利用对象捕捉的方法。单击状态栏中的"对象捕捉"按钮，命令行中会提示"命令：<对象捕捉 开>"。

3.2.3　圆弧

【执行方式】

命令行：ARC（快捷命令：A）。

菜单栏：选择菜单栏中的"绘图"→"圆弧"命令。

工具栏：单击"绘图"工具栏中的"圆弧"按钮🖊。

【操作步骤】

命令行提示与操作如下：

```
命令：ARC
指定圆弧的起点或 [圆心(C)]：指定起点
指定圆弧的第二点或 [圆心(C)/端点(E)]：指定第二点
指定圆弧的端点：指定末端点
```

【选项说明】

（1）用命令行方式绘制圆弧时，可以根据系统提示选择不同的选项，具体功能和利用菜单栏中的"绘图"→"圆弧"中子菜单提供的 11 种方式相似。这 11 种方式绘制的圆弧分别如图 3-11（a）～（k）所示。

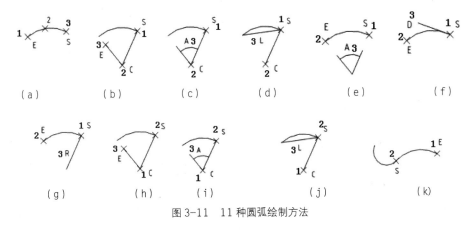

图 3-11　11 种圆弧绘制方法

（2）需要强调的是"继续"方式，绘制的圆弧与上一线段圆弧相切。继续绘制圆弧段，只提供端点即可。

 技巧荟萃

　　绘制圆弧时，注意圆弧的曲率是遵循逆时针方向的，所以在选择指定圆弧两个端点和半径模式时，需要注意端点的指定顺序，否则有可能导致圆弧的凹凸形状与预期的相反。

3.2.4 圆环

【执行方式】

命令行：DONUT（快捷命令：DO）。

菜单栏：选择菜单栏中的"绘图"→"圆环"命令。

【操作步骤】

命令行提示与操作如下：

命令：DONUT
指定圆环的内径 <默认值>：指定圆环内径
指定圆环的外径 <默认值>：指定圆环外径
指定圆环的中心点或 <退出>：指定圆环的中心点
指定圆环的中心点或 <退出>：继续指定圆环的中心点，则继续绘制相同内外径的圆环
按<Enter>、<Space>键或右击，结束命令，如图 3-12（a）所示。

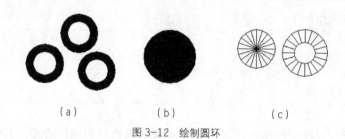

(a)　　　　　　　　(b)　　　　　　　　(c)

图 3-12　绘制圆环

【选项说明】

（1）若指定内径为零，则画出实心填充圆，如图 3-12（b）所示。

（2）用命令 FILL 可以控制圆环是否填充，具体方法如下：

命令：FILL
输入模式 [开(ON)/关(OFF)] <开>：（选择"开"表示填充，选择"关"表示不填充，见图 3-12（c））

3.2.5 椭圆与椭圆弧

【执行方式】

命令行：ELLIPSE（快捷命令：EL）。

菜单栏：选择菜单栏中的"绘制"→"椭圆"→"圆弧"命令。

工具栏：单击"绘图"工具栏中的"椭圆"按钮⬭或"椭圆弧"按钮⬭。

【操作步骤】

命令行提示与操作如下：

命令：ELLIPSE
指定椭圆的轴端点或 [圆弧(A)/中心点(C)]：指定轴端点 1，如图 3-13（a）所示
指定轴的另一个端点：指定轴端点 2，如图 3-13（a）所示
指定另一条半轴长度或 [旋转(R)]：

【选项说明】

（1）指定椭圆的轴端点：根据两个端点定义椭圆的第一条轴，第一条轴的角度确定了整个椭圆的角度。第一条轴既可定义椭圆的长轴，也可定义其短轴。

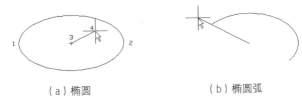

（a）椭圆　　　　　　　　　　（b）椭圆弧

图 3-13　椭圆和椭圆弧

（2）圆弧（A）：用于创建一段椭圆弧，与"单击'绘图'工具栏中的'椭圆弧'按钮 "功能相同。其中第一条轴的角度确定了椭圆弧的角度。第一条轴既可定义椭圆弧长轴，也可定义其短轴。选择该项，系统命令行中继续提示如下：

> 指定椭圆弧的轴端点或 [中心点(C)]：指定端点或输入"C"
> 指定轴的另一个端点：指定另一端点
> 指定另一条半轴长度或 [旋转(R)]：指定另一条半轴长度或输入"R"
> 指定起始角度或 [参数(P)]：指定起始角度或输入"P"
> 指定终止角度或 [参数(P)/包含角度(I)]：

其中各选项的含义如下。

①起始角度：指定椭圆弧端点的两种方式之一，光标与椭圆中心点连线的夹角为椭圆端点位置的角度，如图 3-13（b）所示。

②参数（P）：指定椭圆弧端点的另一种方式，该方式同样是指定椭圆弧端点的角度，但通过以下矢量参数方程式创建椭圆弧。

$$p(u) = c + a \times \cos(u) + b \times \sin(u)$$

其中，c 是椭圆的中心点，a 和 b 分别是椭圆的长轴和短轴，u 为光标与椭圆中心点连线的夹角。

③包含角度（I）：定义从起始角度开始的包含角度。

（3）中心点（C）：通过指定的中心点创建椭圆。

（4）旋转（R）：通过绕第一条轴旋转圆来创建椭圆。相当于将一个圆绕椭圆轴翻转一个角度后的投影视图。

技巧荟萃

　　椭圆命令生成的椭圆是以多义线还是以椭圆为实体，是由系统变量 PELLIPSE 决定的，当其为 1 时，生成的椭圆就是以多义线形式存在。

3.2.6　实例——绘制感应式仪表符号

本实例利用直线、圆弧、圆环命令绘制感应式仪表符号，如图 3-14 所示。

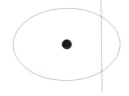

图 3-14 绘制感应式仪表符号

操作步骤

参见光盘　　光盘\动画演示\第 3 章\绘制感应式仪表符号.avi

（1）单击"绘图"工具栏"圆弧"按钮 或快捷命令 A，命令提示如下：

```
命令: _ellipse
指定椭圆的轴端点或 [圆弧(A)/中心点(C)]: (适当指定一点为椭圆的轴端点)
指定轴的另一个端点: (在水平方向指定椭圆的轴另一个端点)
指定另一条半轴长度或 [旋转(R)]: (适当指定一点, 以确定椭圆另一条半轴的长度)
```

　　结果如图 3-15 所示。

　　（2）选择菜单栏中的"绘图"→"圆环"命令或快捷命令 DO，命令行提示如下：

```
命令: _donut
指定圆环的内径 <0.5000>: 0↙
指定圆环的外径 <1.0000>:150↙
指定圆环的中心点或 <退出>: (大约指定椭圆的圆心位置)
指定圆环的中心点或 <退出>:↙
```

　　结果如图 3-16 所示。

　　（3）单击"绘图"工具栏中的"直线"按钮 或快捷命令 L，在椭圆偏右位置绘制一条竖直直线，最终结果如图 3-14 所示。

图 3-15　绘制椭圆　　　　　　　图 3-16　绘制圆环

 技巧荟萃

　　在绘制圆环时，可能仅仅一次无法准确确定圆环外径大小以确定圆环与椭圆的相对大小，可以通过多次绘制的方法找到一个相对合适的外径值。

3.3　平面图形

3.3.1　矩形

【执行方式】

命令行：RECTANG（快捷命令：REC）。

菜单栏：选择菜单栏中的"绘图"→"矩形"命令。

工具栏：单击"绘图"工具栏中的"矩形"按钮 。

【操作步骤】

命令行提示与操作如下：

```
命令: RECTANG
指定第一个角点或 [倒角(C)/标高(E)/圆角(F)/厚度(T)/宽度(W)]: 指定角点
指定另一个角点或 [面积(A)/尺寸(D)/旋转(R)]:
```

【选项说明】

　　（1）第一个角点：通过指定两个角点确定矩形，如图 3-17（a）所示。

（2）倒角（C）：指定倒角距离，绘制带倒角的矩形，如图 3-17（b）所示。每一个角点的逆时针和顺时针方向的倒角可以相同，也可以不同，其中第一个倒角距离是指角点逆时针方向倒角距离，第二个倒角距离是指角点顺时针方向倒角距离。

（3）标高（E）：指定矩形标高（Z 坐标），即把矩形放置在标高为 Z 并与 XOY 坐标面平行的平面上，并作为后续矩形的标高值。

（4）圆角（F）：指定圆角半径，绘制带圆角的矩形，如图 3-17（c）所示。

（5）厚度（T）：指定矩形的厚度，如图 3-17（d）所示。

（6）宽度（W）：指定线宽，如图 3-17（e）所示。

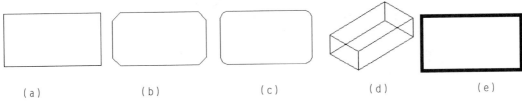

（a）　　　　　　（b）　　　　　　（c）　　　　　　（d）　　　　　　（e）

图 3-17　绘制矩形

（7）面积（A）：指定面积和长或宽创建矩形。选择该项，命令行提示与操作如下：

```
输入以当前单位计算的矩形面积 <20.0000>:输入面积值
计算矩形标注时依据 [长度(L)/宽度(W)] <长度>:按<Enter>键或输入"W"
输入矩形长度 <4.0000>: 指定长度或宽度
```

指定长度或宽度后，系统自动计算另一个维度，绘制出矩形。如果矩形被倒角或圆角，则长度或面积计算中也会考虑此设置，如图 3-18 所示。

（8）尺寸（D）：使用长和宽创建矩形，第二个指定点将矩形定位在与第一角点相关的 4 个位置之一内。

（9）旋转（R）：使所绘制的矩形旋转一定角度。选择该项，命令行提示与操作如下：

```
指定旋转角度或 [拾取点(P)] <135>:指定角度
指定另一个角点或 [面积(A)/尺寸(D)/旋转(R)]: 指定另一个角点或选择其他选项
```

指定旋转角度后，系统按指定角度创建矩形，如图 3-19 所示。

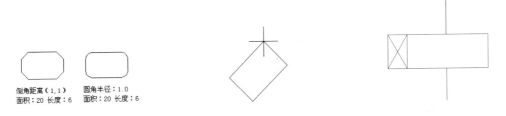

倒角距离（1,1）　　圆角半径：1.0
面积：20 长度：6　　面积：20 长度：6

图 3-18　按面积绘制矩形　　　图 3-19　按指定旋转角度绘制矩形　　图 3-20　绘制缓吸继电器线圈符号

3.3.2　实例——绘制缓吸继电器线圈符号

本实例利用矩形命令绘制外框，再利用直线命令绘制内部图线及外部连接线，如图 3-20 所示。

操作步骤

光盘\动画演示\第 3 章\绘制缓吸继电器线圈符号.avi

（1）单击"绘图"工具栏中的"矩形"按钮□或快捷命令 REC，绘制外框。命令行提示与操作如下：

```
命令：RETANG✓
指定第一个角点或 [倒角(C)/标高(E)/圆角(F)/厚度(T)/宽度(W)]：（在屏幕适当指定一点）
指定另一个角点或 [面积(A)/尺寸(D)/旋转(R)]：（在屏幕适当指定另一点）
```

绘制结果如图 3-21 所示。

（2）单击"绘图"工具栏中的"直线"按钮╱或快捷命令 L，绘制矩形内部图线，尺寸适当确定。结果如图 3-22 所示。

图 3-21　绘制矩形

图 3-22　绘制内部图线

（3）单击"绘图"工具栏中的"直线"按钮╱或快捷命令 L，绘制另外的图线，尺寸适当确定。结果如图 3-20 所示。

3.3.3　正多边形

【执行方式】

命令行：POLYGON（快捷命令：POL）。

菜单栏：选择菜单栏中的"绘图"→"正多边形"命令。

工具栏：单击"绘图"工具栏中的"正多边形"按钮⬡。

【操作步骤】

命令行提示与操作如下：

```
命令：POLYGON
输入边的数目 <4>：指定多边形的边数，默认值为 4
指定正多边形的中心点或 [边(E)]：指定中心点
输入选项[内接于圆(I)/外切于圆(C)] <I>：指定是内接于圆或外切于圆
指定圆的半径：指定外接圆或内切圆的半径
```

【选项说明】

（1）边（E）：选择该选项，则只要指定多边形的一条边，系统就会按逆时针方向创建该正多边形，如图 3-23（a）所示。

（2）内接于圆（I）：选择该选项，绘制的多边形内接于圆，如图 3-23（b）所示。

（3）内接于圆（C）：选择该选项，绘制的多边形内接于圆，如图 3-23（c）所示。

图 3-23 绘制正多边形

3.4 图案填充

当用户需要用一个重复的图案（pattern）填充一个区域时，可以使用"BHATCH"命令，创建一个相关联的填充阴影对象，即所谓的图案填充。

3.4.1 基本概念

1．图案边界

当进行图案填充时，首先要确定填充图案的边界。定义边界的对象只能是直线、双向射线、单向射线、多义线、样条曲线、圆弧、圆、椭圆、椭圆弧、面域等对象或用这些对象定义的块，而且作为边界的对象在当前图层上必须全部可见。

2．孤岛

在进行图案填充时，我们把位于总填充区域内的封闭区称为孤岛，如图 3-24 所示。在使用"BHATCH"命令填充时，AutoCAD 系统允许用户以拾取点的方式确定填充边界，即在希望填充的区域内任意拾取一点，系统会自动确定出填充边界，同时也确定该边界内的岛。如果用户以选择对象的方式确定填充边界，则必须确切地选取这些岛，有关知识将在下一小节中介绍。

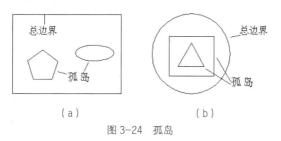

图 3-24 孤岛

3．填充方式

在进行图案填充时，需要控制填充的范围，AutoCAD 系统为用户设置了以下 3 种填充方式以实现对填充范围的控制。

（1）普通方式。如图 3-25（a）所示，该方式从边界开始，从每条填充线或每个填充符号的两端向里填充，遇到内部对象与之相交时，填充线或符号断开，直到遇到下一次相交时再继续填充。采用这种填充方式时，要避免剖面线或符号与内部对象的相交次数为奇数，该方式为系统内部的缺省方式。

（2）最外层方式。如图 3-25（b）所示，该方式从边界向里填充，只要在边界内部与对象相交，剖面符号就会断开，而不再继续填充。

（3）忽略方式。如图 3-25（c）所示，该方式忽略边界内的对象，所有内部结构都被剖面符号覆盖。

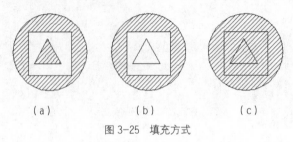

(a)　　　　　　　(b)　　　　　　　(c)

图 3-25　填充方式

3.4.2　图案填充的操作

【执行方式】

命令行：BHATCH（快捷命令：H）。

菜单栏：选择菜单栏中的"绘图"→"图案填充"或"渐变色"命令。

工具栏：单击"绘图"工具栏中的"图案填充"按钮 或"渐变色"按钮 。

执行上述命令后，系统打开如图 3-26 所示的"图案填充和渐变色"对话框，各选项和按钮含义介绍如下。

图 3-26　"图案填充和渐变色"对话框

1. "图案填充"选项卡

此选项卡中的各选项用来确定图案及其参数，单击此选项卡后，打开如图 3-26 左边的控制面板，其中各选项含义如下。

（1）"类型"下拉列表框：用于确定填充图案的类型及图案。"用户定义"选项表示用户要临时定义填充图案，与命令行方式中的"U"选项作用相同；"自定义"选项表示选用 ACAD.PAT 图案文件或其他图案文件（.PAT 文件）中的图案填充；"预定义"选项表示用

AutoCAD 标准图案文件（ACAD.PAT 文件）中的图案填充。

（2）"图案"下拉列表框：用于确定标准图案文件中的填充图案。在其下拉列表框中，用户可从中选择填充图案。选择需要的填充图案后，在下面的"样例"显示框中会显示出该图案。只有在"类型"下拉列表框中选择了"预定义"选项，此选项才允许用户从自己定义的图案文件中选择填充图案。如果选择图案类型是"预定义"，单击"图案"下拉列表框右侧的按钮，会打开如图 3-27 所示的"填充图案选项板"对话框。在该对话框中显示出所选类型具有的图案，用户可从中确定所需要的图案。

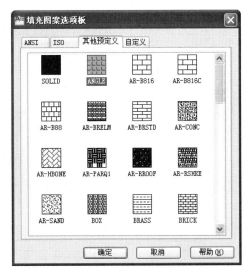

图 3-27 "填充图案选项板"对话框

（3）"样例"显示框：用于给出一个样本图案。在其右侧有一长方形图像框，显示当前用户所选用的填充图案。可以单击该图像，迅速查看或选择已有的填充图案。

（4）"自定义图案"下拉列表框：此下拉列表框只用于用户自定义的填充图案。只有在"类型"下拉列表中选择"自定义"选项，该项才允许用户从自己定义的图案文件中选择填充图案。

（5）"角度"下拉列表框：用于确定填充图案时的旋转角度。每种图案在定义时的旋转角度为零，用户可以在"角度"文本框中设置所希望的旋转角度。

（6）"比例"下拉列表框：用于确定填充图案的比例值。每种图案在定义时的初始比例为1，用户可以根据需要放大或缩小，其方法是在"比例"文本框中输入相应的比例值。

（7）"双向"复选框：用于确定用户临时定义的填充线是一组平行线，还是相互垂直的两组平行线。只有在"类型"下拉列表中选择"用户定义"选项时，该项才可以使用。

（8）"相对图纸空间"复选框：确定是否相对于图纸空间单位来确定填充图案的比例值。勾选该复选框，可以按适合于版面布局的比例方便地显示填充图案。该选项仅适用于图形版面编排。

（9）"间距"文本框：设置线之间的间距，在"间距"文本框中输入值即可。只有在"类型"下拉列表中选择"用户定义"选项，该项才可以使用。

（10）"ISO 笔宽"下拉列表框：用于告诉用户根据所选择的笔宽确定与 ISO 有关的图案比例。只有选择了已定义的 ISO 填充图案后，才可确定它的内容。

（11）"图案填充原点"选项组：控制填充图案生成的起始位置。此图案填充（如砖块图案）需要与图案填充边界上的一点对齐。默认情况下，所有图案填充原点都对应于当前的 UCS 原点。也可以点选"指定的原点"单选钮，以及设置下面一级的选项重新指定原点。

2. "渐变色"选项卡

渐变色是指从一种颜色到另一种颜色的平滑过渡。渐变色能产生光的视觉感受，可为图形添加视觉立体效果。单击该选项卡，如图 3-28 所示，其中各选项含义如下。

(1)"单色"单选钮：应用单色对所选对象进行渐变填充。其下面的显示框显示用户所选择的真彩色，单击右侧的 [...] 按钮，系统打开"选择颜色"对话框，如图 3-29 所示。该对话框将在第 5 章详细介绍。

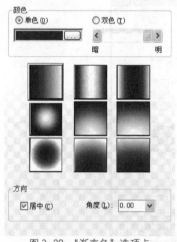

图 3-28　"渐变色"选项卡

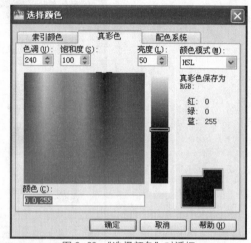

图 3-29　"选择颜色"对话框

(2)"双色"单选钮：应用双色对所选对象进行渐变填充。填充颜色从颜色 1 渐变到颜色 2，颜色 1 和颜色 2 的选择与单色选择相同。

(3)渐变方式样板：在"渐变色"选项卡中有 9 个渐变方式样板，分别表示不同的渐变方式，包括线形、球形、抛物线形等方式。

(4)"居中"复选框：决定渐变填充是否居中。

(5)"角度"下拉列表框：在该下拉列表中选择的角度为渐变色倾斜的角度。

不同的渐变色填充如图 3-30 所示。

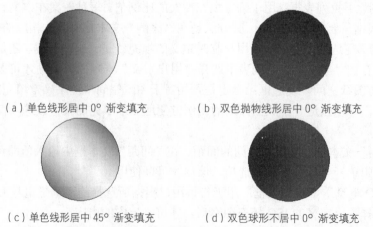

(a) 单色线形居中 0° 渐变填充　　　　(b) 双色抛物线形居中 0° 渐变填充

(c) 单色线形居中 45° 渐变填充　　　　(d) 双色球形不居中 0° 渐变填充

图 3-30　不同的渐变色填充

3．"边界"选项组

（1）"添加：拾取点"按钮：以拾取点的方式自动确定填充区域的边界。在填充的区域内任意拾取一点，系统会自动确定包围该点的封闭填充边界，并且高亮度显示，如图 3-31 所示。

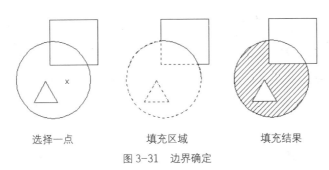

选择一点　　　　　　填充区域　　　　　　填充结果

图 3-31　边界确定

（2）"添加：选择对象"按钮：以选择对象的方式确定填充区域的边界。可以根据需要选择构成填充区域的边界。同样，被选择的边界也会以高亮度显示，如图 3-32 所示。

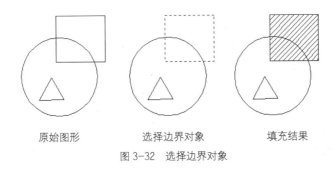

原始图形　　　　　　选择边界对象　　　　　　填充结果

图 3-32　选择边界对象

（3）"删除边界"按钮：从边界定义中删除以前添加的任何对象，如图 3-33 所示。

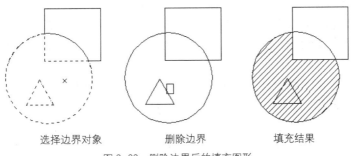

选择边界对象　　　　　　删除边界　　　　　　填充结果

图 3-33　删除边界后的填充图形

（4）"重新创建边界"按钮：对选定的图案填充或填充对象创建多段线或面域。

（5）"查看选择集"按钮：查看填充区域的边界。单击该按钮，AutoCAD 系统临时切换到作图状态，将所选的作为填充边界的对象以高亮度显示。只有通过"添加：拾取点"按钮或"添加：选择对象"按钮选择填充边界，"查看选择集"按钮才可以使用。

4．"选项"选项组

（1）"关联"复选框：用于确定填充图案与边界的关系。勾选该复选框，则填充的图案与填充边界保持关联关系，即图案填充后，当用钳夹（Grips）功能对边界进行拉伸等编辑操作时，系统会根据边界的新位置重新生成填充图案。

（2）"创建独立的图案填充"复选框：当指定了几个独立的闭合边界时，控制是创建单个图案填充对象，还是多个图案填充对象，如图 3-34 所示。

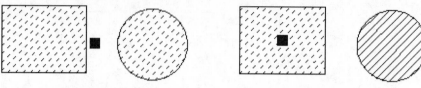

（a）不独立，选中时是一个整体　　　　　　（b）独立，选中时不是一个整体

图 3-34 不独立与独立填充

（3）"绘图次序"下拉列表框：指定图案填充的绘图顺序。图案填充可以置于所有其他对象之后、所有其他对象之前、图案填充边界之后或图案填充边界之前。

5．"继承特性"按钮

此按钮的作用是继承特性，即选用图中已有的填充图案作为当前的填充图案。

6．"孤岛"选项组

（1）"孤岛检测"复选框：确定是否检测孤岛。

（2）"孤岛显示样式"选项组：用于确定图案的填充方式。用户可以从中选择想要的填充方式。默认的填充方式为"普通"。用户也可以在快捷菜单中选择填充方式。

7．"边界保留"选项组

指定是否将边界保留为对象，并确定应用于这些对象的对象类型是多段线还是面域。

8．"边界集"选项组

此选项组用于定义边界集。当单击"添加：拾取点"按钮 ，以根据指定点方式确定填充区域时，有两种定义边界集的方法：一种是将包围所指定点的最近有效对象作为填充边界，即"当前视口"选项，该选项是系统的默认方式；另一种方式是用户自己选定一组对象来构造边界，即"现有集合"选项。选定对象通过"新建"按钮 实现，单击该按钮，AutoCAD 临时切换到作图状态，并在命令行中提示用户选择作为构造边界集的对象。此时若选择"现有集合"选项，系统会根据用户指定的边界集中的对象来构造一个封闭边界。

9．"允许的间隙"选项组

设置将对象用作图案填充边界时可以忽略的最大间隙。默认值为 0，此值要求对象必须是封闭区域而没有间隙。

10．"继承选项"选项组

使用"继承选项"创建图案填充时，控制图案填充原点的位置。

3.4.3　编辑填充的图案

利用 HATCHEDIT 命令可以编辑已经填充的图案。

【执行方式】

命令行：HATCHEDIT（快捷命令：HE）。

菜单栏：选择菜单栏中的"修改"→"对象"→"图案填充"命令。

工具栏：单击"修改 II"工具栏中的"编辑图案填充"按钮 。

执行上述操作后，系统提示"选择图案填充对象"。选择填充对象后，系统打开如图 3-35 所示的"图案填充编辑"对话框。

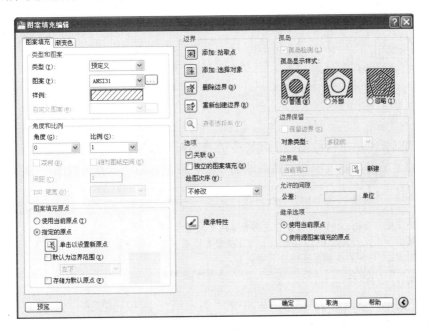

图 3-35 "图案填充编辑"对话框

在图 3-33 中，只有亮显的选项才可以对其进行操作。该对话框中各项的含义与图 3-24 所示的"图案填充和渐变色"对话框中各项的含义相同，利用该对话框，可以对已填充的图案进行一系列的编辑修改。

3.4.4 实例——绘制暗装插座

本实例利用直线命令绘制暗装插座，如图 3-36 所示。

 操作步骤

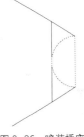

图 3-36 暗装插座

 光盘\动画演示\第 3 章\绘制暗装插座.avi

（1）绘制直线。单击"绘图"工具栏中的"直线"按钮 或快捷命令 L，绘制一条长为 2 的竖直直线，以此直线上下端点为起点，绘制长度为 3，且与水平方向成 30°角的两条斜线，如图 3-37 所示。

（2）绘制直线。单击"绘图"工具栏中的"直线"按钮 或快捷命令 L，绘制竖直线，命令行提示如下：

```
命令：_line 指定第一点：from
基点：（捕捉图 3-37 中的竖直线的端点）
<偏移>：@-1,0.58
指定下一点或 [放弃(U)]：<正交 开> 3.15
```

结果如图 3-38 所示。

图 3-37 绘制直线

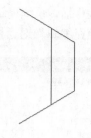

图 3-38 绘制直线

（3）绘制圆弧。单击"绘图"工具栏中的"圆弧"按钮 或快捷命令 A，绘制起点在右边垂直直线的上端点，通过左边垂直直线的中点，终点在右边垂直直线的下端点的圆弧，命令行提示如下：

```
命令: arc
指定圆弧的起点或 [圆心(C)]:（捕捉右边垂直直线的上端点）
指定圆弧的第二个点或 [圆心(C)/端点(E)]:（捕捉左边垂直直线的中点）
指定圆弧的端点:（捕捉右边垂直直线的下端点）
```

结果如图 3-39 所示。

（4）填充图形。单击"绘图"工具栏中的"图案填充" 按钮 或快捷命令 H，打开如图 3-40 所示的"图案填充和渐变色"对话框。在类型中选择"预定义"，单击 按钮，打开如图 3-41 所示"填充图案选项板"对话框，选择"SOLID"图案，单击"确定"按钮，返回到"图案填充和渐变色"对话框。单击"添加：拾取点"按钮 ，在绘图区拾取如图 3-36 所示的填充区域，按<Enter>键，返回到"图案填充和渐变色"对话框，单击"确定"按钮，结果如图 3-36 所示。

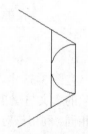

图 3-39 绘制圆弧

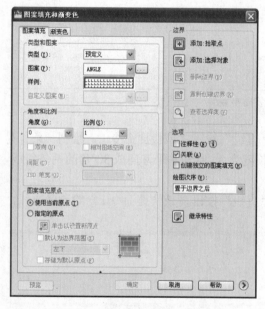

图 3-40 "图案填充和渐变色"对话框

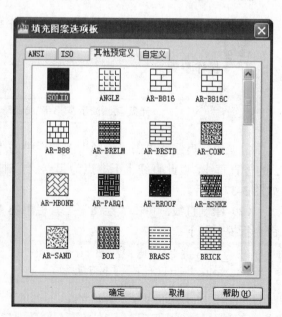

图 3-41 "填充图案选项板"对话框

3.5　多段线

多段线是一种由线段和圆弧组合而成的，可以有不同线宽的多线。由于多段线组合形式多样，线宽可以变化，弥补了直线或圆弧功能的不足，适合绘制各种复杂的图形轮廓，因而得到了广泛的应用。

3.5.1　绘制多段线

【执行方式】

命令行：PLINE（快捷命令：PL）。

菜单栏：选择菜单栏中的"绘图"→"多段线"命令。

工具栏：单击"绘图"工具栏中的"多段线"按钮 ⤵。

【操作步骤】

命令行提示与操作如下：

```
命令：PLINE
指定起点:指定多段线的起点
当前线宽为 0.0000
指定下一个点或 [圆弧(A)/半宽(H)/长度(L)/放弃(U)/宽度(W)]:指定多段线的下一个点
```

【选项说明】

多段线主要由连续且不同宽度的线段或圆弧组成，如果在上述提示中选择"圆弧（A）"选项，则命令行提示如下：

```
指定圆弧的端点或[角度(A)/圆心(CE)/闭合(CL)/方向(D)/半宽(H)/直线(L)/半径(R)/第二个点(S)/
放弃(U)/宽度(W)]:
```

绘制圆弧的方法与"圆弧"命令相似。

3.5.2　实例——绘制单极暗装拉线开关

本例利用圆、直线和图案填充命令创建单极暗装开关，再利用圆、多段线命令绘制暗装拉线开关，如图 3-42 所示。

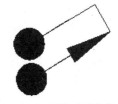

图 3-42　绘制单极暗装拉线开关

 操作步骤

 参见光盘　光盘\动画演示\第 3 章\绘制单极暗装拉线开关.avi

（1）绘制圆。单击"绘图"工具栏中的"圆"按钮 ⊙ 或快捷命令 C，在屏幕合适位置绘制一个半径为 1 的圆。

（2）绘制折线。单击"绘图"工具栏中的"直线"按钮 ╱ 或快捷命令 L，在"对象捕捉"和"正交"绘图方式下，用鼠标捕捉圆心作为起点，绘制长度为 5，且与水平方向成 30°角的斜线 1；重复"直线"按钮，以斜线 1 的终点为起点，绘制长度为 2，与斜线成 90°角的斜线 2，如图 3-43 所示。

（3）填充圆形。单击"绘图"工具栏中的"图案填充"按钮 ▨ 或快捷命令 H，用"SOLID"

图案填充图 3-43 中的圆形，效果如图 3-44 所示，即为绘制完成的单极暗装开关符号。

（4）绘制圆。单击"绘图"工具栏中的"圆"按钮⊙或快捷命令 C，在单极暗装开关的下部绘制一个半径为 1 的圆。

（5）单击"绘图"工具栏中的"图案填充"按钮⊞或快捷命令 H，用"SOLID"图案填充此圆，如图 3-45 所示。

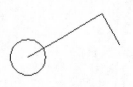

图 3-43 绘制圆和折线

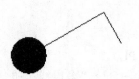

图 3-44 绘制单极暗装开关

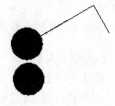

图 3-45 填充图案

（6）绘制多段线。单击"绘图"工具栏中的"多段线"按钮↪或快捷命令 PL，绘制单极暗装拉线开关，命令行提示与操作如下：

```
命令: Pline
指定起点: （捕捉上步中绘制的圆心）
当前线宽为: 0.0000
指定下一点或 [圆弧(A)/半宽(H)/长度(L)/放弃(U)/宽度(W)]: @3<30
指定下一点或 [圆弧(A)/半宽(H)/长度(L)/放弃(U)/宽度(W)]:W
指定起点宽度<0.0000>:1
指定端点宽度<1.0000>:0
指定下一点或 [圆弧(A)/半宽(H)/长度(L)/放弃(U)/宽度(W)]: @3<30
指定下一点或 [圆弧(A)/半宽(H)/长度(L)/放弃(U)/宽度(W)]:
```

结果如图 3-42 所示。

3.6 样条曲线

在 AutoCAD 中使用的样条曲线为非一致有理 B 样条（NURBS）曲线，使用 NURBS 曲线能够在控制点之间产生一条光滑的曲线，如图 3-46 所示。样条曲线可用于绘制形状不规则的图形，如为地理信息系统（GIS）或汽车设计绘制轮廓线。

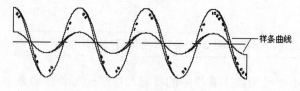

图 3-46 样条曲线

3.6.1 绘制样条曲线

【执行方式】

命令行：SPLINE（快捷命令：SPL）。

菜单栏：选择菜单栏中的"绘图"→"样条曲线"命令。

工具栏：单击"绘图"工具栏中的"样条曲线"按钮～。

【操作步骤】

命令行提示与操作如下：

```
命令：SPLINE
指定第一个点或 [对象(O)]:指定一点或选择"对象（O）"选项
指定下一点：指定一点
指定下一个点或 [闭合(C)/拟合公差(F)] <起点切向>:
```

【选项说明】

（1）对象（O）：将二维或三维的二次或三次样条曲线拟合多段线转换为等价的样条曲线，然后（根据 DELOBJ 系统变量的设置）删除该多段线。

（2）闭合（C）：将最后一点定义与第一点一致，并使其在连接处相切，以闭合样条曲线。选择该项，命令行提示如下：

```
指定切向:指定点或按<Enter>键
```

用户可以指定一点来定义切向矢量，或按下状态栏中的"对象捕捉"按钮，使用"切点"和"垂足"对象捕捉模式使样条曲线与现有对象相切或垂直。

（3）拟合公差（F）：修改当前样条曲线的拟合公差，根据新公差以现有点重新定义样条曲线。拟合公差表示样条曲线拟合所指定拟合点集时的拟合精度，公差越小，样条曲线与拟合点越接近。公差为 0，样条曲线将通过该点；输入大于 0 的公差将使样条曲线在指定的公差范围内通过拟合点。在绘制样条曲线时，可以改变样条曲线拟合公差以查看拟合效果。

（4）起点切向：定义样条曲线的第一点和最后一点的切向。如果在样条曲线的两端都指定切向，可以输入一个点或使用"切点"和"垂足"对象捕捉模式使样条曲线与已有的对象相切或垂直。如果按<Enter>键，系统将计算默认切向。

图 3-47　绘制整流器框形符号

3.6.2　实例——绘制整流器框形符号

本例利用多边形命令绘制外框，再利用直线、样条曲线命令绘制细部结构，如图 3-47 所示。

操作步骤

| 参见光盘 | 光盘\动画演示\第 3 章\绘制整流器框形符号.avi |

（1）单击"绘图"工具栏中的"多边形"按钮或快捷命令 POL，命令行提示如下：

```
命令：_polygon
输入边的数目 <4>:✓
指定正多边形的中心点或 [边(E)]:（在绘图屏幕适当指定一点）
输入选项 [内接于圆(I)/外切于圆(C)] <I>:✓
指定圆的半径:（适当指定一点作为外接圆半径，使正四边形边大约处于垂直正交位置，见图 3-48）
```

（2）单击"绘图"工具栏中的"直线"按钮 或快捷命令 L，绘制 4 条直线，如图 3-49 所示。

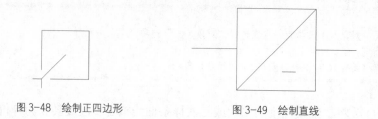

图 3-48 绘制正四边形　　　　　　　　　图 3-49 绘制直线

（3）单击"绘图"工具栏中的"样条曲线"按钮 或快捷命令 SPL，命令行提示如下：

```
命令：_spline
指定第一个点或 [对象(O)]:（适当指定一点）
指定下一点:（适当指定一点）
指定下一点或 [闭合(C)/拟合公差(F)] <起点切向>:（适当指定一点）
指定下一点或 [闭合(C)/拟合公差(F)] <起点切向>:（适当指定一点）
指定下一点或 [闭合(C)/拟合公差(F)] <起点切向>:（适当指定一点）
指定下一点或 [闭合(C)/拟合公差(F)] <起点切向>:↙
指定起点切向:↙
指定端点切向:↙
```

最终结果如图 3-47 所示。

3.7 多线

多线是一种复合线，由连续的直线段复合组成。多线的突出优点就是能够大大提高绘图效率，保证图线之间的统一性。

3.7.1 绘制多线

【执行方式】

命令行：MLINE（快捷命令：ML）。

菜单栏：选择菜单栏中的"绘图"→"多线"命令。

【操作步骤】

命令行提示与操作如下：

```
命令：MLINE
当前设置：对正 = 上，比例 = 20.00，样式 = STANDARD
指定起点或 [对正(J)/比例(S)/样式(ST)]:指定起点
指定下一点:指定下一点
指定下一点或 [放弃(U)]:继续指定下一点绘制线段,输入"U",则放弃前一段多线的绘制;右击或按<Enter>
键结束命令
指定下一点或 [闭合(C)/放弃(U)]:继续给定下一点绘制线段；输入"C"则闭合线段，结束命令
```

【选项说明】

（1）对正（J）：该项用于指定绘制多线的基准。共有 3 种对正类型"上"、"无"和"下"。其中，"上"表示以多线上侧的线为基准，其他两项依此类推。

（2）比例（S）：选择该项，要求用户设置平行线的间距。输入值为零时，平行线重合；输入值为负时，多线的排列倒置。

（3）样式（ST）：用于设置当前使用的多线样式。

3.7.2 定义多线样式

【执行方式】

命令行：MLSTYLE。

执行上述命令后，系统打开如图 3-50 所示的"多线样式"对话框。在该对话框中，用户可以对多线样式进行定义、保存、加载等操作。下面通过定义一个新的多线样式来介绍该对话框的使用方法。欲定义的多线样式由 3 条平行线组成，中心轴线和两条平行的实线相对于中心轴线上、下各偏移 0.5，其操作步骤如下。

（1）在"多线样式"对话框中单击"新建"按钮，系统打开"创建新的多线样式"对话框，如图 3-51 所示。

（2）在"创建新的多线样式"对话框的"新样式名"文本框中输入"THREE"，单击"继续"按钮。

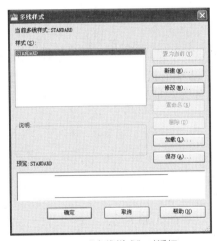

图 3-50 "多线样式"对话框   图 3-51 "创建新的多线样式"对话框

（3）系统打开"新建多线样式"对话框，如图 3-52 所示。

（4）在"封口"选项组中可以设置多线起点和端点的特性，包括直线、外弧还是内弧封口以及封口线段或圆弧的角度。

（5）在"填充颜色"下拉列表中可以选择多线填充的颜色。

（6）在"图元"选项组中可以设置组成多线元素的特性。单击"添加"按钮，可以为多线添加元素；反之，单击"删除"按钮，为多线删除元素。在"偏移"文本框中可以设置选中元素的位置偏移值。在"颜色"下拉列表中可以为选中的元素选择颜色。单击"线型"按钮，系统打开"选择线型"对话框，可以为选中的元素设置线型。

（7）设置完毕后，单击"确定"按钮，返回到如图 3-50 所示的"多线样式"对话框，在"样式"列表中会显示刚设置的多线样式名，选择该样式，单击"置为当前"按钮，则将刚设置的多线样式设置为当前样式，下面的预览框中会显示所选的多线样式。

（8）单击"确定"按钮，完成多线样式设置。

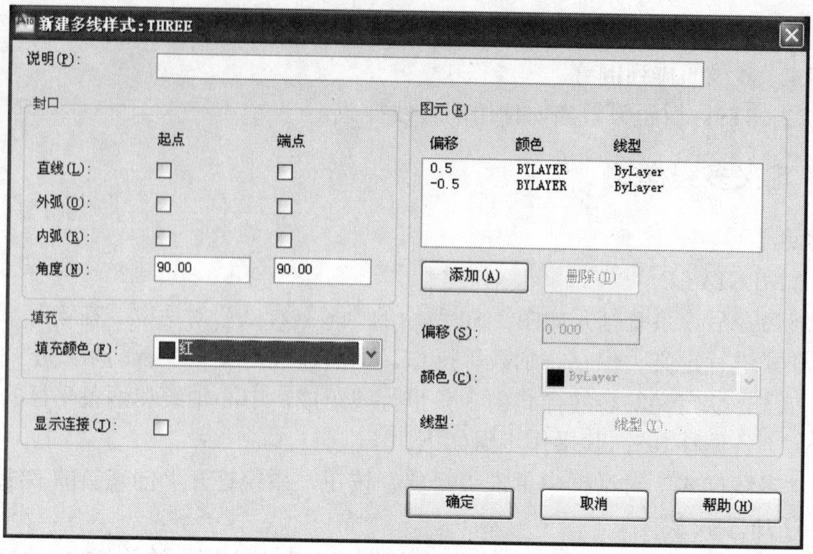

图 3-52 "新建多线样式"对话框

3.8 文本样式

所有 AutoCAD 图形中的文字都有与其相对应的文本样式。当输入文字对象时，AutoCAD 使用当前设置的文本样式。文本样式是用来控制文字基本形状的一组设置。AutoCAD 2010 提供了"文字样式"对话框，通过这个对话框可以方便直观地设置需要的文本样式，或是对已有样式进行修改。

【执行方式】

命令行：STYLE（快捷命令：ST）或 DDSTYLE。

菜单栏：选择菜单栏中的"格式"→"文字样式"命令。

工具栏：单击"文字"工具栏中的"文字样式"按钮A。

执行上述操作后，系统打开"文字样式"对话框，如图 3-53 所示。

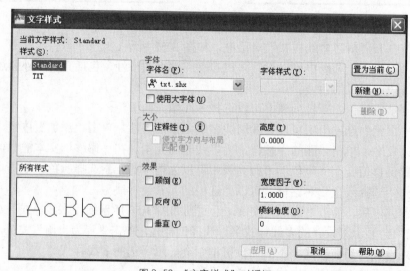

图 3-53 "文字样式"对话框

【选项说明】

（1）"样式"列表框：列出所有已设定的文字样式名或对已有样式名进行相关操作。单击"新建"按钮，系统打开如图 3-54 所示的"新建文字样式"对话框。在该对话框中可以为新建的文字样式输入名称。从"样式"列表框中选中要改名的文本样式右击，选择快捷菜单中的"重命名"命令，如图 3-55 所示，可以为所选文本样式输入新的名称。

（2）"字体"选项组：用于确定字体样式。文字的字体确定字符的形状，在 AutoCAD 中，除了它固有的 SHX 形状字体文件外，还可以使用 TrueType 字体（如宋体、楷体、italley 等）。一种字体可以设置不同的效果，从而被多种文本样式使用，图 3-56 所示就是同一种字体（宋体）的不同样式。

图 3-54　"新建文字样式"对话框　　　　图 3-55　快捷菜单　　　　图 3-56　同一字体的不同样式

（3）"大小"选项组：用于确定文本样式使用的字体文件、字体风格及字高。"高度"文本框用来设置创建文字时的固定字高，在用 TEXT 命令输入文字时，AutoCAD 不再提示输入字高参数。如果在此文本框中设置字高为 0，系统会在每一次创建文字时提示输入字高，所以，如果不想固定字高，就可以把"高度"文本框中的数值设置为 0。

（4）"效果"选项组。

① "颠倒"复选框：勾选该复选框，表示将文本文字倒置标注，如图 3-57（a）所示。

② "反向"复选框：确定是否将文本文字反向标注，如图 3-57（b）所示的标注效果。

③ "垂直"复选框：确定文本是水平标注还是垂直标注。勾选该复选框时为垂直标注，否则为水平标注，垂直标注如图 3-58 所示。

（a）　　　　　　　　　（b）

图 3-57　文字倒置标注与反向标注　　　　　　　图 3-58　垂直标注文字

④ "宽度因子"文本框：设置宽度系数，确定文本字符的宽高比。当比例系数为 1 时，表示将按字体文件中定义的宽高比标注文字。当此系数小于 1 时，字会变窄，反之变宽。

⑤ "倾斜角度"文本框：用于确定文字的倾斜角度。角度为 0 时不倾斜，为正数时向右倾斜，为负数时向左倾斜，效果如图 3-56 所示。

（5）"应用"按钮：确认对文字样式的设置。当创建新的文字样式或对现有文字样式的某些特征进行修改后，都需要单击此按钮，系统才会确认所做的改动。

3.9 文本标注

在绘制图形的过程中，文字传递了很多设计信息，它可能是一个很复杂的说明，也可能是一个简短的文字信息。当需要文字标注的文本不太长时，可以利用 TEXT 命令创建单行文本；当需要标注很长、很复杂的文字信息时，可以利用 MTEXT 命令创建多行文本。

3.9.1 单行文本标注

【执行方式】

命令行：TEXT。

菜单：选择菜单栏中的"绘图"→"文字"→"单行文字"命令。

工具栏：单击"文字"工具栏中的"单行文字"按钮 **A**。

【操作步骤】

命令行提示与操作如下：

```
命令：TEXT
当前文字样式： Standard  当前文字高度： 0.2000
指定文字的起点或 [对正(J)/样式(S)]:
```

【选项说明】

（1）指定文字的起点：在此提示下直接在绘图区选择一点作为输入文本的起始点，命令行提示如下：

```
指定高度 <0.2000>: 确定文字高度
指定文字的旋转角度 <0>: 确定文本行的倾斜角度
```

执行上述命令后，即可在指定位置输入文本文字，输入后按<Enter>键，文本文字另起一行，可继续输入文字，待全部输入完后按两次<Enter>键，退出 TEXT 命令。可见，TEXT 命令也可创建多行文本，只是这种多行文本每一行是一个对象，不能对多行文本同时进行操作。

 技巧荟萃

只有当前文本样式中设置的字符高度为 0，在使用 TEXT 命令时，系统才出现要求用户确定字符高度的提示。AutoCAD 允许将文本行倾斜排列，如图 3-59 所示为倾斜角度分别是 0°、45°和-45°时的排列效果。在"指定文字的旋转角度 <0>"提示下输入文本行的倾斜角度或在绘图区拉出一条直线来指定倾斜角度。

图 3-59 文本行倾斜排列的效果

（2）对正（J）：在"指定文字的起点或 [对正（J）/样式（S）]"提示下输入"J"，用来确定文本的对齐方式，对齐方式决定文本的哪部分与所选插入点对齐。执行此选项，命令行提示如下：

> 输入选项 [对齐(A)/调整(F)/中心(C)/中间(M)/右⑧/左上(TL)/中上(TC)/右上(TR)/左中(ML)/正中(MC)/右中(MR)/左下(BL)/中下(BC)/右下(BR)]：

在此提示下选择一个选项作为文本的对齐方式。当文本文字水平排列时，AutoCAD 为标注文本的文字定义了如图 3-60 所示的顶线、中线、基线和底线，各种对齐方式如图 3-61 所示，图中大写字母对应上述提示中各命令。下面以"对齐"方式为例进行简要说明。

图 3-60 文本行的底线、基线、中线和顶线

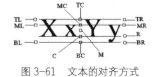

图 3-61 文本的对齐方式

选择"对齐（A）"选项，要求用户指定文本行基线的起始点与终止点的位置，命令行提示与操作如下：

> 指定文字基线的第一个端点：指定文本行基线的起点位置
> 指定文字基线的第二个端点：指定文本行基线的终点位置
> 输入文字：输入文本文字✓
> 输入文字：

执行结果：输入的文本文字均匀地分布在指定的两点之间，如果两点间的连线不水平，则文本行倾斜放置，倾斜角度由两点间的连线与 x 轴夹角确定；字高、字宽根据两点间的距离、字符的多少以及文本样式中设置的宽度系数自动确定。指定了两点之后，每行输入的字符越多，字宽和字高越小。其他选项与"对齐"类似，此处不再赘述。

实际绘图时，有时需要标注一些特殊字符，如直径符号、上画线或下画线、温度符号等，由于这些符号不能直接从键盘上输入，AutoCAD 提供了一些控制码，用来实现这些要求。控制码用两个百分号（％％）加一个字符构成，常用的控制码及功能如表 3-1 所示。

表 3-1 AutoCAD 常用控制码

控制码	标注的特殊字符	控制码	标注的特殊字符
％％O	上画线	\u+0278	电相位
％％U	下画线	\u+E101	流线
％％D	"度"符号（°）	\u+2261	标识
％％P	正负符号（±）	\u+E102	界碑线
％％C	直径符号（⌀）	\u+2260	不相等（≠）
％％％	百分号（％）	\u+2126	欧姆（Ω）
\u+2248	约等于（≈）	\u+03A9	欧米加（Ω）
\u+2220	角度（∠）	\u+214A	低界线
\u+E100	边界线	\u+2082	下标 2
\u+2104	中心线	\u+00B2	上标 2
\u+0394	差值		

其中，%%O 和 %%U 分别是上画线和下画线的开关，第一次出现此符号开始画上画线和下画线，第二次出现此符号，上画线和下画线终止。例如，输入 "I want to %%U go to Beijing%%U."，则得到如图 3-62（a）所示的文本行，输入 "50%%D+%%C75%%P12"，则得到如图 3-62（b）所示的文本行。

利用 TEXT 命令可以创建一个或若干个单行文本，即此命令可以标注多行文本。在"输入文字"提示下输入一行文本文字后按<Enter>键，命令行继续提示"输入文字"，用户可输入第二行文本文字，依此类推，直到文本文字全部输写完毕，再在此提示下按两次<Enter>键，结束文本输入命令。每一次按<Enter>键就结束一个单行文本的输入，每一个单行文本是一个对象，可以单独修改其文本样式、字高、旋转角度、对齐方式等。

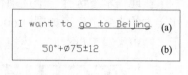

I want to go to Beijing. (a)

50°+Ø75±12 (b)

图 3-62 文本行

用 TEXT 命令创建文本时，在命令行输入的文字同时显示在绘图区，而且在创建过程中可以随时改变文本的位置，只要移动光标到新的位置单击，则当前行结束，随后输入的文字在新的文本位置出现，用这种方法可以把多行文本标注到绘图区的不同位置。

3.9.2 多行文本标注

【执行方式】

命令行：MTEXT（快捷命令：T 或 MT）。

菜单栏：选择菜单栏中的"绘图"→"文字"→"多行文字"命令。

工具栏：单击"绘图"工具栏中的"多行文字"按钮 **A** 或单击"文字"工具栏中的"多行文字"按钮 **A**。

【操作步骤】

命令行提示与操作如下：

```
命令:MTEXT
当前文字样式:"Standard"    当前文字高度:1.9122
指定第一角点: 指定矩形框的第一个角点
指定对角点或 [高度(H)/对正(J)/行距(L)/旋转(R)/样式(S)/宽度(W)]:
```

【选项说明】

（1）指定对角点：在绘图区选择两个点作为矩形框的两个角点，AutoCAD 以这两个点为对角点构成一个矩形区域，其宽度作为将来要标注的多行文本的宽度，第一个点作为第一行文本顶线的起点。响应后 AutoCAD 打开如图 3-63 所示的"文字格式"对话框和多行文字编辑器，可利用此编辑器输入多行文本文字并对其格式进行设置。关于该对话框中各项的含义及编辑器功能，稍后再详细介绍。

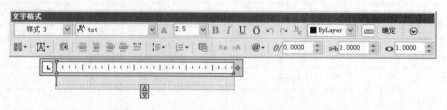

图 3-63 "文字格式"对话框和多行文字编辑器

（2）对正（J）：用于确定所标注文本的对齐方式。选择此选项，命令行提示如下：

> 输入对正方式 [左上(TL)/中上(TC)/右上(TR)/左中(ML)/正中(MC)/右中(MR)/左下(BL)/中下(BC)/右下(BR)] <左上(TL)>:

这些对齐方式与 TEXT 命令中的各对齐方式相同。选择一种对齐方式后按<Enter>键，系统回到上一级提示。

（3）行距（L）：用于确定多行文本的行间距。这里所说的行间距是指相邻两文本行基线之间的垂直距离。选择此选项，命令行提示如下：

> 输入行距类型 [至少(A)/精确(E)] <至少(A)>:

在此提示下有"至少"和"精确"两种方式确定行间距。在"至少"方式下，系统根据每行文本中最大的字符自动调整行间距；在"精确"方式下，系统为多行文本赋予一个固定的行间距，可以直接输入一个确切的间距值，也可以输入"nx"的形式，其中 n 是一个具体数，表示行间距设置为单行文本高度的 n 倍，而单行文本高度是本行文本字符高度的 1.66 倍。

（4）旋转（R）：用于确定文本行的倾斜角度。选择此选项，命令行提示如下：

> 指定旋转角度 <0>:

输入角度值后按<Enter>键，系统返回到"指定对角点或 [高度(H)/对正(J)/行距(L)/旋转(R)/样式(S)/宽度(W)]:"的提示。

（5）样式（S）：用于确定当前的文本文字样式。

（6）宽度（W）：用于指定多行文本的宽度。可在绘图区选择一点，与前面确定的第一个角点组成一个矩形框的宽作为多行文本的宽度；也可以输入一个数值，精确设置多行文本的宽度。

在创建多行文本时，只要指定文本行的起始点和宽度后，系统就会打开如图 3-63 所示的多行文字编辑器，该编辑器包含一个"文字格式"对话框和一个快捷菜单。用户可以在编辑器中输入和编辑多行文本，包括设置字高、文本样式以及倾斜角度等。该编辑器与 Microsoft Word 编辑器界面相似，事实上该编辑器与 Word 编辑器在某些功能上趋于一致。这样既增强了多行文字的编辑功能，又能使用户更熟悉和方便地使用。

（7）"文字格式"对话框：用来控制文本文字的显示特性。可以在输入文本文字前设置文本的特性，也可以改变已输入的文本文字特性。要改变已有文本文字显示特性，首先应选择要修改的文本，选择文本的方式有以下 3 种。

● 　将光标定位到文本文字开始处，按住鼠标左键，拖到文本末尾。

● 　双击某个文字，则该文字被选中。

● 　3 次单击鼠标，则选中全部内容。

对话框中部分选项的功能介绍如下。

①"文字高度"下拉列表框：用于确定文本的字符高度，可在文本编辑器中设置输入新的字符高度，也可从此下拉列表中选择已设定过的高度值。

②"加粗" **B** 和"斜体" *I* 按钮：用于设置加粗或斜体效果，但这两个按钮只对 TrueType 字体有效。

③"下画线" U 和"上画线" Ō 按钮：用于设置或取消文字的上下画线。

④"堆叠"按钮 ：为层叠或非层叠文本按钮，用于层叠所选的文本文字，也就是创建

分数形式。当文本中某处出现"/"、"^"或"#"3种层叠符号之一时，可层叠文本，其方法是选中需层叠的文字，然后单击此按钮，则符号左边的文字作为分子，右边的文字作为分母进行层叠。AutoCAD 提供了 3 种分数形式；如选中"abcd/efgh"后单击此按钮，得到如图 3-64（a）所示的分数形式；如果选中"abcd^efgh"后单击此按钮，则得到如图 3-64（b）所示的形式，此形式多用于标注极限偏差；如果选中"abcd # efgh"后单击此按钮，则创建斜排的分数形式，如图 3-64（c）所示。如果选中已经层叠的文本对象后单击此按钮，则恢复到非层叠形式。

⑤"倾斜角度"（*0/*）下拉列表框：用于设置文字的倾斜角度。

技巧荟萃

　　倾斜角度与斜体效果是两个不同的概念，前者可以设置任意倾斜角度，后者是在任意倾斜角度的基础上设置斜体效果，如图 3-65 所示。第一行倾斜角度为 0°，非斜体效果；第二行倾斜角度为 12°，非斜体效果；第三行倾斜角度为 12°，斜体效果。

abcd/efgh   abcd/efgh   abcd/efgh

电气基础
电气基础
电气基础

（a）   （b）   （c）

图 3-64　文本层叠　　　　　　　　　　　图 3-65　倾斜角度与斜体效果

⑥"符号"按钮 @：用于输入各种符号。单击此按钮，系统打开符号列表，如图 3-66 所示，可以从中选择符号输入到文本中。

⑦"插入字段"按钮：用于插入一些常用或预设字段。单击此按钮，系统打开"字段"对话框，如图 3-67 所示，用户可从中选择字段，插入到标注文本中。

⑧"追踪"下拉列表框 a·b：用于增大或减小选定字符之间的空间。1.0 表示设置常规间距，设置大于 1.0 表示增大间距，设置小于 1.0 表示减小间距。

⑨"宽度因子"下拉列表框 o：用于扩展或收缩选定字符。1.0 表示设置代表此字体中字母的常规宽度，可以增大该宽度或减小该宽度。

（8）"选项"菜单。在"文字格式"对话框中单击"选项"按钮，系统打开"选项"菜单，如图 3-68 所示。其中许多选项与 Word 中相关选项类似，对其中比较特殊的选项简单介绍如下。

① 符号：在光标位置插入列出的符号或不间断空格，也可手动插入符号。

② 输入文字：选择此项，系统打开"选择文件"对话框，如图 3-69 所示。选择任意 ASCII 或 RTF 格式的文件。输入的文字保留原始字符格式和样式特性，但可以在多行文字编辑器中编辑和格式化输入的文字。选择要输入的文本文件后，可以替换选定的文字或全部文字，或在文字边界内将插入的文字附加到选定的文字中。输入文字的文件必须小于 32KB。

③ 字符集：显示代码页菜单，可以选择一个代码页并将其应用到选定的文本文字中。

④ 删除格式：清除选定文字的粗体、斜体或下画线格式。

⑤ 堆叠：选择此项，系统打开"堆叠特性"对话框，如图 3-70 所示。

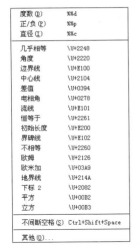

图 3-66 符号列表

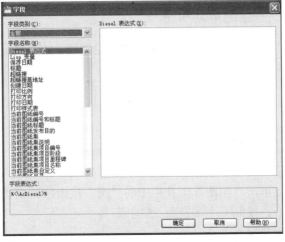

图 3-67 "字段"对话框

图 3-68 "选项"菜单

图 3-69 "选择文件"对话框

图 3-70 "堆叠特性"对话框

⑥ 背景遮罩：用设定的背景对标注的文字进行遮罩。选择此项，系统打开"背景遮罩"对话框，如图 3-71 所示。

图 3-71 "背景遮罩"对话框

 技巧荟萃

多行文字是由任意数目的文字行或段落组成的，布满指定的宽度，还可以沿垂直方向无限延伸。多行文字中，无论行数是多少，单个编辑任务中创建的每个段落集将构成单个对象；用户可对其进行移动、旋转、删除、复制、镜像或缩放操作。

3.9.3　实例——绘制电动机符号

本例绘制如图 3-72 所示的电动机符号。首先绘制圆，然后利用多行文字命令添加文字。

图 3-72　绘制电动机符号

操作步骤

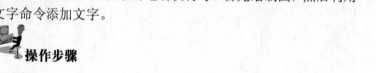

| 参见光盘 | 光盘\动画演示\第 3 章\绘制电动机符号.avi |

（1）绘制整圆。单击"绘图"工具栏中的"圆"按钮 ⊙ 或快捷命令 C，在屏幕上合适位置选择一点作为圆心，绘制一个半径为 25 的圆。

命令行中的提示与操作如下：

```
命令：circle
指定圆的圆心或 [三点(3P)/两点(2P)/相切、相切、半径(T)]：(选择一点)
指定圆的半径或 [直径(D)]：25
```

绘制的圆如图 3-73 所示。

（2）添加文字。单击"绘图"工具栏中的"多行文字"按钮 A 或快捷命令 MT，在图中适当位置指定两对角点后，弹出如图 3-74 所示的"文字格式"对话框，在元件的旁边撰写元件的符号，调整其位置，并将文字以对齐方式显示。添加注释文字后的图形，如图 3-72 所示。

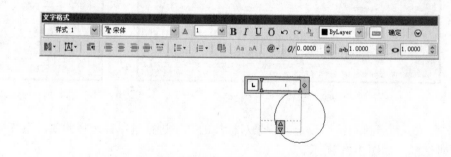

图 3-73　绘制圆　　　　　　　　　图 3-74　"文字格式"对话框

3.10　文本编辑

【执行方式】

命令行：DDEDIT（快捷命令：ED）。

菜单栏：选择菜单栏中的"修改"→"对象"→"文字"→"编辑"命令。

工具栏：单击"文字"工具栏中的"编辑"按钮 A。

【操作步骤】

命令行提示与操作如下：

```
命令：DDEDIT
选择注释对象或 [放弃(U)]：
```

要求选择想要修改的文本，同时光标变为拾取框。用拾取框选择对象，如果选择的文本是用 TEXT 命令创建的单行文本，则深显该文本，可对其进行修改；如果选择的文本是用 MTEXT 命令创建的多行文本，选择对象后则打开多行文字编辑器（图 3-63），可根据前面的介绍对各项设置或对内容进行修改。

3.11 上机实验

【实验1】绘制如图 3-75 所示的电抗器符号。
操作提示：
（1）利用"直线"命令绘制两条垂直相交直线。
（2）利用"圆弧"命令绘制连接弧。
（3）利用"直线"命令绘制竖直直线。

图 3-75 电抗器符号

【实验2】绘制如图 3-76 所示的振荡回路。

图 3-76 振荡回路

操作提示：
（1）利用"多段线"命令绘制电感及导线。
（2）利用"直线"命令绘制导线和电容。
（3）利用"多行文字"命令标注文字。

【实验3】绘制如图 3-77 所示的可变电阻器 RP。

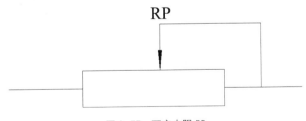

图 3-77 可变电阻 RP

操作提示：
（1）利用"矩形"和"直线"命令绘制初步图形。
（2）利用"多段线"命令绘制箭头。
（3）利用"单行文字"命令绘制电位符号。

思考与练习

1. 绘制带有倒角的矩形，首先要（　　）。
　（A）先确定一个角点　　　　　　　　（B）绘制矩形再倒角
　（C）先设置倒角再确定角点　　　　　（D）先设置圆角再确定角点

2. 下面的命令能绘制出线段或类线段图形的有（　　）。
　（A）LINE　　　　　（B）SPLINE　　　　（C）ARC　　　　　（D）PLINE

3. 填充图案时，下列说法正确的是（　　）。
　（A）使用夹点不能调整非关联图案填充　　（B）为填充图案指定背景色
　（C）指定只应用于图案填充的透明度设置　（D）将光标移至闭合区域预览填充结果

4. 设置文字样式时，若将字高设置为 0，则该样式下书写文字的高度为（　　）。
　（A）0　　　　　（B）3.5　　　　　（C）5　　　　（D）文字书写时指定的高度

5. 可以用圆弧与直线取代多段线吗？

6. 绘制如图 3-78 所示的壁龛交接箱符号。

7. 绘制如图 3-79 所示的蜂鸣器符号。

图 3-78　壁龛交接箱符号

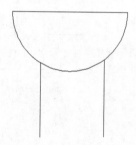

图 3-79　蜂鸣器符号

第 4 章　精确绘图

● 学习目标

　　为了快速准确地绘制图形，AutoCAD 提供了多种必要的和辅助的绘图工具，如工具条、对象选择工具、对象捕捉工具、栅格、正交工具等。利用这些工具，可以方便、准确地实现图形的绘制和编辑，不仅可以提高工作效率，而且能更好地保证图形的质量。本章将介绍捕捉、栅格、正交、对象捕捉、对象追踪等知识。

● 学习要点

➢ 了解精确定位的工具
➢ 熟练掌握对象捕捉和对象追踪
➢ 了解动态输入

4.1　图层设计

4.1.1　设置图层

　　图层的概念类似投影片，将不同属性的对象分别放置在不同的投影片（图层）上。例如，将图形的主要线段、中心线、尺寸标注等分别绘制在不同的图层上，每个图层可设定不同的线型、线条颜色，然后把不同的图层堆栈在一起成为一张完整的视图，这样可使视图层次分明，方便图形对象的编辑与管理。一个完整的图形就是由它所包含的所有图层上的对象叠加在一起构成的，如图 4-1 所示。

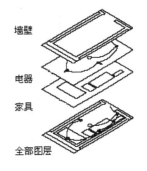

图 4-1　图层效果

　　1. 利用对话框设置图层

　　AutoCAD 2010 提供了详细直观的"图层特性管理器"对话框，用户可以方便地通过对该对话框中的各选项及其二级对话框进行设置，从而实现创建新图层、设置图层颜色及线型的各种操作。

【执行方式】

命令行：LAYER。

菜单栏：选择菜单栏中的"格式"→"图层"命令。

工具栏：单击"图层"工具栏中的"图层特性管理器"按钮绸。

执行上述操作后，系统打开如图 4-2 所示的"图层特性管理器"对话框。

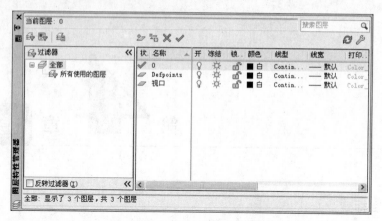

图 4-2 "图层特性管理器"对话框

【选项说明】

（1）"新建特性过滤器"按钮绸：单击该按钮，可以打开"图层过滤器特性"对话框，如图 4-3 所示。从中可以基于一个或多个图层特性创建图层过滤器。

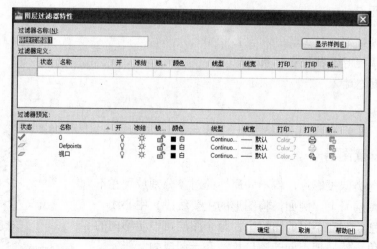

图 4-3 "图层过滤器特性"对话框

（2）"新建组过滤器"按钮绸：单击该按钮可以创建一个图层过滤器，其中包含用户选定并添加到该过滤器的图层。

（3）"图层状态管理器"按钮绸：单击该按钮，可以打开"图层状态管理器"对话框，如图 4-4 所示。从中可以将图层的当前特性设置保存到命名图层状态中，以后可以再恢复这些设置。

（4）"新建图层"按钮绸：单击该按钮，图层列表中出现一个新的图层名称"图层 1"，用户可使用此名称，也可改名。要想同时创建多个图层，可选中一个图层名后，输入多个名称，各名称之间以逗号分隔。图层的名称可以包含字母、数字、空格和特殊符号，AutoCAD 2010 支持长达 255 个字符的图层名称。新的图层继承了创建新图层时所选中的已有图层的所

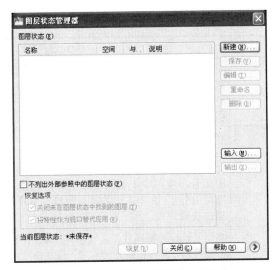

图 4-4　"图层状态管理器"对话框

有特性（颜色、线型、开/关状态等），如果新建图层时没有图层被选中，则新图层具有默认的设置。

（5）"在所有视口中都被冻结的新图层视口"按钮 ：单击该按钮，将创建新图层，然后在所有现有布局视口中将其冻结。可以在"模型"空间或"布局"空间上访问此按钮。

（6）"删除图层"按钮 ：在图层列表中选中某一图层，然后单击该按钮，则把该图层删除。

（7）"置为当前"按钮 ：在图层列表中选中某一图层，然后单击该按钮，则把该图层设置为当前图层，并在"当前图层"列中显示其名称。当前层的名称存储在系统变量 CLAYER中。另外，双击图层名也可把其设置为当前图层。

（8）"搜索图层"文本框：输入字符时，按名称快速过滤图层列表。关闭图层特性管理器时并不保存此过滤器。

（9）"状态行"：显示当前过滤器的名称、列表视图中显示的图层数和图形中的图层数。

（10）"反向过滤器"复选框：勾选该复选框，显示所有不满足选定图层特性过滤器中条件的图层。

（11）图层列表区：显示已有的图层及其特性。要修改某一图层的某一特性，单击它所对应的图标即可。右击空白区域或利用快捷菜单可快速选中所有图层。列表区中各列的含义如下。

① 状态：指示项目的类型，有图层过滤器、正在使用的图层、空图层和当前图层 4 种。

② 名称：显示满足条件的图层名称。如果要对某图层修改，首先要选中该图层的名称。

③ 状态转换图标：在"图层特性管理器"对话框的图层列表中有一列图标，单击这些图标，可以打开或关闭该图标所代表的功能，各图标功能说明如表 4-1 所示。

④ 颜色：显示和改变图层的颜色。如果要改变某一图层的颜色，单击其对应的颜色图标，AutoCAD 系统打开如图 4-5 所示的"选择颜色"对话框，用户可从中选择需要的颜色。

⑤ 线型：显示和修改图层的线型。如果要修改某一图层的线型，单击该图层的"线型"项，系统打开"选择线型"对话框，如图 4-6 所示，其中列出了当前可用的线型，用户可从中选择。

表 4-1   图标功能

图示	名称	功能说明
💡 / 💡	开 / 关闭	将图层设定为打开或关闭状态，当呈现关闭状态时，该图层上的所有对象将隐藏不显示，只有处于打开状态的图层会在绘图区上显示或由打印机打印出来。因此，绘制复杂的视图时，先将不编辑的图层暂时关闭，可降低图形的复杂性
☼ / ❆	解冻 / 冻结	将图层设定为解冻或冻结状态。当图层呈现冻结状态时，该图层上的对象均不会显示在绘图区上，也不能由打印机打出，而且不会执行重生（REGEN）、缩放（ZOOM）、平移（PAN）等命令的操作，因此若将视图中不编辑的图层暂时冻结，可加快执行绘图编辑的速度。而 💡 / 💡 （开 / 关闭）功能只是单纯将对象隐藏，因此并不会加快执行速度
🔓 / 🔒	解锁 / 锁定	将图层设定为解锁或锁定状态。被锁定的图层，仍然显示在绘图区，但不能编辑、修改被锁定的对象，只能绘制新的图形，这样可防止重要的图形被修改
🖶 / 🖶	打印 / 不打印	设定该图层是否可以打印图形

图 4-5 "选择颜色"对话框

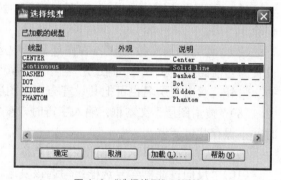

图 4-6 "选择线型"对话框

⑥ 线宽：显示和修改图层的线宽。如果要修改某一图层的线宽，单击该图层的"线宽"列，打开"线宽"对话框，如图 4-7 所示。其中"线宽"列表框中显示的是可以选用的线宽值，用户可从中选择需要的线宽。"旧的"显示行显示前面赋予图层的线宽，当创建一个新图层时，采用默认线宽（其值为 0.01in，即 0.25mm），默认线宽的值由系统变量 LWDEFAULT设置；"新的"显示行显示赋予图层的新线宽。

⑦ 打印样式：打印图形时各项属性的设置。

 技巧荟萃

合理利用图层，可以事半功倍。我们在开始绘制图形时，就预先设置一些基本图层。每个图层锁定自己的专门用途，这样做我们只需绘制一份图形文件，就可以组合出许多需要的图纸，需要修改时也可针对各个图层进行。

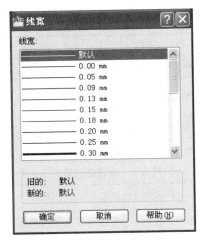

图 4-7　"线宽"对话框

2. 利用工具栏设置图层

AutoCAD 2010 提供了一个"特性"工具栏，如图 4-8 所示。用户可以利用工具栏下拉列表框中的选项，快速地查看和改变所选对象的图层、颜色、线型和线宽特性。"特性"工具栏上的图层颜色、线型、线宽和打印样式的控制增强了查看和编辑对象属性的命令。在绘图区选择任何对象，都将在工具栏上自动显示它所在图层、颜色、线型等属性。"特性"工具栏各部分的功能介绍如下。

图 4-8　"特性"工具栏

（1）"颜色控制"下拉列表框：单击右侧的向下箭头，用户可从打开的选项列表中选择一种颜色，使之成为当前颜色。如果选择"选择颜色"选项，系统打开"选择颜色"对话框，在其中可以选择其他颜色。修改当前颜色后，不论在哪个图层上绘图都采用这种颜色，但对各个图层的颜色没有影响。

（2）"线型控制"下拉列表框：单击右侧的向下箭头，用户可从打开的选项列表中选择一种线型，使之成为当前线型。修改当前线型后，不论在哪个图层上绘图都采用这种线型，但对各个图层的线型设置没有影响。

（3）"线宽控制"下拉列表框：单击右侧的向下箭头，用户可从打开的选项列表中选择一种线宽，使之成为当前线宽。修改当前线宽后，不论在哪个图层上绘图都采用这种线宽，但对各个图层的线宽设置没有影响。

（4）"打印类型控制"下拉列表框：单击右侧的向下箭头，用户可从打开的选项列表中选择一种打印样式，使之成为当前打印样式。

4.1.2　图层的线型

在国家标准 GB/T 6988.2—1997 中，对电气制图图样中使用的各种图线名称、线型、线宽以及在图样中的应用做了规定，如表 4-2 所示。其中常用的图线有 4 种，即粗实线、细实线、虚线和细点画线。图线分为粗、细两种，粗线的宽度 b 应按图样的大小和图形的复杂程度，在 0.5～2mm 之间选择，细线的宽度约为 $b/3$。

表 4-2   图线的型式及应用

图线名称	线型	线宽	主要用途
粗实线	————	b	可见轮廓线，可见过渡线
细实线	————	约 b/3	尺寸线、尺寸界线、剖面线、引出线、弯折线、牙底线、齿根线、辅助线等
细点画线	— — — —	约 b/3	轴线、对称中心线、齿轮节线等
虚线	------	约 b/3	不可见轮廓线、不可见过渡线
波浪线	∿∿∿	约 b/3	断裂处的边界线、剖视与视图的分界线
双折线	⌐∿⌐∿	约 b/3	断裂处的边界线
粗点画线	▬ ▬ ▬	b	有特殊要求的线或面的表示线
双点画线	— · · — · · —	约 b/3	相邻辅助零件的轮廓线、极限位置的轮廓线、假想投影的轮廓线

1. 在"图层特性管理器"对话框中设置线型

单击"图层"工具栏中的"图层特性管理器"按钮 🖳，打开"图层特性管理器"对话框（见图 4-2）。在图层列表的线型列下单击线型名，系统打开"选择线型"对话框（见图 4-6），对话框中选项的含义如下。

（1）"已加载的线型"列表框：显示在当前绘图中加载的线型，可供用户选用，其右侧显示线型的形式。

（2）"加载"按钮：单击该按钮，打开"加载或重载线型"对话框，如图 4-9 所示，用户可通过此对话框加载线型并把它添加到线型列中。但要注意，加载的线型必须在线型库（LIN）文件中定义过。标准线型都保存在 acad.lin 文件中。

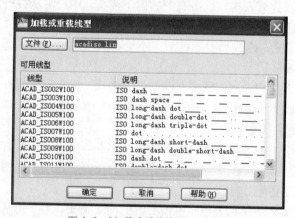

图 4-9 "加载或重载线型"对话框

2. 直接设置线型

【执行方式】

命令行：LINETYPE。

在命令行输入上述命令后按<Enter>键，系统打开"线型管理器"对话框，如图 4-10 所示，用户可在该对话框中设置线型。该对话框中的选项含义与前面介绍的选项含义相同，此处不再赘述。

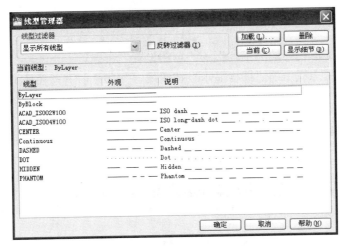

图 4-10 "线型管理器"对话框

4.2 精确定位工具

精确定位工具是指能够快速准确地定位某些特殊点（如端点、中点、圆心等）和特殊位置（如水平位置、垂直位置）的工具，包括捕捉模式、栅格显示、正交模式、极轴追踪、对象捕捉、对象捕捉追踪、允许/禁止动态 UCS、动态输入、显示/隐藏线宽和快捷特征 10 个功能开关按钮，如图 4-11 所示。

图 4-11 功能开关按钮

4.2.1 正交模式

在 AutoCAD 绘图过程中，经常需要绘制水平直线和垂直直线，但是用光标控制选择线段的端点时很难保证两个点严格沿水平或垂直方向，为此，AutoCAD 提供了正交功能。当启用正交模式时，画线或移动对象时只能沿水平方向或垂直方向移动光标，也只能绘制平行于坐标轴的正交线段。

【执行方式】
命令行：ORTHO。
状态栏：按下状态栏中的"正交模式"按钮 。
快捷键：按<F8>键。

【操作步骤】
命令行提示与操作如下：

```
命令：ORTHO
输入模式 [开(ON)/关(OFF)] <开>：设置开或关
```

4.2.2 栅格显示

用户可以应用栅格显示工具使绘图区显示网格，它是一个形象的画图工具，就像传统的坐标纸一样。本小节介绍控制栅格显示及设置栅格参数的方法。

【执行方式】

菜单栏：选择菜单栏中的"工具"→"草图设置"命令。

状态栏：按下状态栏中的"栅格显示"按钮▦（仅限于打开与关闭）。

快捷键：按<F7>键（仅限于打开与关闭）。

【操作步骤】

选择菜单栏中的"工具"→"草图设置"命令，系统打开"草图设置"对话框，单击"捕捉与栅格"选项卡，如图 4-12 所示。

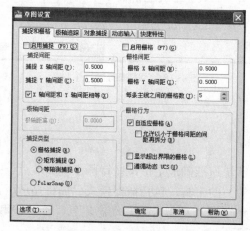

图 4-12 "捕捉与栅格"选项卡

其中，"启用栅格"复选框用于控制是否显示栅格；"栅格 X 轴间距"和"栅格 Y 轴间距"文本框用于设置栅格在水平与垂直方向的间距。如果"栅格 X 轴间距"和"栅格 Y 轴间距"设置为 0，则 AutoCAD 系统会自动将捕捉栅格间距应用于栅格，且其原点和角度总是与捕捉栅格的原点和角度相同。另外，还可以通过"Grid"命令在命令行设置栅格间距。

技巧荟萃

在"栅格 X 轴间距"和"栅格 Y 轴间距"文本框中输入数值时，若在"栅格 X 轴间距"文本框中输入一个数值后按<Enter>键，系统将自动传送这个值给"栅格 Y 轴间距"，这样可减少工作量。

4.2.3 捕捉模式

为了准确地在绘图区捕捉点，AutoCAD 提供了捕捉工具，可以在绘图区生成一个隐含的栅格（捕捉栅格），这个栅格能够捕捉光标，约束它只能落在栅格的某一个节点上，使用户能够高精确度地捕捉和选择这个栅格上的点。本节主要介绍捕捉栅格的参数设置方法。

【执行方式】

菜单栏：选择菜单栏中的"工具"→"草图设置"命令。

状态栏：按下状态栏中的"捕捉模式"按钮▦（仅限于打开与关闭）。

快捷键：按<F9>键（仅限于打开与关闭）。

【操作步骤】

选择菜单栏中的"工具"→"草图设置"命令,打开"草图设置"对话框,单击"捕捉与栅格"选项卡,如图 4-12 所示。

【选项说明】

(1)"启用捕捉"复选框:控制捕捉功能的开关,与按<F9>快捷键或按下状态栏上的"捕捉模式"按钮██功能相同。

(2)"捕捉间距"选项组:设置捕捉参数,其中"捕捉 X 轴间距"与"捕捉 Y 轴间距"文本框用于确定捕捉栅格点在水平和垂直两个方向上的间距。

(3)"捕捉类型"选项组:确定捕捉类型和样式。AutoCAD 提供了两种捕捉栅格的方式:"栅格捕捉"和"polarsnap(极轴捕捉)"。"栅格捕捉"是指按正交位置捕捉位置点,"极轴捕捉"则可以根据设置的任意极轴角捕捉位置点。

"栅格捕捉"又分为"矩形捕捉"和"等轴测捕捉"两种方式。在"矩形捕捉"方式下捕捉栅格是标准的矩形,在"等轴测捕捉"方式下捕捉栅格和光标十字线不再互相垂直,而是成绘制等轴测图时的特定角度,这种方式对于绘制等轴测图十分方便。

(4)"极轴间距"选项组:该选项组只有在选择"polarsnap"捕捉类型时才可用。可在"极轴距离"文本框中输入距离值,也可以在命令行输入"SNAP",设置捕捉的有关参数。

4.3 对象捕捉

在利用 AutoCAD 画图时经常要用到一些特殊点,如圆心、切点、线段或圆弧的端点、中点等,如果只利用光标在图形上选择,要准确地找到这些点是十分困难的。因此,AutoCAD 提供了一些识别这些点的工具,通过这些工具即可容易地构造新几何体,精确地绘制图形,其结果比传统手工绘图更精确且更容易维护。在 AutoCAD 中,这种功能称之为对象捕捉功能。

4.3.1 特殊位置点捕捉

在绘制 AutoCAD 图形时,有时需要指定一些特殊位置的点,如圆心、端点、中点、平行线上的点等,这些点如表 4-3 所示。可以通过对象捕捉功能来捕捉这些点。

表 4-3 特殊位置点捕捉

捕捉模式	快捷命令	功　　　能
临时追踪点	TT	建立临时追踪点
两点之间的中点	M2P	捕捉两个独立点之间的中点
捕捉自	FRO	与其他捕捉方式配合使用建立一个临时参考点,作为指出后继点的基点
端点	ENDP	用来捕捉对象(如线段或圆弧等)的端点
中点	MID	用来捕捉对象(如线段或圆弧等)的中点
圆心	CEN	用来捕捉圆或圆弧的圆心
节点	NOD	捕捉用 POINT 或 DIVIDE 等命令生成的点
象限点	QUA	用来捕捉距光标最近的圆或圆弧上可见部分的象限点,即圆周上 0°、90°、180°、270° 位置上的点
交点	INT	用来捕捉对象(如线、圆弧或圆等)的交点

续表

捕捉模式	快捷命令	功　　能
延长线	EXT	用来捕捉对象延长路径上的点
插入点	INS	用于捕捉块、形、文字、属性或属性定义等对象的插入点
垂足	PER	在线段、圆、圆弧或它们的延长线上捕捉一个点，使之与最后生成的点的连线与该线段、圆或圆弧正交
切点	TAN	最后生成的一个点到选中的圆或圆弧上引切线的切点位置
最近点	NEA	用于捕捉离拾取点最近的线段、圆、圆弧等对象上的点
外观交点	APP	用来捕捉两个对象在视图平面上的交点。若两个对象没有直接相交，则系统自动计算其延长后的交点；若两对象在空间上为异面直线，则系统计算其投影方向上的交点
平行线	PAR	用于捕捉与指定对象平行方向的点
无	NON	关闭对象捕捉模式
对象捕捉设置	OSNAP	设置对象捕捉

AutoCAD 提供了命令行、工具栏和右键快捷菜单 3 种执行特殊点对象捕捉的方法。

在使用特殊位置点捕捉的快捷命令前，必须先选择绘制对象的命令或工具，再在命令行中输入其快捷命令。

4.3.2　实例——绘制电阻器符号

本实例利用矩形、直线命令绘制电阻器符号，在绘制过程中将利用正交、捕捉命令将绘制过程简化，结果如图 4-13 所示。

图 4-13　绘制电阻器符号

操作步骤

　光盘\动画演示\第 4 章\绘制电阻器符号.avi

（1）绘制矩形。单击"绘图"工具栏中的"矩形"按钮□或快捷命令 REC，用光标在绘图区捕捉第一点，采用相对输入法绘制一个长为 150、宽为 50 的矩形，如图 4-14 所示。

（2）绘制左端线。单击"绘图"工具栏中的"直线"按钮╱或快捷命令 L，按住<Shift>键并右击，弹出如图 4-15 所示的快捷菜单。选取"中点"选项，捕捉矩形左侧竖直边的中点，如图 4-16 所示。单击状态栏中的"正交模式"按钮，向左拖动鼠标，在目标位置单击，确定左端线段的另外一个端点，完成左端线段的绘制。

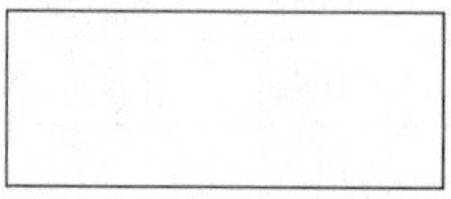

图 4-14　绘制矩形

图 4-15　快捷菜单

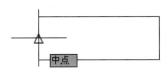

图 4-16　捕捉中点

（3）重复步骤（2），捕捉右侧捕捉矩形左侧竖直边的中点绘制另一侧端线，结果如图 4-13 所示。

4.3.3　对象捕捉设置

在 AutoCAD 中绘图之前，可以根据需要事先设置开启一些对象捕捉模式，绘图时系统就能自动捕捉这些特殊点，从而加快绘图速度，提高绘图质量。

【执行方式】

命令行：DDOSNAP。

菜单栏：选择菜单栏中的"工具"→"草图设置"命令。

工具栏：单击"对象捕捉"工具栏中的"对象捕捉设置"按钮 。

状态栏：按下状态栏中的"对象捕捉"按钮 （仅限于打开与关闭）。

快捷键：按<F3>键（仅限于打开与关闭）。

快捷菜单：选择快捷菜单中的"捕捉替代"→"对象捕捉设置"命令。

执行上述操作后，系统打开"草图设置"对话框，单击"对象捕捉"选项卡，如图 4-17 所示，利用此选项卡可对对象捕捉方式进行设置。

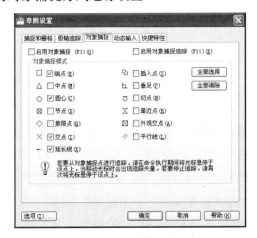

图 4-17　"对象捕捉"选项卡

【选项说明】

（1）"启用对象捕捉"复选框：勾选该复选框，在"对象捕捉模式"选项组中勾选的捕捉模式处于激活状态。

（2）"启用对象捕捉追踪"复选框：用于打开或关闭自动追踪功能。

（3）"对象捕捉模式"选项组：此选项组中列出各种捕捉模式的复选框，被勾选的复选框处于激活状态。单击"全部清除"按钮，则所有模式均被清除。单击"全部选择"按钮，则所有模式均被选中。

另外，在对话框的左下角有一个"选项"按钮，单击该按钮可以打开"选项"对话框的"草图"选项卡，利用该对话框可决定捕捉模式的各项设置。

4.4 对象追踪

对象追踪是指按指定角度或与其他对象建立指定关系绘制对象。可以结合对象捕捉功能进行自动追踪，也可以指定临时点进行临时追踪。

4.4.1 自动追踪

利用自动追踪功能，可以对齐路径，有助于以精确的位置和角度创建对象。自动追踪包括"极轴追踪"和"对象捕捉追踪"两种追踪选项。"极轴追踪"是指按指定的极轴角或极轴角的倍数对齐要指定点的路径；"对象捕捉追踪"是指以捕捉到的特殊位置点为基点，按指定的极轴角或极轴角的倍数对齐要指定点的路径。

"极轴追踪"必须配合"对象捕捉"功能一起使用，即同时按下状态栏中的"极轴追踪"按钮 ◢ 和"对象捕捉"按钮 □ ；"对象捕捉追踪"必须配合"对象捕捉"功能一起使用，即同时按下状态栏中的"对象捕捉"按钮 □ 和"对象捕捉追踪"按钮 ∠ 。

【执行方式】

命令行：DDOSNAP。

菜单栏：选择菜单栏中的"工具"→"草图设置"命令。

工具栏：单击"对象捕捉"工具栏中的"对象捕捉设置"按钮 ⋔ 。

状态栏：按下状态栏中的"对象捕捉"按钮 □ 和"对象捕捉追踪"按钮 ∠ 。

快捷菜单：选择快捷菜单中的"捕捉替代"→"对象捕捉设置"命令。

快捷键：按<F11>键。

执行上述操作后，或在"对象捕捉"按钮 □ 与"对象捕捉追踪"按钮 ∠ 上右击，选择快捷菜单中的"设置"命令，系统打开"草图设置"对话框的"对象捕捉"选项卡，勾选"启用对象捕捉追踪"复选框，即可完成对象捕捉追踪的设置。

4.4.2 极轴追踪设置

【执行方式】

命令行：DDOSNAP。

菜单栏：选择菜单栏中的"工具"→"草图设置"命令。

工具栏：单击"对象捕捉"工具栏中的"对象捕捉设置"按钮 ⋔ 。

状态栏：按下状态栏中的"对象捕捉"按钮 □ 和"极轴追踪"按钮 ◢ 。

快捷键：按<F10>键。

快捷菜单：选择快捷菜单中的"捕捉替代"→"对象捕捉设置"命令。

执行上述操作或在"极轴追踪"按钮 上右击，选择快捷菜单中的"设置"命令，系统打开如图4-18所示"草图设置"对话框的"极轴追踪"选项卡，其中各选项功能如下。

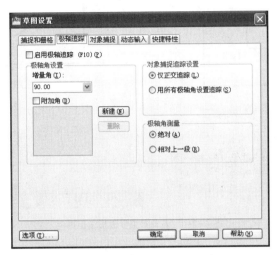

图 4-18　"极轴追踪"选项卡

（1）"启用极轴追踪"复选框：勾选该复选框，即启用极轴追踪功能。

（2）"极轴角设置"选项组：设置极轴角的值，可以在"增量角"下拉列表框中选择一种角度值，也可勾选"附加角"复选框。单击"新建"按钮设置任意附加角，系统在进行极轴追踪时，同时追踪增量角和附加角，可以设置多个附加角。

（3）"对象捕捉追踪设置"和"极轴角测量"选项组：按界面提示设置相应单选选项。利用自动追踪可以完成三视图绘制。

4.5　对象约束

约束能够精确地控制草图中的对象。草图约束有两种类型：几何约束和尺寸约束。

几何约束建立草图对象的几何特性（如要求某一直线具有固定长度），或是两个或更多草图对象的关系类型（如要求两条直线垂直或平行，或是几个圆弧具有相同的半径）。在绘图区用户可以使用"参数化"选项卡内的"全部显示"、"全部隐藏"或"显示"来显示有关信息，并显示代表这些约束的直观标记，如图4-19所示的水平标记 和共线标记 。

尺寸约束建立草图对象的大小（如直线的长度、圆弧的半径等），或是两个对象之间的关系（如两点之间的距离）。图4-20所示为带有尺寸约束的图形示例。

4.5.1　几何约束

1. 建立几何约束

利用几何约束工具，可以指定草图对象必须遵守的条件，或是草图对象之间必须维持的关系。"几何约束"面板及工具栏（其面板在"二维草图与注释"工作空间"参数化"选项卡的"几何"面板中）如图4-21所示，其主要几何约束选项功能如表4-4所示。

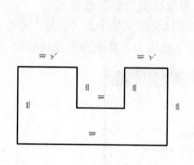

图 4-19 "几何约束"示意图

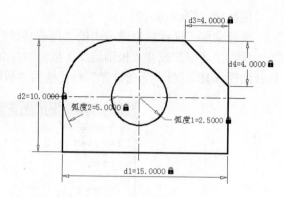

图 4-20 "尺寸约束"示意图

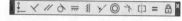

图 4-21 "几何约束"面板及工具栏

表 4-4 几何约束选项功能

约束模式	功 能
重合	约束两个点使其重合，或约束一个点使其位于曲线（或曲线的延长线）上。可以使对象上的约束点与某个对象重合，也可以使其与另一对象上的约束点重合
共线	使两条或多条直线段沿同一直线方向，使它们共线
同心	将两个圆弧、圆或椭圆约束到同一个中心点，结果与将重合约束应用于曲线的中心点所产生的效果相同
固定	将几何约束应用于一对对象时，选择对象的顺序以及选择每个对象的点可能会影响对象彼此间的放置方式
平行	使选定的直线位于彼此平行的位置，平行约束在两个对象之间应用
垂直	使选定的直线位于彼此垂直的位置，垂直约束在两个对象之间应用
水平	使直线或点位于与当前坐标系 X 轴平行的位置，默认选择类型为对象
竖直	使直线或点位于与当前坐标系 Y 轴平行的位置
相切	将两条曲线约束为保持彼此相切或其延长线保持彼此相切，相切约束在两个对象之间应用
平滑	将样条曲线约束为连续，并与其他样条曲线、直线、圆弧或多段线保持连续性
对称	使选定对象受对称约束，相对于选定直线对称
相等	将选定圆弧和圆的尺寸重新调整为半径相同，或将选定直线的尺寸重新调整为长度相同

在绘图过程中可指定二维对象或对象上点之间的几何约束。在编辑受约束的几何图形时，将保留约束，因此，通过使用几何约束，可以在图形中包括设计要求。

2. 设置几何约束

在用 AutoCAD 绘图时，可以控制约束栏的显示，利用"约束设置"对话框（见图 4-22）可控制约束栏上显示或隐藏的几何约束类型。单独或全局显示或隐藏几何约束和约束栏，可执行以下操作。

显示（或隐藏）所有的几何约束。

显示（或隐藏）指定类型的几何约束。

显示（或隐藏）所有与选定对象相关的几何约束。

【执行方式】

命令行：CONSTRAINTSETTINGS（CSETTINGS）。

菜单栏：选择菜单栏中的"参数"→"约束设置"命令。

功能区：单击"参数化"选项卡中的"约束设置，几何"命令。

工具栏：单击"参数化"工具栏中的"约束设置"按钮 。

执行上述操作后，系统打开"约束设置"对话框，单击"几何"选项卡，如图 4-22 所示，利用此对话框可以控制约束栏上约束类型的显示。

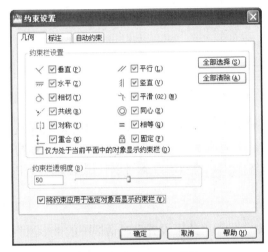

图 4-22　"约束设置"对话框

【选项说明】

（1）"约束栏设置"选项组：此选项组控制图形编辑器中是否为对象显示约束栏或约束点标记。例如，可以为水平约束和竖直约束隐藏约束栏的显示。

（2）"全部选择"按钮：选择全部几何约束类型。

（3）"全部清除"按钮：清除所有选定的几何约束类型。

（4）"仅为处于当前平面中的对象显示约束栏"复选框：仅为当前平面上受几何约束的对象显示约束栏。

（5）"约束栏透明度"选项组：设置图形中约束栏的透明度。

（6）"将约束应用于选定对象后显示约束栏"复选框：手动应用约束或使用"AUTOCONSTRAIN"命令时，显示相关约束栏。

4.5.2　尺寸约束

1. 建立尺寸约束

建立尺寸约束可以限制图形几何对象的大小，也就是与在草图上标注尺寸相似，同样设置尺寸标注线，与此同时也会建立相应的表达式，不同的是可以在后续的编辑工作中实现尺寸的参数化驱动。"标注约束"面板及工具栏（其面板在"二维草图与注释"工作空间"参数化"选项卡的"标注"面板中）如图 4-23 所示。

在生成尺寸约束时，用户可以选择草图曲线、边、基准平面或基准轴上的点，以生成水平、竖直、平行、垂直和角度尺寸。

生成尺寸约束时，系统会生成一个表达式，其名称和值显示在一个文本框中，如图 4-24 所示，用户可以在其中编辑该表达式的名和值。

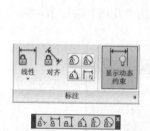

图 4-23 "标注约束"面板及工具栏

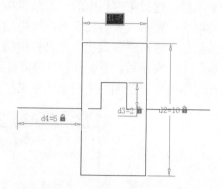

图 4-24 编辑尺寸约束示意图

生成尺寸约束时，只要选中了几何体，其尺寸及其延伸线和箭头就会全部显示出来。将尺寸拖动到位，然后单击，就完成了尺寸约束的添加。完成尺寸约束后，用户还可以随时更改尺寸约束，只需在绘图区选中该值双击，就可以使用生成过程中所采用的方式，编辑其名称、值或位置。

2. 设置尺寸约束

在用 AutoCAD 绘图时，使用"约束设置"对话框中的"标注"选项卡，如图 4-25 所示，可控制显示标注约束时的系统配置，标注约束控制设计的大小和比例。尺寸约束的具体内容如下。

对象之间或对象上点之间的距离。

对象之间或对象上点之间的角度。

【执行方式】

命令行：CONSTRAINTSETTINGS（CSETTINGS）。

菜单栏：选择菜单栏中的"参数"→"约束设置"命令。

功能区：单击"参数化"选项卡中的"约束设置，标注"命令。

工具栏：单击"参数化"工具栏中的"约束设置"按钮 🖅 。

执行上述操作后，系统打开"约束设置"对话框，单击"标注"选项卡，如图 4-25 所示。利用此对话框可以控制约束栏上约束类型的显示。

【选项说明】

（1）"显示所有动态约束"复选框：默认情况下显示所有动态标注约束。

（2）"标注约束格式"选项组：该选项组内可以设置标注名称格式和锁定图标的显示。

（3）"标注名称格式"下拉列表框：为应用标注约束时显示的文字指定格式。将名称格式设置为显示名称、值或名称和表达式。例如，宽度=长度/2。

（4）"为注释性约束显示锁定图标"复选框：针对已应用注释性约束的对象显示锁定图标。

（5）"为选定对象显示隐藏的动态约束"复选框：显示选定时已设置为隐藏的动态约束。

图 4-25 "标注"选项卡

4.6 缩放与平移

改变视图最一般的方法就是利用缩放和平移命令。用它们可以在绘图区放大或缩小图像显示，或改变图形位置。

4.6.1 缩放

1. 实时缩放

AutoCAD 2010 为交互式的缩放和平移提供了可能。利用实时缩放，用户就可以通过垂直向上或向下移动鼠标的方式来放大或缩小图形。利用实时平移，能通过单击或移动鼠标重新放置图形。

【执行方式】

命令行：ZOOM。

菜单栏：选择菜单栏中的"视图"→"缩放"→"实时"命令。

工具栏：单击"标准"工具栏中的"实时缩放"按钮 🔍。

【操作步骤】

按住鼠标左键垂直向上或向下移动，可以放大或缩小图形。

2. 动态缩放

如果打开"快速缩放"功能，就可以用动态缩放功能改变图形显示而不产生重新生成的效果。动态缩放会在当前视区中显示图形的全部。

【执行方式】

命令行：ZOOM。

菜单栏：选择菜单栏中的"视图"→"缩放"→"动态"命令。

工具栏：单击"标准"工具栏中的"动态缩放"按钮 🔍。

【操作步骤】

命令行提示与操作如下：

> 命令：ZOOM
> 指定窗口角点，输入比例因子 (nX 或 nXP)，或[全部(A)/中心点(C)/动态(D)/范围(E)/上一个(P)/比例(S)/窗口(W)] <实时>：D↙

执行上述命令后，系统弹出一个图框。选择动态缩放前图形区呈绿色的点线框，如果要动态缩放的图形显示范围与选择的动态缩放前的范围相同，则此绿色点线框与白线框重合而不可见。重生成区域的四周有一个蓝色虚线框，用以标记虚拟图纸，此时，如果线框中有一个"×"出现，就可以拖动线框，把它平移到另外一个区域。如果要放大图形到不同的放大倍数，单击一下，"×"就会变成一个箭头，这时左右拖动边界线就可以重新确定视区的大小。

另外，缩放命令还有窗口缩放、比例缩放、放大、缩小、中心缩放、全部缩放、对象缩放、缩放上一个和最大图形范围缩放，其操作方法与动态缩放类似，此处不再赘述。

4.6.2 平移

1. 实时平移

【执行方式】

命令行：PAN。

菜单栏：选择菜单栏中的"视图"→"平移"→"实时"命令。

工具栏：单击"标准"工具栏中的"实时平移"按钮🖐。

执行上述操作后，光标变为🖐形状，按住鼠标左键移动手形光标就可以平移图形了。当移动到图形的边沿时，光标就变为🔽显示。

另外，在 AutoCAD 2010 中，为显示控制命令设置了一个快捷菜单，如图 4-26 所示。在该菜单中，用户可以在显示命令执行的过程中，透明地进行切换。

2. 定点平移

除了最常用的"实时平移"命令外，也常用到"定点平移"命令。

【执行方式】

命令行：-PAN。

菜单栏：选择菜单栏中的"视图"→"平移"→"定点"命令。

【操作步骤】

命令行提示与操作如下：

> 命令：-pan
> 指定基点或位移：指定基点位置或输入位移值
> 指定第二点：指定第二点确定位移和方向

执行上述命令后，当前图形按指定的位移和方向进行平移。另外，在"平移"子菜单中，还有"左"、"右"、"上"、"下" 4 个平移命令，如图 4-27 所示，选择这些命令时，图形按指定的方向平移一定的距离。

图 4-26 快捷菜单

图 4-27 "平移"子菜单

4.7 上机实验

【实验1】 利用图层命令和精确定为工具绘制如图 4-28 所示的简单电路布局。

操作提示：

（1）设置两个新图层。

（2）利用精确定位工具配合绘制各图线。

【实验2】 利用精确定位工具绘制如图 4-29 所示的电磁阀。

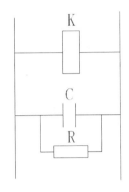

图 4-28 简单电路布局

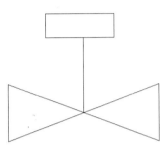

图 4-29 电磁阀

操作提示：

灵活利用精确定位工具。

思考与练习

1. 正交模式设置的方法有（　　　）。

　　（A）命令行：ORTHO　　　　　　　（B）菜单："工具"→"辅助绘图工具"

　　（C）状态栏：正交开关按钮　　　　（D）快捷键：<F8>

2. 在锁定的图层上可以进行的操作是（　　　）。

　　（A）将其他图层对象转成被锁定的图层

　　（B）将被锁定的图层直接转换成其他图层

　　（C）删除该图层上的对象

　　（D）编辑该图层上的对象

3. 执行对象捕捉时，如果在一个指定的位置上包含多个对象符合捕捉条件，则按（　　　）键可以在不同的对象间切换。

　　（A）<Ctrl>　　　　（B）<Alt>　　　　（C）<Tab>　　　　（D）<Shift>

4. 下面的选项中，将图形进行动态放大的是（　　　）。

　　（A）ZOOM(A)　　　（B）ZOOM(D)　　（C）ZOOM(W)　　（D）ZOOM(O)

5. 绘制如图 4-30 所示的隔离开关。

6. 绘制如图 4-31 所示的动合触电。

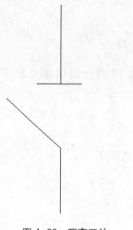

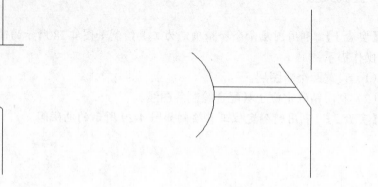

图 4-30　隔离开关　　　　　　　　　　　　图 4-31　动合触电

第 **5** 章 编辑命令

● 学习目标

二维图形编辑操作配合绘图命令的使用，可以进一步完成复杂图形的绘制工作，并可使用户合理安排和组织图形，保证作图准确，减少重复。对编辑命令的熟练掌握和使用，有助于提高设计和绘图的效率。本章主要介绍复制类命令、改变位置类命令、删除及恢复类命令、改变几何特性类命令和对象编辑命令。

● 学习要点

➢ 学习绘图的编辑命令
➢ 掌握编辑命令的操作
➢ 了解对象编辑

5.1 选择对象

1. 选择对象的方法

AutoCAD 2010 提供以下几种方法选择对象。

（1）先选择一个编辑命令，然后选择对象，按<Enter>键结束操作。

（2）使用 SELECT 命令。在命令行输入"SELECT"，按<Enter>键，按提示选择对象，按<Enter>键结束。

（3）利用定点设备选择对象，然后调用编辑命令。

（4）定义对象组。无论使用哪种方法，AutoCAD 2010 都将提示用户选择对象，并且光标的形状由十字光标变为拾取框。下面结合 SELECT 命令说明选择对象的方法。

SELECT 命令可以单独使用，也可以在执行其他编辑命令时被自动调用。在命令行输入"SELECT"，按<Enter>键，命令行提示如下：

```
选择对象：
```

等待用户以某种方式选择对象作为回答。AutoCAD 2010 提供了多种选择方式，可以输入"？"，查看这些选择方式。选择选项后，出现如下提示：

```
需要点或窗口 (W) / 上一个 (L) / 窗交 (C) / 框 (BOX) / 全部 (ALL) / 栏选 (F) / 圈围 (WP) / 圈交 (CP) / 编组 (G) /
添加 (A) / 删除 (R) / 多个 (M) / 上一个 (P) / 放弃 (U) / 自动 (AU) / 单个 (SI) / 子对象 (SU) / 对象 (O)
选择对象：
```

2. 部分选项的含义

（1）点：表示直接通过点取的方式选择对象。利用鼠标或键盘移动拾取框，使其框住要选择的对象，然后单击，被选中的对象就会高亮显示。

（2）窗口（W）：用由两个对角顶点确定的矩形窗口选择位于其范围内部的所有图形，与边界相交的对象不会被选中。指定对角顶点时应该按照从左向右的顺序，执行结果如图 5-1 所示。

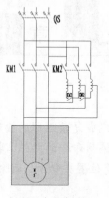
（a）图中为选择框

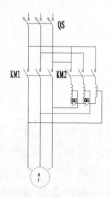
（b）选择后的图形

图 5-1 "窗口"对象选择方式

（3）上一个（L）：在"选择对象"提示下输入"L"，按<Enter>键，系统自动选择最后绘出的一个对象。

（4）窗交（C）：该方式与"窗口"方式类似，其区别在于它不但选中矩形窗口内部的对象，也选中与矩形窗口边界相交的对象，执行结果如图 5-2 所示。

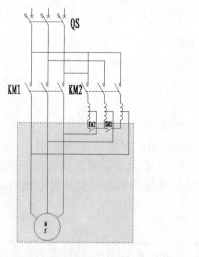
（a）图中为选择框

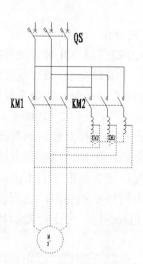
（b）选择后的图形

图 5-2 "窗交"对象选择方式

（5）框（BOX）：使用框时，系统根据用户在绘图区指定的两个对角点的位置而自动引用"窗口"或"窗交"选择方式。若从左向右指定对角点，为"窗口"方式；反之，为"窗交"方式。

（6）全部（ALL）：选择绘图区所有对象。

（7）栏选（F）：用户临时绘制一些直线，这些直线不必构成封闭图形，凡是与这些直线相交的对象均被选中，执行结果如图 5-3 所示。

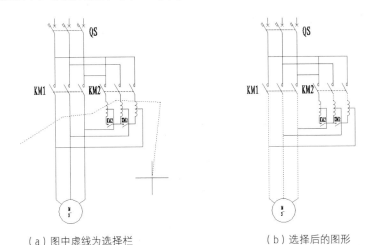

（a）图中虚线为选择栏　　　　　　　　（b）选择后的图形

图 5-3 "栏选"对象选择方式

（8）圈围（WP）：使用一个不规则的多边形来选择对象。根据提示，用户依次输入构成多边形所有顶点的坐标，直到最后按<Enter>键结束操作，系统将自动连接第一个顶点与最后一个顶点，形成封闭的多边形。凡是被多边形围住的对象均被选中（不包括边界），执行结果如图 5-4 所示。

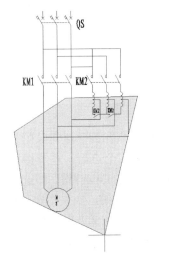 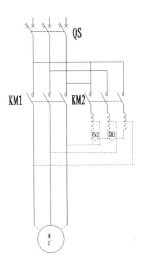

（a）箭头所指十字线拉出的多边形为选择框　　　　　（b）选择后的图形

图 5-4 "圈围"对象选择方式

（9）圈交（CP）：类似于"圈围"方式，在提示后输入"CP"，按<Enter>键，后续操作与圈围方式相同。区别在于，执行此命令后与多边形边界相交的对象也被选中。

其他几个选项的含义与上面选项的含义类似，这里不再赘述。

技巧荟萃

若矩形框从左向右定义，即第一个选择的对角点为左侧的对角点，矩形框内部的对象被选中，框外部及与矩形框边界相交的对象不会被选中；若矩形框从右向左定义，矩形框内部及与矩形框边界相交的对象都会被选中。

5.2 复制类命令

本节详细介绍 AutoCAD 2010 的复制类命令，利用这些命令，可以方便地编辑绘制的图形。

5.2.1 复制命令

复制命令是指将原对象在指定的方向上按指定的距离进行复制。

【执行方式】

命令行：COPY（快捷命令：CO）。

菜单栏：选择菜单栏中的"修改"→"复制"命令。

工具栏：单击"修改"工具栏中的"复制"按钮 。

快捷菜单：选中要复制的对象右击，选择快捷菜单中的"复制选择"命令。

【操作步骤】

命令行提示与操作如下：

```
命令：COPY
选择对象：选择要复制的对象
```

用前面介绍的对象选择方法选择一个或多个对象，按<Enter>键结束选择，命令行提示如下：

```
指定基点或 [位移(D)/模式(O)] <位移>：指定基点或位移
```

【选项说明】

（1）指定基点：指定一个坐标点后，AutoCAD 系统把该点作为复制对象的基点，命令行提示"指定位移的第二点或<用第一点作位移>："。在指定第二个点后，系统将根据这两点确定的位移矢量把选择的对象复制到第二点处。如果此时直接按<Enter>键，即选择默认的"用第一点作位移"，则第一个点被当作相对于 x、y、z 的位移。例如，如果指定基点为 (2,3)，并在下一个提示下按<Enter>键，则该对象从它当前的位置开始在 x 方向上移动 2 个单位，在 y 方向上移动 3 个单位。复制完成后，命令行提示"指定位移的第二点："。这时，可以不断指定新的第二点，从而实现多重复制。

（2）位移（D）：直接输入位移值，表示以选择对象时的拾取点为基准，以拾取点坐标为移动方向，按纵横比移动指定位移后确定的点为基点。例如，选择对象时拾取点坐标为 (2,3)，输入位移为 5，则表示以点 (2,3) 为基准，沿纵横比为 3：2 的方向移动 5 个单位所确定的点为基点。

（3）模式（O）：控制是否自动重复该命令，该设置由 COPYMODE 系统变量控制。

5.2.2 镜像命令

镜像命令是指把选择的对象以一条镜像线为轴作对称复制。镜像操作完成后，可以保留原对象，也可以将其删除。

【执行方式】

命令行：MIRROR（快捷命令：MI）。

菜单栏：选择菜单栏中的"修改"→"镜像"命令。

工具栏：单击"修改"工具栏中的"镜像"按钮 ⚊。

【操作步骤】

命令行提示与操作如下：

```
命令：MIRROR
选择对象：选择要镜像的对象
指定镜像线的第一点：指定镜像线的第一个点
指定镜像线的第二点：指定镜像线的第二个点
要删除源对象吗？[是(Y)/否(N)] <N>：确定是否删除源对象
```

选择的两点确定一条镜像线，被选择的对象以该直线为对称轴进行镜像。包含该线的镜像平面与用户坐标系统的 xy 平面垂直，即镜像操作在与用户坐标系统的 xy 平面平行的平面上。

5.2.3 实例——二极管符号

本实例绘制的二极管符号如图 5-5 所示。利用直线命令绘制直线，然后利用多段线绘制二极管符号的上半部分，最后通过镜像命令完成二极管符号的绘制。

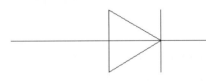

图 5-5 二极管符号

操作步骤

 光盘\动画演示\第 5 章\绘制二极管符号.avi

（1）绘制直线。单击"绘图"工具栏中的"直线"按钮 ⟋ 或快捷命令 L，采用相对或者绝对输入方式，绘制一条起点为（100，100）、长度为 150 的直线。

（2）绘制多段线。单击"绘图"工具栏中的"多段线"按钮 ⟁ 或快捷命令 PL，绘制二极管符号的上半部分。命令行中的提示与操作如下：

```
命令：_pline
指定起点：200,120↙（指定多段线起点在直线段的左上方，输入其绝对坐标为（200，120））
当前线宽为 0.0000 （按<Enter>键默认系统线宽）
指定下一个点或 [圆弧(A)/半宽(H)/长度(L)/放弃(U)/宽度(W)]：_per 到 （按住<Shift>键并右击，
在弹出的快捷菜单中单击"垂足"命令，捕捉刚指定的起点到水平直线的垂足）
```

指定下一点或 [圆弧(A)/闭合(C)/半宽(H)/长度(L)/放弃(U)/宽度(W)]：@40<150↙ （用极坐标输入法，绘制长度为 40，与 x 轴正方向成 150° 夹角的直线）
指定下一点或 [圆弧(A)/闭合(C)/半宽(H)/长度(L)/放弃(U)/宽度(W)]：_per 到 （捕捉到水平直线的垂足）

绘制的多段线效果如图 5-6 所示。

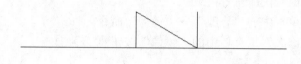

图 5-6　多段线效果

（3）镜像图形。单击"修改"工具栏中的"镜像"按钮▲或快捷命令 MI，将绘制的多段线以水平直线为轴进行镜像，生成二极管符号。命令行提示如下：

命令：_mirror
选择对象：（选择刚才绘制的多段线）
选择对象：
指定镜像线的第一点：（捕捉直线上任意一点）
指定镜像线的第二点：（捕捉直线上任意一点）
要删除源对象吗？[是(Y)/否(N)] <N>：

结果如图 5-5 所示。

5.2.4　偏移命令

偏移命令是指保持选择对象的形状，且在不同的位置以不同尺寸大小新建一个对象。
【执行方式】
命令行：OFFSET（快捷命令：O）。
菜单栏：选择菜单栏中的"修改"→"偏移"命令。
工具栏：单击"修改"工具栏中的"偏移"按钮▲。
【操作步骤】
命令行提示与操作如下：

命令：OFFSET
当前设置：删除源=否　图层=源　OFFSETGAPTYPE=0
指定偏移距离或 [通过(T)/删除(E)/图层(L)] <通过>：指定偏移距离值
选择要偏移的对象，或 [退出(E)/放弃(U)] <退出>：选择要偏移的对象，按<Enter>键结束操作
指定要偏移的那一侧上的点，或 [退出(E)/多个(M)/放弃(U)] <退出>：指定偏移方向
选择要偏移的对象，或 [退出(E)/放弃(U)] <退出>：

【选项说明】
（1）指定偏移距离：输入一个距离值，或按<Enter>键使用当前的距离值，系统把该距离值作为偏移的距离，如图 5-7（a）所示。
（2）通过（T）：指定偏移的通过点。选择该选项后，命令行提示如下：

选择要偏移的对象或 <退出>：选择要偏移的对象，按<Enter>键结束操作
指定通过点：指定偏移对象的一个通过点

执行上述操作后，系统会根据指定的通过点绘制出偏移对象，如图 5-7（b）所示。

（a）指定偏移距离　　　　　　　　　　（b）通过点

图 5-7　偏移选项说明 1

（3）删除（E）：偏移源对象后将其删除，如图 5-8（a）所示。选择该项后命令行提示如下：

要在偏移后删除源对象吗？　[是(Y)/否(N)] <当前>:

（4）图层（L）：确定将偏移对象创建在当前图层上还是原对象所在的图层上，这样就可以在不同图层上偏移对象。选择该项后，命令行提示如下：

输入偏移对象的图层选项 [当前(C)/源(S)] <当前>:

如果偏移对象的图层选择为当前层，则偏移对象的图层特性与当前图层相同，如图 5-8（b）所示。

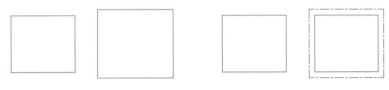

（a）删除源对象　　　　　　（b）偏移对象的图层为当前层

图 5-8　偏移选项说明 2

（5）多个（M）：使用当前偏移距离重复进行偏移操作，并接受附加的通过点，执行结果如图 5-9 所示。

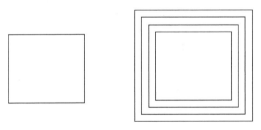

图 5-9　偏移选项说明 3

 技巧荟萃

　　在 AutoCAD 2010 中，可以使用"偏移"命令对指定的直线、圆弧、圆等对象作定距离偏移复制操作。在实际应用中，常利用"偏移"命令的特性创建平行线或等距离分布图形，效果与"阵列"相同。默认情况下，需要先指定偏移距离，再选择要偏移复制的对象，然后指定偏移方向，以复制出需要的对象。

5.2.5 实例——绘制手动三级开关符号

本实例利用直线命令绘制一级开关，再利用偏移、复制命令创建二、三级开关，最后利用直线命令将开关补充完整，如图 5-10 所示。

 操作步骤

 光盘\动画演示\第 5 章\绘制手动三级开关符号.avi

（1）结合"正交"和"对象追踪"功能，单击"绘图"工具栏中的"直线"按钮 ✏ 或快捷命令 L，绘制 3 条直线，完成开关第一级的绘制，如图 5-11 所示。

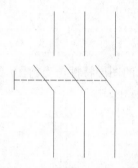

图 5-10　绘制手动三级开关符号　　　　　　　　图 5-11　绘制直线

（2）单击"修改"工具栏中的"偏移 "按钮 ⚏ 或快捷命令 O，命令行操作如下：

```
命令：_offset
当前设置：删除源=否　图层=源　OFFSETGAPTYPE=0
指定偏移距离或 [通过(T)/删除(E)/图层(L)] <通过>：( 在适当位置指定一点，见图 5-12 点 1 )
指定第二点：( 水平向右适当距离指定一点，见图 5-11 点 2 )
选择要偏移的对象，或 [退出(E)/放弃(U)] <退出>：( 选择一条竖直直线 )
指定要偏移的那一侧上的点，或 [退出(E)/多个(M)/放弃(U)] <退出>：( 向右指定一点 )
选择要偏移的对象，或 [退出(E)/放弃(U)] <退出>：( 指定另一条竖线 )
指定要偏移的那一侧上的点，或 [退出(E)/多个(M)/放弃(U)] <退出>：( 向右指定一点 )
选择要偏移的对象，或 [退出(E)/放弃(U)] <退出>：✓
```

偏移结果如图 5-13 所示。

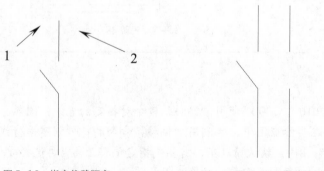

图 5-12　指定偏移距离　　　　　　　　图 5-13　偏移结果

注意

偏移是将对象按指定的距离沿对象的垂直方向或法向方向进行复制。在本例中，如果采用上面设置相同的距离将斜线进行偏移，就会得到如图 5-14 所示的结果，与我们设想的结果不一样，这是初学者应该注意的地方。

（3）单击"修改"工具栏中的"偏移"按钮或快捷命令 O，绘制第三级开关的竖线，具体操作方法与上面相同，只是在系统中提示：

指定偏移距离或 [通过(T)/删除(E)/图层(L)] <190.4771>：

直接按<Enter>键，接受上一次偏移指定的偏移距离为本次偏移的默认距离，结果如图 5-15 所示。

（4）单击"修改"工具栏中的"复制"按钮或快捷命令 CO，复制斜线，捕捉基点和目标点分别为对应的竖线端点，结果如图 5-16 所示。

（5）单击"绘图"工具栏中的"直线"按钮或快捷命令 L，结合"对象捕捉"功能绘制一条竖直线和一条水平线，结果如图 5-17 所示。

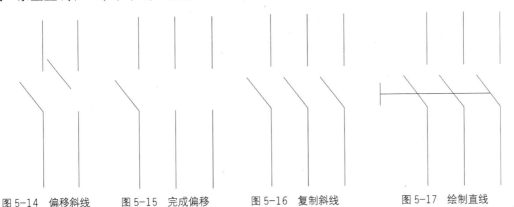

图 5-14 偏移斜线   图 5-15 完成偏移   图 5-16 复制斜线   图 5-17 绘制直线

（6）单击"图层"工具栏中的"图层特性管理器"按钮，打开"图层特性管理器"对话框，如图 5-18 所示。双击 0 层下的 Continuous 线型，打开"选择线型"对话框，如图 5-19 所示。单击"加载"按钮，打开"加载或重载线型"对话框，选择其中的 ACAD_ISO02W100 线型，如图 5-20 所示。单击"确定"按钮，回到"选择线型"对话框，再次单击"确定"按钮，回到"图层特性管理器"对话框，最后单击"确定"按钮退出。

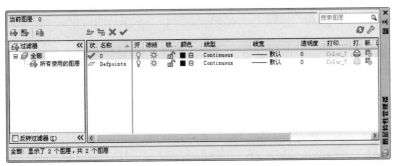

图 5-18 "图层特性管理器"对话框

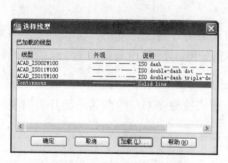

图 5-19 "选择线型"对话框

图 5-20 "加载或重载线型"对话框

（7）选择上面绘制的水平直线，单击鼠标右键，选择"特性"命令，系统打开"特性"工具板，在"线型"下拉列表中选择刚加载的 ACAD_ISO02W100 线型，在"线型比例"文本框中将线型比例改为 3，如图 5-21 所示。关闭"特性"工具板，可以看到水平直线的线型已经改为虚线，最终结果如图 5-22 所示。

图 5-21 "特性"工具板

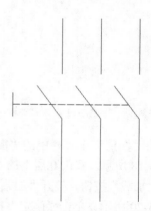

图 5-22 手动三级开关

5.2.6 阵列命令

阵列命令是指多重复制选择的对象，并把这些副本按矩形或环形排列。把副本按矩形排列称为创建矩形阵列，把副本按环形排列称为创建环形阵列。

AutoCAD 2010 提供"ARRAY"命令创建阵列，用该命令可以创建矩形阵列、环形阵列和旋转的矩形阵列。

【执行方式】

命令行：ARRAY（快捷命令：AR）。

菜单栏：选择菜单栏中的"修改"→"阵列"命令。

工具栏：单击"修改"工具栏中的"阵列"按钮 品。

执行上述操作后，系统打开"阵列"对话框。

【选项说明】

（1）"矩形阵列"单选钮：用于创建矩形阵列。选择该单选钮，"阵列"对话框如图 5-23 所示，在其中指定矩形阵列的各项参数。

（2）"环形阵列"单选钮：用于创建环形阵列。选择该单选钮，"阵列"对话框如图 5-24 所示，在其中指定环形阵列的各项参数。

技巧荟萃

阵列在平面作图时有两种方式，即可以在矩形或环形（圆形）阵列中创建对象的副本。对于矩形阵列，可以控制行和列的数目以及它们之间的距离。对于环形阵列，可以控制对象副本的数目并决定是否旋转副本。

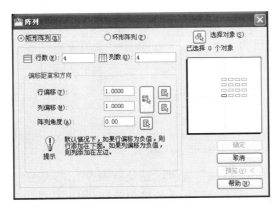

图 5-23 选择"矩形阵列"单选钮

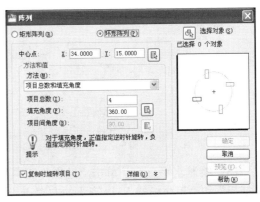

图 5-24 选择"环形阵列"单选钮

5.2.7 实例——点火分离器符号

本实例绘制点火分离器符号，如图 5-25 所示。本实例先绘制点火分离器的圆，然后绘制箭头，最后阵列图形即可得到点火分离器的图形。

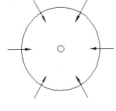

图 5-25 点火分离器符号

操作步骤

 光盘\动画演示\第 5 章\绘制点火分离器符号.avi

（1）绘制圆。单击"绘图"工具栏中的"圆"按钮 ⊙ 或快捷命令 C，以（50，50）为圆心，分别绘制半径为 1.5 和 20 的圆，如图 5-26 所示。

（2）绘制箭头。单击"绘图"工具栏中的"多段线"按钮 ⊃ 或快捷命令 PL，通过改变线宽绘制箭头。在大圆左侧象限点处创建箭头，命令行提示如下：

```
命令：_pline
指定起点：（捕捉大圆左侧象限点）
当前线宽为 0.0000
指定下一个点或 [圆弧(A)/半宽(H)/长度(L)/放弃(U)/宽度(W)]: l
指定直线的长度: 2
指定下一点或 [圆弧(A)/闭合(C)/半宽(H)/长度(L)/放弃(U)/宽度(W)]: _u
指定下一个点或 [圆弧(A)/半宽(H)/长度(L)/放弃(U)/宽度(W)]: l
指定直线的长度: -2
指定下一点或 [圆弧(A)/闭合(C)/半宽(H)/长度(L)/放弃(U)/宽度(W)]: w
指定起点宽度 <0.0000>: 1
指定端点宽度 <1.0000>: 0
指定下一点或 [圆弧(A)/闭合(C)/半宽(H)/长度(L)/放弃(U)/宽度(W)]: l
指定直线的长度: 3
指定下一点或 [圆弧(A)/闭合(C)/半宽(H)/长度(L)/放弃(U)/宽度(W)]:
```

结果如图 5-27 所示。

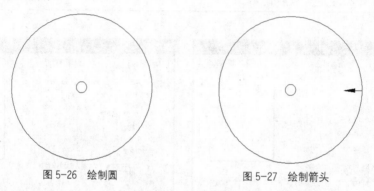

图 5-26　绘制圆　　　　　　　　图 5-27　绘制箭头

（3）绘制水平直线。单击"绘图"工具栏中的"直线"按钮或快捷命令 L，启动"对象捕捉"和"正交模式"，以箭头的左端点为起点，向右绘制一条长度为 7mm 的水平直线 L，如图 5-28 所示。

（4）阵列箭头。单击"修改"工具栏中的"阵列"按钮或快捷命令 AR，弹出如图 5-29 所示的"阵列"对话框。选择"环形阵列"单选钮；单击"选择对象"按钮，选择箭头及其连接线为阵列对象；单击"拾取中心点"按钮，捕捉圆心作为中心点；在"方法"下拉列表中选择"项目总数和填充角度"选项；设置"项目总数"为 6、"填充角度"为 360°，单击"确定"按钮，阵列效果如图 5-25 所示，完成点火分离器符号的绘制。

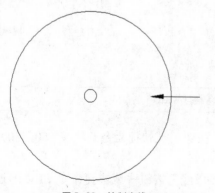

图 5-28　绘制直线

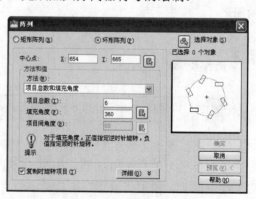

图 5-29　"阵列"对话框

5.3 改变位置类命令

改变位置类编辑命令是指按照指定要求改变当前图形或图形中某部分的位置。主要包括移动、旋转和缩放命令。

5.3.1 移动命令

【执行方式】

命令行：MOVE（快捷命令：M）。

菜单栏：选择菜单栏中的"修改"→"移动"命令。

工具栏：单击"修改"工具栏中的"移动"按钮 ✛。

快捷菜单：选择要复制的对象，在绘图区右击，选择快捷菜单中的"移动"命令。

【操作步骤】

命令行提示与操作如下：

```
命令：MOVE
选择对象：用前面介绍的对象选择方法选择要移动的对象，按<Enter>键结束选择
指定基点或位移：指定基点或位移
指定基点或 [位移(D)] <位移>：指定基点或位移
指定第二个点或 <使用第一个点作为位移>：
```

移动命令选项功能与"复制"命令类似。

5.3.2 旋转命令

【执行方式】

命令行：ROTATE（快捷命令：RO）。

菜单栏：选择菜单栏中的"修改"→"旋转"命令。

工具栏：单击"修改"工具栏中的"旋转"按钮 ○。

快捷菜单：选择要旋转的对象，在绘图区右击，选择快捷菜单中的"旋转"命令。

【操作步骤】

命令行提示与操作如下：

```
命令：ROTATE
UCS 当前的正角方向：ANGDIR=逆时针 ANGBASE=0
选择对象：选择要旋转的对象
指定基点：指定旋转基点，在对象内部指定一个坐标点
指定旋转角度，或 [复制(C)/参照(R)] <0>：指定旋转角度或其他选项
```

【选项说明】

（1）复制（C）：此选项是 AutoCAD 2010 的新增功能，选择该选项，则在旋转对象的同时，保留原对象，如图 5-30 所示。

（2）参照（R）：采用参照方式旋转对象时，命令行提示与操作如下：

```
指定参照角 <0>：指定要参照的角度，默认值为 0
指定新角度：输入旋转后的角度值
```

操作完毕后，对象被旋转至指定的角度位置。

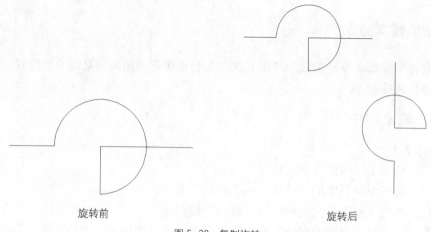

旋转前   旋转后

图 5-30　复制旋转

 技巧荟萃

　　可以用拖动鼠标的方法旋转对象。选择对象并指定基点后，从基点到当前光标位置会出现一条连线，拖动鼠标，选择的对象会动态地随着该连线与水平方向夹角的变化而旋转，按<Enter>键确认旋转操作，如图 5-31 所示。

5.3.3　实例——加热器符号

　　本实例绘制的加热器符号如图 5-32 所示。首先利用矩形、直线等命令绘制加热器符号，然后绘制直线，最后利用复制和旋转命令完成加热器符号的绘制。

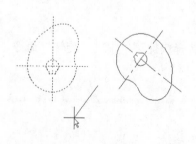

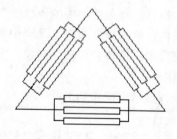

图 5-31　拖动鼠标旋转对象   图 5-32　加热器符号

 操作步骤

 　　光盘\动画演示\第 5 章\绘制加热器符号.avi

　　（1）绘制矩形。单击"绘图"工具栏中的"矩形"按钮▭或快捷命令 REC，绘制一个长为 500、宽为 55 的矩形 1，如图 5-33 所示。
　　（2）复制矩形。单击"修改"工具栏中的"复制"按钮❤或快捷命令 CO，将上一步绘制的矩形复制两份，并分别向下平移 100 和 200，得到矩形 2 和矩形 3，如图 5-34 所示。

（3）分解矩形。单击"修改"工具栏中的"分解"按钮 或快捷命令 X，将矩形 1 分解为 4 条直线。

（4）偏移直线。单击"修改"工具栏中的"偏移"按钮 或快捷命令 O，将矩形 1 的上侧边向下偏移 27.5 得到偏移直线 L1。

（5）拉长直线。选择菜单栏中的"修改"→"拉长"命令或快捷命令 LEN，将直线 L1 向两端分别拉长 75，如图 5-35 所示。

图 5-33　绘制矩形　　　　图 5-34　复制矩形　　　　图 5-35　拉长直线

（6）偏移直线 L1。单击"修改"工具栏中的"偏移"按钮 或快捷命令 O，将直线 L1 分别向下偏移 100 和 200，如图 5-36 所示。

（7）绘制竖直连接线。单击"绘图"工具栏中的"直线"按钮 或快捷命令 L，开启"对象捕捉"模式，依次捕捉直线 L1、L2 和 L3 的左右端点，绘制直线，如图 5-37 所示。

（8）修剪图形。单击"修改"工具栏中的"修剪"按钮 或快捷命令 TR，以矩形的各边为剪切边界，对直线 L1、L2 和 L3 进行修剪，结果如图 5-38 所示。

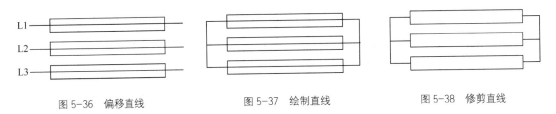

图 5-36　偏移直线　　　　图 5-37　绘制直线　　　　图 5-38　修剪直线

（9）绘制水平直线。单击"绘图"工具栏中的"直线"按钮 或快捷命令 L，绘制直线 {（1000，500），（1150，500）}。

（10）复制直线。单击"修改"工具栏中的"旋转"按钮 或快捷命令 RO，选择"复制"模式，将上一步绘制的水平直线绕直线的左端点旋转 60°。命令行中的提示与操作如下：

```
命令：_rotate
UCS 当前的正角方向：ANGDIR=逆时针　ANGBASE=0
选择对象：(选择刚绘制的直线)
选择对象：✓
指定基点：(指定直线左端点)
指定旋转角度，或 [复制(C)/参照(R)] <0>：c✓
旋转一组选定对象。
指定旋转角度，或 [复制(C)/参照(R)] <0>：60✓
```

采用同样的方法将水平直线绕直线右端点旋转 60°，得到一个边长为 150mm 的等边三角形，如图 5-39 所示。

（11）单击"修改"工具栏中的"复制"按钮 或快捷命令 CO，开启"对象捕捉"模式和"对象捕捉追踪"，捕捉矩形 2 水平边线的中点和 L2 的延长交点为基点，将图 5-37 所示的图形复制到三角形直线中点，如图 5-40 所示。

（12）单击"修改"工具栏中的"旋转"按钮 或快捷命令 RO，将左右两侧线上的图形沿两侧斜线旋转，结果如图 5-41 所示。

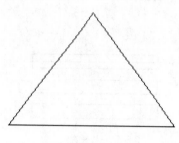

图 5-39　绘制三角形

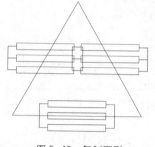

图 5-40　复制图形

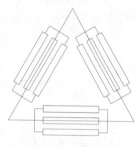

图 5-41　旋转图形

（13）修剪图形。单击"修改"工具栏中的"修剪"按钮 或快捷命令 TR，修剪掉图中多余的图形，得到如图 5-32 所示的结果，完成加热器符号的绘制。

5.3.4　缩放命令

【执行方式】

命令行：SCALE（快捷命令：SC）。

菜单栏：选择菜单栏中的"修改"→"缩放"命令。

工具栏：单击"修改"工具栏中的"缩放"按钮 。

快捷菜单：选择要缩放的对象，在绘图区右击，选择快捷菜单中的"缩放"命令。

【操作步骤】

命令行提示与操作如下：

```
命令：SCALE
选择对象：选择要缩放的对象
指定基点：指定缩放基点
指定比例因子或 [复制（C）/参照(R)]:
```

【选项说明】

（1）采用参照方向缩放对象时，命令行提示如下：

```
指定参照长度 <1>：指定参照长度值
指定新的长度或 [点(P)] <1.0000>：指定新长度值
```

若新长度值大于参照长度值，则放大对象；否则，缩小对象。操作完毕后，系统以指定的基点按指定的比例因子缩放对象。如果选择"点（P）"选项，则选择两点来定义新的长度。

（2）可以用拖动鼠标的方法缩放对象。选择对象并指定基点后，从基点到当前光标位置会出现一条连线，线段的长度即为比例大小。拖动鼠标，选择的对象会动态地随着该连线长度的变化而缩放，按<Enter>键确认缩放操作。

（3）选择"复制（C）"选项时，可以复制缩放对象，即缩放对象时，保留原对象，此功能是 AutoCAD 2010 新增的功能，如图 5-42 所示。

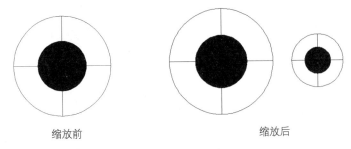

缩放前 　　　　　　　　　　缩放后

图 5-42　复制缩放

5.4　删除及恢复类命令

删除及恢复类命令主要用于删除图形某部分或对已被删除的部分进行恢复，包括删除、恢复、重做、清除等命令。

5.4.1　删除命令

如果所绘制的图形不符合要求或不小心绘制错了图形，可以使用删除命令"ERASE"将其删除。

【执行方式】

命令行：ERASE（快捷命令：E）。

菜单栏：选择菜单栏中的"修改"→"删除"命令。

工具栏：单击"修改"工具栏中的"删除"按钮 。

快捷菜单：选择要删除的对象，在绘图区右击，选择快捷菜单中的"删除"命令。

可以先选择对象后再调用删除命令，也可以先调用删除命令后再选择对象。选择对象时可以使用前面介绍的对象选择的各种方法。

当选择多个对象时，多个对象都被删除；若选择的对象属于某个对象组，则该对象组中的所有对象都被删除。

技巧荟萃

在绘图过程中，如果出现了绘制错误或绘制了不满意的图形，需要删除时，可以单击"标准"工具栏中的"放弃"按钮 ，也可以按<Delete>键，命令行提示"_.erase"。删除命令可以一次删除一个或多个图形，如果删除错误，可以利用"放弃"按钮 来补救。

5.4.2　恢复命令

若不小心误删了图形，可以使用恢复命令"OOPS"，恢复误删的对象。

【执行方式】

命令行：OOPS 或 U。

工具栏：单击"标准"工具栏中的"放弃"按钮 。

快捷键：按<Ctrl>+<Z>键。

5.4.3　清除命令

此命令与删除命令功能完全相同。

【执行方式】

菜单栏：选择菜单栏中的"修改"→"清除"命令。

快捷键：按<Delete>键。

执行上述操作后，命令行提示如下：

> 选择对象：选择要清除的对象，按<Enter>键执行清除命令。

5.5　改变几何特性类命令

改变几何特性类编辑命令在对指定对象进行编辑后，使编辑对象的几何特性发生改变，包括修剪、延伸、拉伸、拉长、圆角、倒角、打断等命令。

5.5.1　修剪命令

【执行方式】

命令行：TRIM（快捷命令：TR）。

菜单栏：选择菜单栏中的"修改"→"修剪"命令。

工具栏：单击"修改"工具栏中的"修剪"按钮 -/--。

【操作步骤】

命令行提示与操作如下：

> 命令：TRIM
> 当前设置:投影=UCS,边=无
> 选择剪切边...
> 选择对象或 <全部选择>：选择用作修剪边界的对象，按<Enter>键结束对象选择
> 选择要修剪的对象，或按住 Shift 键选择要延伸的对象，或[栏选(F)/窗交(C)/投影(P)/边(E)/删除(R)/
> 放弃(U)]：

【选项说明】

（1）在选择对象时，如果按住<Shift>键，系统就会自动将"修剪"命令转换成"延伸"命令，"延伸"命令将在 5.5.3 小节介绍。

（2）选择"栏选（F）"选项时，系统以栏选的方式选择被修剪的对象。此功能是 AutoCAD 2010 新增的功能，如图 5-43 所示。

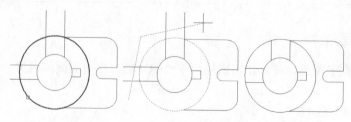

选定剪切边　　　　使用栏选选定的修剪对象　　　　结果

图 5-43　"栏选"修剪对象

（3）选择"窗交（C）"选项时，系统以窗交的方式选择被修剪的对象。此功能是 AutoCAD 2010 新增的功能，如图 5-44 所示。

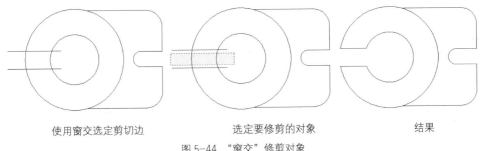

使用窗交选定剪切边　　　　　选定要修剪的对象　　　　　结果

图 5-44　"窗交"修剪对象

（4）选择"边（E）"选项时，可以选择对象的修剪方式。

①延伸（E）：延伸边界进行修剪。在此方式下，如果剪切边没有与要修剪的对象相交，系统会延伸剪切边直至与对象相交，然后再修剪，如图 5-45 所示。

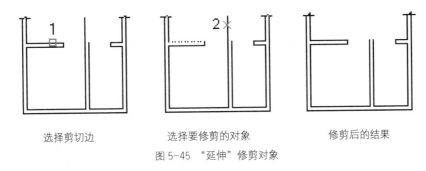

选择剪切边　　　　　选择要修剪的对象　　　　　修剪后的结果

图 5-45　"延伸"修剪对象

②不延伸（N）：不延伸边界修剪对象，只修剪与剪切边相交的对象。

（5）被选择的对象可以互为边界和被修剪对象，此时系统会在选择的对象中自动判断边界。

技巧荟萃

　　在使用修剪命令选择修剪对象时，我们通常是逐个单击选择的，有时显得效率低，要比较快地实现修剪过程，可以先输入修剪命令"TR"或"TRIM"，然后按<Space>键或<Enter>键，命令行中就会提示选择修剪的对象，这时可以不选择对象，继续按<Space>键或<Enter>键，系统默认选择全部，这样做就可以很快地完成修剪过程。

5.5.2　实例——MOS 管符号

　　本实例绘制的 MOS 管符号如图 5-46 所示。MOS 管有很多种，有 N 沟道耗尽型 MOS 管、N 沟道增强型 MOS 管、P 沟道增强型 MOS 管等。本实例介绍 N 沟道耗尽型 MOS 管符号的绘制方法，主要利用"直线"、"偏移"和"修剪"命令绘制 MOS 管的大概轮廓，再利用"多段线"和"填充"命令绘制 MOS 管

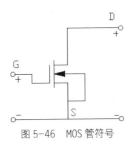

图 5-46　MOS 管符号

的其余图形，最后使用"多行文字"命令来标注注释部分。

操作步骤

光盘\动画演示\第 5 章\绘制 MOS 管符号.avi

1. 绘制 MOS 管轮廓图

（1）绘制直线。单击"绘图"工具栏中的"直线"按钮/或快捷命令 L，开启"正交模式"，绘制长度为 24 的直线。

（2）偏移直线。单击"修改"工具栏中的"偏移"按钮△或快捷命令 O，将直线分别向上平移 2、3 和 10。"偏移"命令的功能是把选中的对象按给定的偏移量和偏移方向进行偏移。命令行提示：

```
命令：_offset
当前设置：删除源=否  图层=源  OFFSETGAPTYPE=0
指定偏移距离或 [通过(T)/删除(E)/图层(L)] <通过>：2↙（偏移距离为 2mm）
选择要偏移的对象，或 [退出(E)/放弃(U)] <退出>：（选择上一步绘制的直线作为偏移对象）
指定要偏移的那一侧上的点，或 [退出(E)/多个(M)/放弃(U)] <退出>：（在直线上侧单击以确定偏移方向）
……
```

偏移的直线效果如图 5-47 所示。

注意

AutoCAD 2010 中，可以使用"偏移"命令，对指定的直线、圆弧、圆等对象做定距离偏移复制。在实际应用中，常利用"偏移"命令的特性创建平行线或等距离分布图形，效果同"阵列"命令。默认情况下，需要先指定偏移距离，再选择要偏移复制的对象，然后指定偏移方向，以复制出对象。

（3）镜像图形。单击"修改"工具栏中的"镜像"按钮△或快捷命令 MI，将偏移得到的直线沿原直线进行镜像，镜像效果如图 5-48 所示。

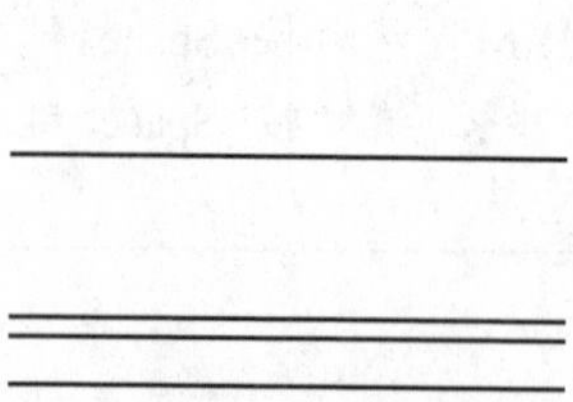

图 5-47　偏移直线

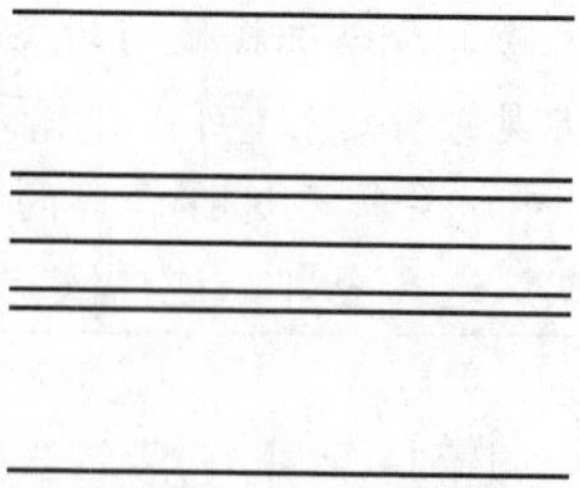

图 5-48　镜像图形

（4）绘制竖直直线。单击"绘图"工具栏中的"直线"按钮/或快捷命令 L，开启"极轴追踪"模式，捕捉上、下两侧直线的中点，绘制长度为 20 的竖直直线，如图 5-49 所示。

（5）偏移竖直直线。单击"修改"工具栏中的"偏移"按钮△或快捷命令 O，将竖直直线分别向左侧平移 3、4 和 8，如图 5-50 所示。

（6）修剪直线。单击"修改"工具栏中的"修剪"按钮 ⊬ 或快捷命令 TR，对图中的直线进行修剪，修剪结果如图 5-51 所示。

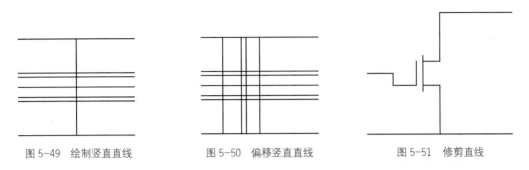

图 5-49 绘制竖直直线   图 5-50 偏移竖直直线   图 5-51 修剪直线

2. 绘制引出端和箭头

（1）绘制多段线。单击"绘图"工具栏中的"多段线"按钮 ⊃ 或快捷命令 PL，开启"极轴追踪"模式，捕捉直线中点绘制多段线，绘制结果 5-52 所示。

（2）选择菜单栏中的"工具"→"草图设置"按钮，弹出"草图设置"对话框，将"增量角"设为 15°，如图 5-53 所示。

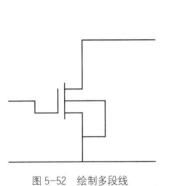

图 5-52 绘制多段线   图 5-53 "草图设置"对话框

（3）绘制箭头。单击"绘图"工具栏中的"直线"按钮 ∕ 或快捷命令 L，开启"极轴追踪"模式绘制箭头，如图 5-54 所示。

（4）图案填充。单击"绘图"工具栏中的"图案填充"按钮 ▨ 或快捷命令 H，用"SOLID"图案填充箭头，填充效果如图 5-55 所示。

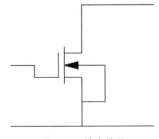

图 5-54 绘制箭头   图 5-55 填充效果

3．生成最终效果

（1）绘制输入、输出端子。单击"绘图"工具栏中的"圆"按钮⊙或快捷命令 C，绘制输入、输出端子。

（2）绘制正负号。单击"绘图"工具栏中的"直线"按钮╱或快捷命令 L，在输入、输出端子处绘制正负号。

（3）添加注释文字。单击"绘图"工具栏中的"多行文字"按钮 A 或快捷命令 MT，在图形中添加注释文字，最终效果如图 5-56 所示。

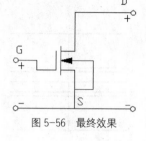

图 5-56　最终效果

5.5.3　延伸命令

延伸命令是指延伸对象直到另一个对象的边界线，如图 5-57 所示。

选择边界　　　　　选择要延伸的对象　　　　　执行结果

图 5-57　延伸对象 1

【执行方式】

命令行：EXTEND（快捷命令：EX）。

菜单栏：选择菜单栏中的"修改"→"延伸"命令。

工具栏：单击"修改"工具栏中的"延伸"按钮━╱。

【操作步骤】

命令行提示与操作如下：

```
命令：EXTEND
当前设置：投影=UCS，边=无
选择边界的边...
选择对象或 <全部选择>：选择边界对象
```

此时可以选择对象来定义边界，若直接按<Enter>键，则选择所有对象作为可能的边界对象。

系统规定可以用作边界对象的对象有：直线段、射线、双向无限长线、圆弧、圆、椭圆、二维/三维多义线、样条曲线、文本、浮动的视口、区域。如果选择二维多义线作为边界对象，系统会忽略其宽度而把对象延伸至多义线的中心线。

选择边界对象后，命令行提示如下：

```
选择要延伸的对象，或按住 Shift 键选择要修剪的对象，或[栏选(F)/窗交(C)/投影(P)/边(E)/放弃
(U)]：
```

【选项说明】

（1）如果要延伸的对象是适配样条多义线，则延伸后会在多义线的控制框上增加新节点；如果要延伸的对象是锥形的多义线，系统会修正延伸端的宽度，使多义线从起始端平滑地延伸至新终止端；如果延伸操作导致终止端宽度可能为负值，则取宽度值为 0，操作提示如图 5-58 所示。

| 选择边界对象 | 选择要延伸的多义线 | 延伸后的结果 |

图 5-58　延伸对象 2

（2）选择对象时，如果按住<Shift>键，系统就会自动将"延伸"命令转换成"修剪"命令。

5.5.4　实例——绘制力矩式自整角发送机符号

本实例绘制力矩式自整角发送机符号，如图 5-59 所示。在本实例中绘制完圆后使用"偏移"命令得到一个圆，再绘制其他直线，最后添加注释，完成图形的绘制。

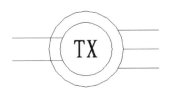

图 5-59　力矩式自整角发送机符号

操作步骤

参见光盘　｜　光盘\动画演示\第 5 章\绘制力矩式自整角发送机符号.avi

（1）绘制圆。单击"绘图"工具栏中的"圆"按钮⊙或快捷命令 C，以（100，100）为圆心，绘制半径为 10 的圆。

（2）偏移圆。单击"修改"工具栏中的"偏移"按钮⬚或快捷命令 O，绘制内侧圆，命令行中的提示与操作如下：

```
命令: _offset　（执行"偏移"命令）
当前设置: 删除源=否　图层=源　OFFSETGAPTYPE=0
指定偏移距离或 [通过(T)/删除(E)/图层(L)] <通过>: 3↙（偏移距离为 3mm）
选择要偏移的对象, 或 [退出(E)/放弃(U)] <退出>:（选择上一步中绘制的圆作为偏移对象）
指定要偏移的那一侧上的点, 或 [退出(E)/多个(M)/放弃(U)] <退出>:（在圆的内侧单击）
```

偏移效果如图 5-60 所示。

（3）绘制直线。单击"绘图"工具栏中的"直线"按钮／或快捷命令 L，以（80，100）和（120，100）为端点绘制直线，如图 5-61 所示。

图 5-60　偏移后的效果

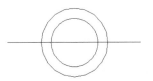

图 5-61　绘制直线

（4）内圆修剪。单击"修改"工具栏中的"修剪"按钮-/--或快捷命令 TR，以内圆为修剪参考修剪直线，如图 5-62 所示。重复命令，以外圆为修剪参考修剪直线，如图 5-63 所示。

（5）移动右侧引线。单击"修改"工具栏中的"复制"按钮❖或快捷命令 CO，将右侧的直线分别向上和向下移动，移动距离为 5，如图 5-64 所示。

图 5-62　内圆修剪　　　　　　　　　　　　　　　图 5-63　修剪直线 2

（6）移动左侧引线。单击"修改"工具栏中的"移动"按钮✛或快捷命令 M，将左侧引线向上移动 3。利用"复制"和"移动"命令，将左侧复制的直线向下移动 6，如图 5-65 所示。

（7）延伸两侧直线。单击"修改"工具栏中的"延伸"按钮✲或快捷命令 EX，分别以内圆和外圆为延伸边界，延伸两侧的直线，延伸效果如图 5-66 所示。"延伸"命令的功能是以选中的直线或圆弧为界限，延伸其他元素与之相交。

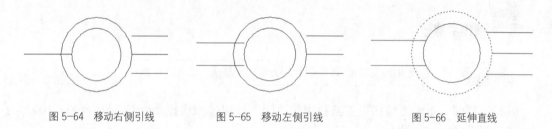

图 5-64　移动右侧引线　　　　　图 5-65　移动左侧引线　　　　　图 5-66　延伸直线

（8）添加文字。单击"绘图"工具栏中的"多行文字"按钮 A 或快捷命令 MT，在内圆中心输入"TX"，绘制的力矩式自整角发送机符号如图 5-59 所示。

5.5.5　拉伸命令

拉伸命令是指拖拉选择的对象，且使对象的形状发生改变。拉伸对象时应指定拉伸的基点和移置点。利用一些辅助工具如捕捉、钳夹功能及相对坐标等，可以提高拉伸的精度。

【执行方式】

命令行：STRETCH（快捷命令：S）。

菜单栏：选择菜单栏中的"修改"→"拉伸"命令。

工具栏：单击"修改"工具栏中的"拉伸"按钮▢。

【操作步骤】

命令行提示与操作如下：

```
命令：STRETCH
以交叉窗口或交叉多边形选择要拉伸的对象...
选择对象：C
指定第一个角点：指定对角点：找到 2 个：采用交叉窗口的方式选择要拉伸的对象
指定基点或 [位移(D)] <位移>：指定拉伸的基点
指定第二个点或 <使用第一个点作为位移>：指定拉伸的移至点
```

此时，若指定第二个点，系统将根据这两点决定矢量拉伸的对象；若直接按<Enter>键，系统会把第一个点作为 x 轴和 y 轴的分量值。

　　拉伸命令将使完全包含在交叉窗口内的对象不被拉伸，部分包含在交叉选择窗口内的对象被拉伸。

5.5.6　拉长命令

【执行方式】

命令行：LENGTHEN（快捷命令：LEN）。

菜单栏：选择菜单栏中的"修改"→"拉长"命令。

【操作步骤】

命令行提示与操作如下：

```
命令:LENGTHEN
选择对象或 [增量(DE)/百分数(P)/全部(T)/动态(DY)]:选择要拉长的对象
当前长度: 30.5001 (给出选定对象的长度，如果选择圆弧，还将给出圆弧的包含角)
选择对象或 [增量(DE)/百分数(P)/全部(T)/动态(DY)]:DE↙(选择拉长或缩短的方式为增量方式)
输入长度增量或 [角度(A)] <0.0000>:10↙ (在此输入长度增量数值。如果选择圆弧段，则可输入选项
"A"，给定角度增量)
选择要修改的对象或 [放弃(U)]:选定要修改的对象，进行拉长操作
选择要修改的对象或 [放弃(U)]:继续选择，或按<Enter>键结束命令
```

【选项说明】

（1）增量（DE）：用指定增加量的方法改变对象的长度或角度。

（2）百分数（P）：用指定占总长度百分比的方法改变圆弧或直线段的长度。

（3）全部（T）：用指定新总长度或总角度值的方法改变对象的长度或角度。

（4）动态（DY）：在此模式下，可以使用拖拉鼠标的方法来动态地改变对象的长度或角度。

5.5.7　实例——绘制带燃油泵电机符号

　　本实例绘制的带燃油泵电机符号，如图 5-67 所示。本实例主要利用"圆"、"直线"等命令绘制带燃油泵电机符号，然后进行图案填充和添加文字注释。

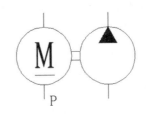

图 5-67　带燃油泵电机符号

操作步骤

参见光盘　　光盘\动画演示\第 5 章\绘制带燃油泵电机符号.avi

　　（1）绘制圆。单击"绘图"工具栏中的"圆"按钮◎或快捷命令 C，以（200，50）为圆心，绘制一个半径为 10 的圆 O，如图 5-68 所示。

　　（2）绘制竖直直线。单击"绘图"工具栏中的"直线"按钮╱或快捷命令 L，开启"对象捕捉"和"正交模式"，以圆心为起点，绘制一条长度为 15 的竖直直线 1，如图 5-69 所示。

　　（3）拉长直线。选择菜单栏中的"修改"→"拉长"命令或快捷命令 LEN，将直线 1 向下拉长 15，结果如图 5-70 所示。

　　（4）复制图形。单击"修改"工具栏中的"复制"按钮⊗或快捷命令 CO，将前面绘制的圆 O 与直线 1 复制一份，并向右平移 24，如图 5-71 所示。

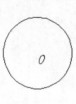

图 5-68　绘制圆

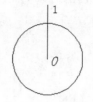

图 5-69　绘制竖直直线

图 5-70　拉长直线

（5）绘制水平直线。单击"绘图"工具栏中的"直线"按钮或快捷命令 L，开启"对象捕捉"模式，捕捉两圆的圆心，绘制水平直线 3，如图 5-72 所示。

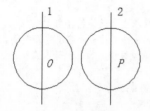

图 5-71　复制图形

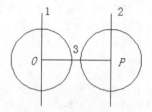

图 5-72　绘制水平直线

（6）偏移直线。单击"修改"工具栏中的"偏移"按钮或快捷命令 O，将直线 3 分别向上和向下偏移 1.5，生成直线 4 和直线 5，如图 5-73 所示。

（7）删除直线。单击"修改"工具栏中的"删除"按钮或快捷命令 E，删除直线 3；或者选中直线 3，然后按<Del>键将其删除。

（8）修剪图形。单击"修改"工具栏中的"修剪"按钮或快捷命令 TR，以圆弧为剪切边，对直线进行修剪，修剪结果如图 5-74 所示。

（9）绘制三角形。单击"绘图"工具栏中的"正多边形"按钮或快捷命令 POL，以直线 2 的下端点为上顶点，绘制一个边长为 6.5 的等边三角形，如图 5-75 所示。"正多边形"命令是按指定的边数、中心和一边的两端点绘制正多边形。

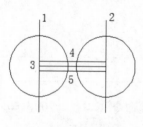

图 5-73　偏移直线

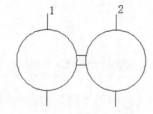

图 5-74　修剪图形

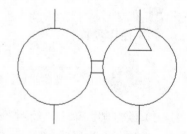

图 5-75　绘制三角形

（10）图案填充。单击"绘图"工具栏中的"图案填充"按钮或快捷命令 H，弹出"图案填充和渐变色"对话框，如图 5-76 所示。单击"图案"下拉列表框右侧的按钮，弹出"填充图案选项板"对话框，如图 5-77 所示。在"其他预定义"选项卡中选择"SOLID"图案，单击"确定"按钮，返回"图案填充和渐变色"对话框，其他选项采用系统默认设置。单击"添加:选择对象"按钮，返回绘图窗口进行选择。依次选择三角形的 3 条边作为填充边界，按<Enter>键再次返回"图案填充和渐变色"对话框，单击"确定"按钮，完成三角形的填充，如图 5-78 所示。

图 5-76 "图案填充和渐变色"对话框

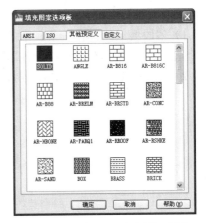

图 5-77 "填充图案选项板"对话框

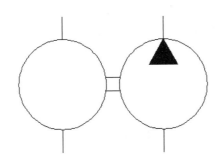

图 5-78 图案填充

（11）添加文字。单击"绘图"工具栏中的"多行文字"按钮 **A** 或快捷命令 MT，在圆的中心输入文字"M"，并在"文字格式"工具栏中单击"下画线"按钮 U，为文字添加下画线，设置文字高度为 12，并在圆下方输入文字"P"，如图 5-67 所示，完成带燃油泵电机符号的绘制。

5.5.8 圆角命令

圆角命令是指用一条指定半径的圆弧平滑连接两个对象。可以平滑连接一对直线段、非圆弧的多义线段、样条曲线、双向无限长线、射线、圆、圆弧和椭圆，并且可以在任何时候平滑连接多义线的每个节点。

【执行方式】

命令行：FILLET（快捷命令：F）。

菜单栏：选择菜单栏中的"修改"→"圆角"命令。

工具栏：单击"修改"工具栏中的"圆角"按钮 □。

【操作步骤】

命令行提示与操作如下：

```
命令：FILLET
当前设置：模式 = 修剪，半径 = 0.0000
选择第一个对象或 [放弃(U)/多段线(P)/半径(R)/修剪(T)/多个(M)]：选择第一个对象或别的选项
选择第二个对象，或按住 Shift 键选择要应用角点的对象：选择第二个对象
```

【选项说明】

（1）多段线（P）：在一条二维多段线两段直线段的节点处插入圆弧。选择多段线后系统会根据指定的圆弧半径把多段线各顶点用圆弧平滑连接起来。

（2）修剪（T）：决定在平滑连接两条边时，是否修剪这两条边，如图 5-79 所示。

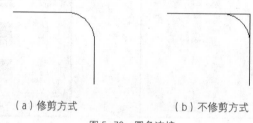

（a）修剪方式 　　　　（b）不修剪方式

图 5-79　圆角连接

（3）多个（M）：同时对多个对象进行圆角编辑，而不必重新起用命令。

（4）按住<Shift>键并选择两条直线，可以快速创建零距离倒角或零半径圆角。

5.5.9　倒角命令

倒角命令即斜角命令，是用斜线连接两个不平行的线型对象。可以用斜线连接直线段、双向无限长线、射线和多义线。

系统采用两种方法确定连接两个对象的斜线：指定两个斜线距离，指定斜线角度和一个斜线距离。下面分别介绍这两种方法的使用。

1. 指定两个斜线距离

斜线距离是指从被连接对象与斜线的交点到被连接的两对象交点之间的距离，如图 5-80 所示。

2. 指定斜线角度和一个斜距离连接选择的对象

采用这种方法连接对象时，需要输入两个参数：斜线与一个对象的斜线距离和斜线与该对象的夹角，如图 5-81 所示。

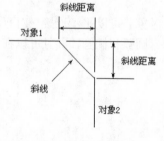

图 5-80　斜线距离

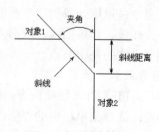

图 5-81　斜线距离与夹角

【执行方式】

命令行：CHAMFER（快捷命令：CHA）。

菜单：选择菜单栏中的"修改"→"倒角"命令。

工具栏：单击"修改"工具栏中的"倒角"按钮△。

【操作步骤】

命令行提示与操作如下：

```
命令: CHAMFER
("不修剪"模式) 当前倒角距离 1 = 0.0000, 距离 2 = 0.0000
 选择第一条直线或 [放弃(U)/多段线(P)/距离(D)/角度(A)/修剪(T)/方式(E)/多个(M)]: 选择第一条
直线或别的选项
 选择第二条直线, 或按住 Shift 键选择要应用角点的直线: 选择第二条直线
```

【选项说明】

（1）多段线（P）：对多段线的各个交叉点倒斜角。为了得到最好的连接效果，一般设置斜线是相等的值，系统根据指定的斜线距离把多段线的每个交叉点都作斜线连接，连接的斜线成为多段线新的构成部分，如图 5-82 所示。

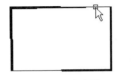

（a）选择多段线　　　　　　（b）倒斜角结果

图 5-82　斜线连接多段线

（2）距离（D）：选择倒角的两个斜线距离。这两个斜线距离可以相同也可以不相同，若二者均为 0，则系统不绘制连接的斜线，而是把两个对象延伸至相交并修剪超出的部分。

（3）角度（A）：选择第一条直线的斜线距离和第一条直线的倒角角度。

（4）修剪（T）：与圆角连接命令"FILLET"相同，该选项决定连接对象后是否剪切源对象。

（5）方式（E）：决定采用"距离"方式还是"角度"方式来倒斜角。

（6）多个（M）：同时对多个对象进行倒斜角编辑。

5.5.10　打断命令

【执行方式】

命令行：BREAK（快捷命令：BR）。

菜单栏：选择菜单栏中的"修改"→"打断"命令。

工具栏：单击"修改"工具栏中的"打断"按钮□。

【操作步骤】

命令行提示与操作如下：

```
命令: BREAK
选择对象: 选择要打断的对象
指定第二个打断点或 [第一点(F)]: 指定第二个断开点或输入"F"
```

【选项说明】

如果选择"第一点（F）"选项，系统将放弃前面选择的第一个点，重新提示用户指定两

个断开点。

5.5.11 打断于点命令

打断于点命令是指在对象上指定一点，从而把对象在此点拆分成两部分，此命令与打断命令类似。

【执行方式】

工具栏：单击"修改"工具栏中的"打断于点"按钮□。

【操作步骤】

单击"修改"工具栏中的"打断于点"按钮□，命令行提示与操作如下：

```
_break 选择对象：选择要打断的对象
指定第二个打断点或 [第一点(F)]：_f（系统自动执行"第一点"选项）
指定第一个打断点：选择打断点
指定第二个打断点：@：系统自动忽略此提示
```

5.5.12 分解命令

【执行方式】

命令行：EXPLODE（快捷命令：X）。

菜单栏：选择菜单栏中的"修改"→"分解"命令。

工具栏：单击"修改"工具栏中的"分解"按钮 。

【操作步骤】

```
命令：EXPLODE
选择对象：选择要分解的对象
```

选择一个对象后，该对象会被分解，系统继续提示该行信息，允许分解多个对象。

 技巧荟萃

分解命令是将一个合成图形分解为其部件的工具。例如，一个矩形被分解后就会变成 4 条直线，且一个有宽度的直线分解后就会失去其宽度属性。

5.5.13 实例——绘制变压器

本实例绘制变压器，如图 5-83 所示。在本实例图形的绘制中主要用到"偏移"命令。绘制的过程为先绘制轮廓，然后绘制其余部分，并修剪删除最后得到图形。

图 5-83 变压器

 操作步骤

 光盘\动画演示\第 5 章\绘制变压器.avi

1. 绘制矩形及中心线

（1）绘制矩形。单击"绘图"工具栏中的"矩形"按钮□或快捷命令 REC，绘制一个长为 630、宽为 455 的矩形，如图 5-84 所示。

（2）分解矩形。单击"修改"工具栏中的"分解"按钮 或快捷命令 X，将绘制的矩形分解为直线 1～直线 4。

（3）绘制中心线。单击"修改"工具栏中的"偏移"按钮 或快捷命令 O，将直线 1 向下偏移 227.5，将直线 3 向右偏移 315，得到两条中心线。新建"中心线层"，线型为点画线。选择偏移得到的两条中心线，单击"图层"工具栏中的下拉按钮 ，在弹出的下拉菜单中选择"中心线层"选项，完成图层属性设置。选择菜单栏中的"修改"→"拉长"命令或快捷命令 LEN，将两条中心线向两端方向分别拉长 50，结果如图 5-85 所示。

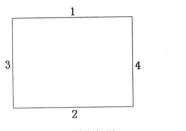

图 5-84　绘制矩形

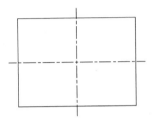

图 5-85　绘制中心线

2. 修剪直线

（1）偏移并修剪直线。返回实线层，单击"修改"工具栏中的"偏移"按钮 或快捷命令 O，将直线 1 向下偏移 35，直线 2 向上偏移 35，直线 3 向右偏移 35，直线 4 向左偏移 35。单击"修改"工具栏中的"修剪"按钮 ，修剪掉多余的直线，如图 5-86 所示。

（2）矩形倒圆角。单击"修改"工具栏中的"圆角"按钮 或快捷命令 F，对图形进行倒圆角操作，命令行中的提示与操作如下：

```
命令: _fillet
当前设置: 模式 = 修剪, 半径 = 0.0000
选择第一个对象或 [放弃(U)/多段线(P)/半径(R)/修剪(T)/多个(M)]: r
指定圆角半径 <0.0000>: 35
选择第一个对象或 [放弃(U)/多段线(P)/半径(R)/修剪(T)/多个(M)]: (选择直线 1)
选择第二个对象, 或按住 Shift 键选择要应用角点的对象: (选择直线 3)
```

按顺序完成较大矩形的倒角后，继续对较小的矩形进行倒圆角，圆角半径为 17.5mm，结果如图 5-87 所示。

（3）偏移中心线。单击"修改"工具栏中的"偏移"按钮 或快捷命令 O，将竖直中心线分别向左和向右偏移 230，并将偏移后直线的线型改为实线，如图 5-88 所示。

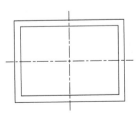

图 5-86　偏移并修剪直线

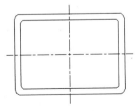

图 5-87　矩形倒圆角

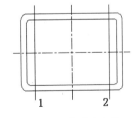

图 5-88　偏移中心线

（4）绘制水平直线。单击"绘图"工具栏中的"直线"按钮 或快捷命令 L，开启"对象捕捉"模式，以直线 1、直线 2 的上端点为两端点绘制水平直线 3，并将水平直线向两端分别拉长 35，结果如图 5-89 所示。将水平直线 3 向上偏移 20，得到直线 4，然后分别连接直线 3 和 4 的左右端点，如图 5-90 所示。

（5）绘制下半部分图形。采用相同的方法绘制图形的下半部分，下半部分两水平直线的距离为 351。单击"修改"工具栏中的"修剪"按钮 或快捷命令 TR，修剪掉多余的直线，得到的结果如图 5-91 所示。

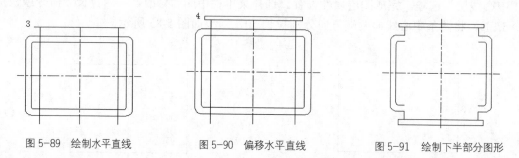

图 5-89　绘制水平直线　　　　图 5-90　偏移水平直线　　　　图 5-91　绘制下半部分图形

（6）绘制矩形。单击"绘图"工具栏中的"矩形"按钮 或快捷命令 REC，以两中心线的交点为中心绘制一个带圆角的矩形，矩形的长为 380、宽为 460，圆角的半径为 35，命令行中的提示与操作如下。

```
命令: rectang
当前矩形模式:　圆角=0.0000
指定第一个角点或 [倒角(C)/标高(E)/圆角(F)/厚度(T)/宽度(W)]: f↙
指定矩形的圆角半径 <0.0000>: 35↙
指定第一个角点或 [倒角(C)/标高(E)/圆角(F)/厚度(T)/宽度(W)]: from↙
基点: <偏移>: @-190,-230↙
指定另一个角点或 [面积(A)/尺寸(D)/旋转(R)]: d↙
指定矩形的长度 <0.0000>: 380↙
指定矩形的宽度 <0.0000>: 460↙
指定另一个角点或 [面积(A)/尺寸(D)/旋转(R)]:（移动光标，在目标位置单击）
```

绘制矩形结果如图 5-92 所示。

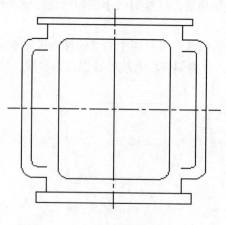

图 5-92　绘制矩形

注意

采取上面这种按已知一个角点位置以及长度和宽度的方式绘制矩形时，矩形另一个角点的位置有 4 种可能情况，通过移动鼠标指定大概位置方向即可确定矩形位置。

（7）绘制竖直直线。以竖直中心线为对称轴，绘制 6 条竖直直线，长度均为 420，相邻直线间的距离为 55，结果如图 5-83 所示。

5.5.14　合并命令

AutoCAD 2010 新增加了合并功能，可以将直线、圆、椭圆弧、样条曲线等独立的图线合并为一个对象，如图 5-93 所示。

【执行方式】

命令行：JOIN。

【操作步骤】

命令行提示与操作如下：

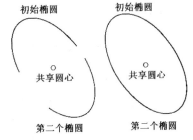

图 5-93　合并对象

```
命令：JOIN
选择源对象：选择一个对象
选择要合并到源的直线：选择另一个对象
找到 1 个
选择要合并到源的直线：
已将 1 条直线合并到源
```

5.6　对象编辑命令

在对图形进行编辑时，还可以对图形对象本身的某些特性进行编辑，从而方便地进行图形绘制。

5.6.1　钳夹功能

利用钳夹功能可以快速方便地编辑对象。AutoCAD 在图形对象上定义了一些特殊点，称为夹持点。利用夹持点可以灵活地控制对象，如图 5-94 所示。

要使用钳夹功能编辑对象，必须先打开钳夹功能，打开方法是：选择菜单栏中的"工具"→"选项"命令，系统打开"选项"对话框。单击"选择集"选项卡，勾选"夹点"选项组中的"启用夹点"复选框。在该选项卡中还可以设置代表夹点的小方格尺寸和颜色。

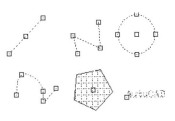

图 5-94　夹持点

也可以通过 GRIPS 系统变量控制是否打开钳夹功能，1 代表打开，0 代表关闭。

打开了钳夹功能后，应该在编辑对象之前先选择对象。夹点表示对象的控制位置。

使用夹点编辑对象，要选择一个夹点作为基点，称为基准夹点。然后选择一种编辑操作：

镜像、移动、旋转、拉伸和缩放。可以用按<Space>键或<Enter>键循环选择这些功能。

下面就其中的拉伸对象操作为例进行讲解，其他操作类似。

在图形上选择一个夹点，该夹点改变颜色，此点为夹点编辑的基准点，此时命令行提示如下：

```
** 拉伸 **
指定拉伸点或 [基点(B)/复制(C)/放弃(U)/退出(X)]:
```

在上述拉伸编辑提示下输入镜像命令或右击，选择快捷菜单中的"镜像"命令，系统就会转换为"镜像"操作，其他操作类似。

5.6.2　修改对象属性

【执行方式】

命令行：DDMODIFY 或 PROPERTIES。

菜单栏：选择菜单栏中的"修改"→"特性"命令。

工具栏：单击"标准"工具栏中的"特性"按钮▣。

执行上述操作后，系统打开"特性"选项板，如图 5-95 所示。利用它可以方便地设置或修改对象的各种属性。不同的对象属性种类和值不同，修改属性值，对象改变为新的属性。

图 5-95　"特性"选项板

5.7　上机实验

【实验1】绘制如图 5-96 所示的整流桥电路。

操作提示：

（1）利用"直线"命令绘制一条 45°斜线。

（2）利用"正多边形"命令绘制一个三角形，捕捉三角形中心为斜直线中点，并指定三角形一个顶点在斜线上。

（3）利用"直线"命令，打开状态栏上的"对象追踪"按钮，捕捉三角形在斜线上的顶点为端点，绘制两条与斜线垂直的短直线，完成二极管符号的绘制。

（4）利用"镜像"命令进行多次镜像操作。

（5）利用"直线"命令绘制 4 条导线。

【实验2】绘制如图 5-97 所示的固态继电器。

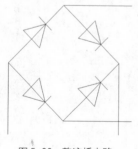

图 5-96　整流桥电路

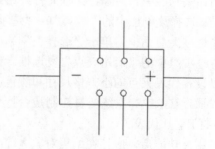

图 5-97　固态继电器

操作提示：

（1）利用"矩形"命令绘制一个矩形。

（2）利用"圆"命令绘制一个小圆，并利用移动命令将其移动到适当位置。

（3）利用"阵列"命令将圆进行矩形阵列。

（4）利用"直线"命令捕捉两个圆的圆心绘制直线，并利用"拉长"命令，拉长直线。

（5）利用"修剪"命令修剪多余直线，并在矩形内相应位置绘制符号。

【实验 3】绘制如图 5-98 所示的多级插头插座。

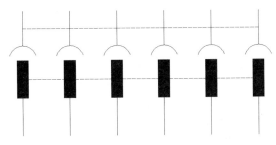

图 5-98　多级插头插座

操作提示：

（1）利用"矩形"、"图案填充"、"圆弧"和"直线"等命令绘制其中的一极。

（2）利用"阵列"命令进行矩形阵列。

（3）利用"直线"命令绘制连接线。

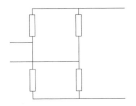

（4）利用特性选项板将连接线的线型改为虚线。

【实验 4】绘制如图 5-99 所示的桥式电路。

操作提示：

（1）利用"矩形"命令绘制电阻。

（2）利用"阵列"命令进行矩形阵列。

（3）利用"直线"和"修剪"命令绘制连接线。

图 5-99　桥式电路

思考与练习

1. 能够将物体的某部分进行大小不变的复制的命令有（　　　）。

　　（A）MIRROR　　　（B）COPY　　　（C）ROTATE　　　（D）ARRAY

2. 下列命令中，（　　）命令可以用来去掉图形中不需要的部分。

　　（A）删除　　　（B）清除　　　（C）移动　　　（D）回退

3. 下面命令中，（　　）命令在选择物体时必须采取交叉窗口或交叉多边形窗口进行选择。

　　（A）LENTHEN　　（B）STRETCH　　（C）ARRAY　　　（D）MIRROR

4. 下列命令中，（　　）命令可以将图形从一张图纸中复制到另一张图纸中。

　　（A）MOVE　　　（B）CTRL+X　　　（C）CTRL+C　　　（D）COPY

5. 夹点编辑的编辑方式分别是移动、旋转、拉伸、镜像、复制和（　　　）。

　　（A）阵列　　　（B）缩放　　　（C）修剪　　　（D）删除

6. 请分析 COPY 命令与 OFFSET 命令的异同。

7. 在利用剪切命令对图形进行剪切时，有时无法实现剪切，试分析可能的原因。

8. 绘制如图 5-100 所示的电极探头。

9. 绘制如图 5-101 所示的绝缘子。

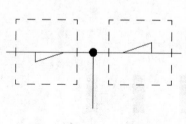

图 5-100　电极探头

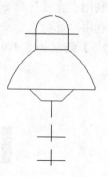

图 5-101　绝缘子

第 6 章　表格和尺寸标注

● **学习目标**

图表在 AutoCAD 图形中也有大量的应用，如名细表、参数表、标题栏等。

尺寸标注是绘图设计过程中非常重要的一个环节，因为图形的主要作用是表达物体的形状，而物体各部分的真实大小和各部分之间的确切位置只能通过尺寸标注来表达。因此，没有正确的尺寸标注，绘制出的图纸对于加工制造就没什么意义。AutoCAD 2010 提供了方便、准确标注尺寸的功能。

本章介绍 AutoCAD 2010 的表格和尺寸标注功能。

● **学习要点**

➢ 学习表格的创建及表格文字的编辑
➢ 熟练掌握文本标注的操作

6.1　表格

在以前的 AutoCAD 版本中，要绘制表格必须采用绘制图线或结合偏移、复制等编辑命令来完成，这样的操作过程烦琐而复杂，不利于提高绘图效率。AutoCAD 2010 新增加了"表格"绘图功能，有了该功能，创建表格就变得非常容易，用户可以直接插入设置好样式的表格，而不用绘制由单独图线组成的表格。

6.1.1　定义表格样式

和文字样式一样，所有 AutoCAD 图形中的表格都有与其相对应的表格样式。当插入表格对象时，系统使用当前设置的表格样式。表格样式是用来控制表格基本形状和间距的一组设置。模板文件 ACAD.DWT 和 ACADISO.DWT 中定义了名为"Standard"的默认表格样式。

【执行方式】

命令行：TABLESTYLE。

菜单栏：选择菜单栏中的"格式"→"表格样式"命令。

工具栏：单击"样式"工具栏中的"表格样式"按钮 。

执行上述操作后，系统打开"表格样式"对话框，如图 6-1 所示。

【选项说明】

（1）"新建"按钮：单击该按钮，系统打开"创建新的表格样式"对话框，如图6-2所示。输入新的表格样式名后，单击"继续"按钮，系统打开"新建表格样式"对话框，如图 6-3 所示，从中可以定义新的表格样式。

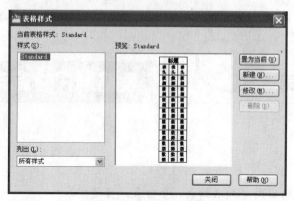

图6-1 "表格样式"对话框

图6-2 "创建新的表格样式"对话框

"新建表格样式"对话框的"单元样式"下拉列表中有 3 个重要的选项："数据"、"表头"和"标题"，分别控制表格中数据、列标题和总标题的有关参数，如图6-3所示。在"新建表格样式"对话框中有 3 个选项卡，分别介绍如下。

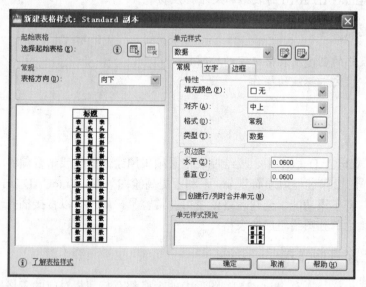

图6-3 "新建表格样式"对话框

① "常规"选项卡：用于控制数据栏格与标题栏格的上下位置关系。

② "文字"选项卡：用于设置文字属性。单击此选项卡，在"文字样式"下拉列表中可以选择已定义的文字样式并应用于数据文字，也可以单击右侧的 按钮重新定义文字样式。其中"文字高度"、"文字颜色"和"文字角度"各选项设定的相应参数格式可供用户选择。

③ "边框"选项卡：用于设置表格的边框属性下面的边框线按钮，控制数据边框线的各种形式，如绘制所有数据边框线、只绘制数据边框外部边框线、只绘制数据边框内部边框线、

无边框线、只绘制底部边框线等。选项卡中的"线宽"、"线型"和"颜色"下拉列表框则控制边框线的线宽、线型和颜色；选项卡中的"间距"文本框用于控制单元边界和内容之间的间距。

（2）"修改"按钮：用于对当前表格样式（见图 6-4）进行修改，方式与新建表格样式相同。

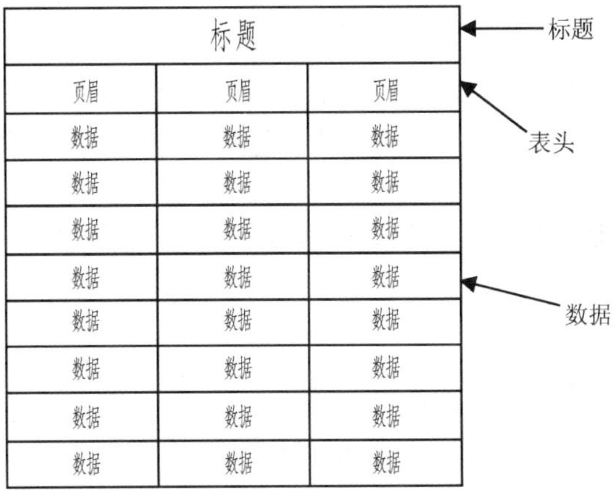

图 6-4 表格样式

6.1.2 创建表格

在设置好表格样式后，用户可以利用 TABLE 命令创建表格。

【执行方式】

命令行：TABLE。

菜单栏：选择菜单栏中的"绘图"→"表格"命令。

工具栏：单击"绘图"工具栏中的"表格"按钮▦。

执行上述操作后，系统打开"插入表格"对话框，如图 6-5 所示。

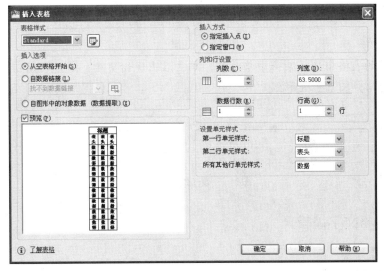

图 6-5 "插入表格"对话框

【选项说明】

（1）"表格样式"下拉列表框：用于选择表格样式，也可以单击右侧的 按钮新建或修改表格样式。

（2）"插入方式"选项组。

①"指定插入点"单选钮：指定表左上角的位置，可以使用定点设备，也可以在命令行输入坐标值。如果在"表格样式"对话框中将表格的方向设置为由下而上读取，则插入点位于表格的左下角。

②"指定窗口"单选钮：指定表格的大小和位置，可以使用定点设备，也可以在命令行输入坐标值。选择该单选钮，列数、列宽、数据行数和行高取决于窗口的大小以及列和行的设置情况。

（3）"列和行设置"选项组：用于指定列和行的数目以及列宽与行高。

> 技巧荟萃
>
> 在"插入方式"选项组中选择"指定窗口"单选钮后，列与行设置的两个参数中只能指定一个，另外一个由指定窗口的大小自动等分来确定。

在"插入表格"对话框中进行相应设置后，单击"确定"按钮，系统在指定的插入点或窗口自动插入一个空表格，并打开多行文字编辑器，用户可以逐行逐列输入相应的文字或数据，如图 6-6 所示。

图 6-6 多行文字编辑器

> 技巧荟萃
>
> 在插入后的表格中选择某一个单元格，单击后出现钳夹点，通过移动钳夹点可以改变单元格的大小，如图 6-7 所示。

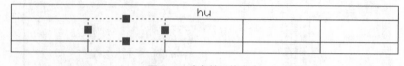

图 6-7 改变单元格大小

6.1.3 表格文字编辑

【执行方式】

命令行：TABLEDIT。

快捷菜单：选择表和一个或多个单元后右击，选择快捷菜单中的"编辑文字"命令。

定点设备：在表单元内双击。

执行上述操作后，命令行出现"拾取表格单元"的提示，选择要编辑的表格单元，系统打开如图 6-6 所示的多行文字编辑器，用户可以对选择的表格单元的文字进行编辑。

6.1.4　实例——绘制电气 A3 样板图

在创建前应设置图幅后利用矩形命令绘制图框，再利用表格命令绘制标题栏，最后利用多行文字命令输入文字并调整。绘制如图 6-8 所示的 A3 样板图。

（1）单击"绘图"工具栏中的"矩形"按钮□或快捷命令 REC，绘制一个矩形，指定矩形两个角点的坐标分别为（25，10）和（410，287），如图 6-9 所示。

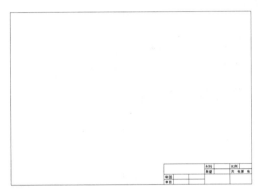

图 6-8　A3 样板图

图 6-9　绘制矩形

注意

　　国家标准规定 A3 图纸的幅面大小是 420mm×297mm，这里留出了带装订边的图框到纸面边界的距离。

（2）绘制标题栏。标题栏结构如图 6-9 所示，由于分隔线并不整齐，所以可以先绘制一个 28×4（每个单元格的尺寸是 5×8）的标准表格，然后在此基础上编辑合并单元格，形成如图 6-10 所示的形式。

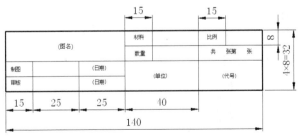

图 6-10　标题栏示意图

①　选择菜单栏中的"格式"→"表格样式"命令，打开"表格样式"对话框，如图 6-11 所示。

②　单击"修改"按钮，系统打开"修改表格样式"对话框，在"单元样式"下拉列表中

选择"数据"选项；在下面的"文字"选项卡中将文字高度设置为3，如图 6-12 所示。再打开"常规"选项卡，将"页边距"选项组中的"水平"和"垂直"都设置成1，如图 6-13 所示。

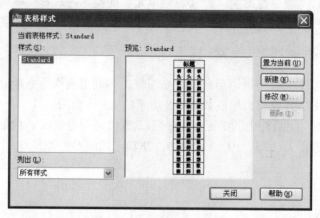

图 6-11　"表格样式"对话框

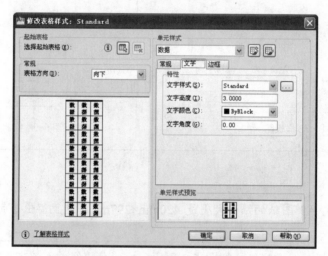

图 6-12　"修改表格样式"对话框

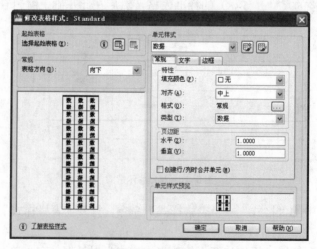

图 6-13　设置"常规"选项卡

注意

表格的行高=文字高度+2×垂直页边距,此处设置为 3+2×1=5。

③ 系统回到"表格样式"对话框,单击"关闭"按钮退出。

④ 选择菜单栏中的"绘图"→"表格"命令,系统打开"插入表格"对话框,在"列和行设置"选项组中将"列"设置为 9,将"列宽"设置为 20,将"数据行"设置为 2(加上标题行和表头行共 4 行),将"行高"设置为 1 行(即为 10);在"设置单元样式"选项组中将"第一行单元样式"与"第二行单元样式"和"第三行单元样式"都设置为"数据",如图 6-14 所示。

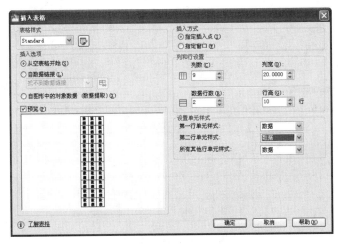

图 6-14 "插入表格"对话框

⑤ 在图框线右下角附近指定表格位置,系统生成表格,同时打开多行文字编辑器,如图 6-15 所示。直接按<Enter>键,不输入文字,生成表格如图 6-16 所示。

图 6-15 表格和文字编辑器

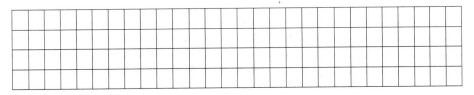

图 6-16 生成表格

⑥ 单击表格中一个单元格，系统显示其编辑夹点，单击鼠标右键，在打开的快捷菜单中选择"特性"命令，如图 6-17 所示。系统打开"特性"对话框，将单元高度参数改为 8，如图 6-18 所示，这样该单元格所在行的高度就统一改为 8。同样方法将其他行的高度改为 8，效果如图 6-19 所示。

图 6-17 快捷菜单

图 6-18 "特性"对话框

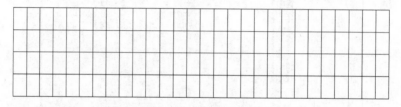

图 6-19 修改表格高度

⑦ 选择 A1 单元格，按住<Shift>键，同时选择右边的 12 个单元格以及下面一行的 13 个单元格，单击鼠标右键，打开快捷菜单，选择其中的"合并"→"全部"命令，如图 6-20 所示。单元格合并后的效果如图 6-21 所示。

图 6-20 快捷菜单

图 6-21　合并单元格

同样方法合并其他单元格，结果如图 6-22 所示。

图 6-22　完成表格绘制

⑧ 在单元格三击鼠标左键，打开文字编辑器；在单元格中输入文字，将文字大小改为 4，如图 6-23 所示。

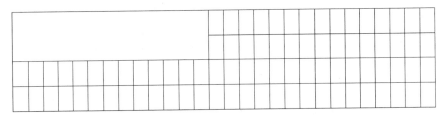

图 6-23　输入文字

同样方法，输入其他单元格文字，结果如图 6-24 所示。

		材料		比例	
		数量		共　张第　张	
制图					
审核					

图 6-24　完成标题栏文字输入

（3）刚生成的标题栏无法准确确定与图框的相对位置，需要移动。命令行提示和操作如下：

```
命令：move
选择对象：（选择刚绘制的表格）
选择对象：
指定基点或 [位移(D)] <位移>：（捕捉表格的右下角点）
指定第二个点或 <使用第一个点作为位移>：（捕捉图框的右下角点）
```

这样，就将表格准确放置在图框的右下角，如图 6-25 所示。

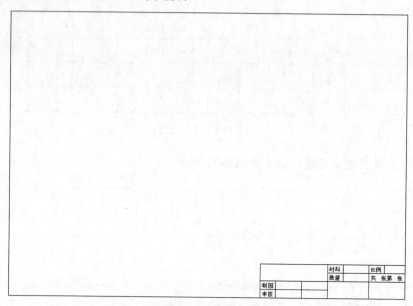

图 6-25　移动表格

（4）选择"文件"→"另存为…"命令，打开"图形另存为"对话框，将图形保存为 DWT 格式文件即可，如图 6-26 所示。

图 6-26　"图形另存为"对话框

6.2　尺寸样式

组成尺寸标注的尺寸线、尺寸延伸线、尺寸文本和尺寸箭头可以采用多种形式。尺寸标注以什么形态出现，取决于当前所采用的尺寸标注样式。标注样式决定尺寸标注的形式，包括尺寸线、尺寸延伸线、尺寸箭头和中心标记的形式、尺寸文本的位置、特性等。在 AutoCAD 2010 中，用户可以利用"标注样式管理器"对话框方便地设置自己需要的尺寸标注样式。

6.2.1 新建或修改尺寸样式

在进行尺寸标注前，先要创建尺寸标注的样式。如果用户不创建尺寸样式而直接进行标注，系统使用默认名称为 standard 的样式。如果用户认为使用的标注样式某些设置不合适，也可以修改标注样式。

【执行方式】

命令行：DIMSTYLE（快捷命令：D）。

菜单栏：选择菜单栏中的"格式"→"标注样式"命令或"标注"→"标注样式"命令。

工具栏：单击"标注"工具栏中的"标注样式"按钮。

执行上述操作后，系统打开"标注样式管理器"对话框，如图 6-27 所示。利用此对话框可方便直观地定制和浏览尺寸标注样式，包括创建新的标注样式、修改已存在的标注样式、设置当前尺寸标注样式、样式重命名、删除已有标注样式等。

【选项说明】

（1）"置为当前"按钮：单击此按钮，把在"样式"列表框中选择的样式设置为当前标注样式。

（2）"新建"按钮：创建新的尺寸标注样式。单击此按钮，系统打开"创建新标注样式"对话框，如图 6-28 所示。利用此对话框可创建一个新的尺寸标注样式，其中各项的功能说明如下。

① "新样式名"文本框：为新的尺寸标注样式命名。

② "基础样式"下拉列表框：选择创建新样式所基于的标注样式。单击"基础样式"下拉列表框，打开当前已有的样式列表，从中选择一个作为定义新样式的基础，新的样式是在所选样式的基础上修改一些特性得到的。

③ "用于"下拉列表框：指定新样式应用的尺寸类型。单击此下拉列表框，打开尺寸类型列表，如果新建样式应用于所有尺寸，则选择"所有标注"选项；如果新建样式只应用于特定的尺寸标注（如只在标注直径时使用此样式），则选择相应的尺寸类型。

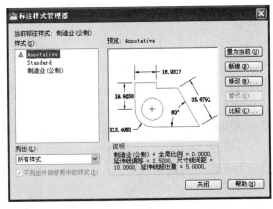

图 6-27 "标注样式管理器"对话框

图 6-28 "创建新标注样式"对话框

④ "继续"按钮：各选项设置好以后，单击"继续"按钮，系统打开"新建标注样式"对话框，如图 6-29 所示，利用此对话框可对新标注样式的各项特性进行设置。该对话框中各部分的含义和功能将在后面介绍。

（3）"修改"按钮：修改一个已存在的尺寸标注样式。单击此按钮，系统打开"修改标注样式"对话框，该对话框中的各选项与"新建标注样式"对话框中完全相同，可以对已有标注样式进行修改。

（4）"替代"按钮：设置临时覆盖尺寸标注样式。单击此按钮，系统打开"替代当前样式"对话框，该对话框中各选项与"新建标注样式"对话框中完全相同，用户可改变选项的设置，以覆盖原来的设置。但这种修改只对指定的尺寸标注起作用，而不影响当前其他尺寸变量的设置。

（5）"比较"按钮：比较两个尺寸标注样式在参数上的区别，或浏览一个尺寸标注样式的参数设置。单击此按钮，系统打开"比较标注样式"对话框，如图 6-30 所示。可以把比较结果复制到剪贴板上，然后再粘贴到其他的 Windows 应用软件上。

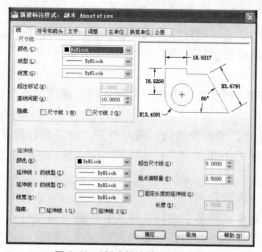

图 6-29　"新建标注样式"对话框

图 6-30　"比较标注样式"对话框

6.2.2　线

在"新建标注样式"对话框中，第一个选项卡就是"线"选项卡，如图 6-29 所示。该选项卡用于设置尺寸线、尺寸延伸线的形式和特性。现对选项卡中的各选项分别说明如下。

1. "尺寸线"选项组

用于设置尺寸线的特性，其中各选项的含义如下。

（1）"颜色"下拉列表框：用于设置尺寸线的颜色。可直接输入颜色名字，也可从下拉列表中选择。如果选择"选择颜色"选项，系统打开"选择颜色"对话框供用户选择其他颜色。

（2）"线型"下拉列表框：用于设置尺寸线的线型。

（3）"线宽"下拉列表框：用于设置尺寸线的线宽，下拉列表中列出了各种线宽的名称和宽度。

（4）"超出标记"微调框：当尺寸箭头设置为短斜线、短波浪线等，或尺寸线上无箭头时，可利用此微调框设置尺寸线超出尺寸延伸线的距离。

（5）"基线间距"微调框：设置以基线方式标注尺寸时，相邻两尺寸线之间的距离。

（6）"隐藏"复选框组：确定是否隐藏尺寸线及相应的箭头。勾选"尺寸线 1"复选框，表示隐藏第一段尺寸线；勾选"尺寸线 2"复选框，表示隐藏第二段尺寸线。

2. "延伸线"选项组

用于确定尺寸延伸线的形式，其中各选项的含义如下。

（1）"颜色"下拉列表框：用于设置尺寸延伸线的颜色。

（2）"延伸线 1 的线型"下拉列表框：用于设置第一条延伸线的线型（DIMLTEX1 系统变量）。

（3）"延伸线 2 的线型"下拉列表框：用于设置第二条延伸线的线型（DIMLTEX2 系统变量）。

（4）"线宽"下拉列表框：用于设置尺寸延伸线的线宽。

（5）"超出尺寸线"微调框：用于确定尺寸延伸线超出尺寸线的距离。

（6）"起点偏移量"微调框：用于确定尺寸延伸线的实际起始点相对于指定尺寸延伸线起始点的偏移量。

（7）"隐藏"复选框组：确定是否隐藏尺寸延伸线。勾选"延伸线 1"复选框，表示隐藏第一段尺寸延伸线；勾选"延伸线 2"复选框，表示隐藏第二段尺寸延伸线。

（8）"固定长度的延伸线"复选框：勾选该复选框，系统以固定长度的尺寸延伸线标注尺寸，可以在其下面的"长度"文本框中输入长度值。

6.2.3　符号和箭头

在"新建标注样式"对话框中，第二个选项卡是"符号和箭头"选项卡，如图 6-31 所示。该选项卡用于设置箭头、圆心标记、弧长符号和半径标注折弯的形式和特性，现对选项卡中的各选项分别说明如下。

1. "箭头"选项组

用于设置尺寸箭头的形式。AutoCAD 提供了多种箭头形状，列在"第一个"和"第二个"下拉列表中。另外，还允许采用用户自定义的箭头形状。两个尺寸箭头可以采用相同的形式，也可采用不同的形式。

（1）"第一个"下拉列表框：用于设置第一个尺寸箭头的形式。单击此下拉列表框，打开各种箭头形式，其中列出了各类箭头的形状及名称。一旦选择了第一个箭头的类型，第二个箭头则自动与其匹配，要想第二个箭头取不同的形状，可在"第二个"下拉列表框中设定。

如果在列表框中选择了"用户箭头"选项，则打开如图 6-32 所示的"选择自定义箭头块"对话框，可以事先把自定义的箭头存成一个图块，在此对话框中输入该图块名即可。

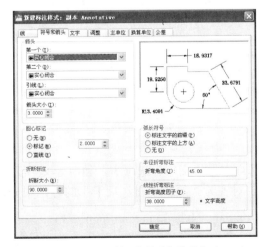

图 6-31　"符号和箭头"选项卡

图 6-32　"选择自定义箭头块"对话框

（2）"第二个"下拉列表框：用于设置第二个尺寸箭头的形式，可与第一个箭头形式不同。

（3）"引线"下拉列表框：确定引线箭头的形式，与"第一个"设置类似。

（4）"箭头大小"微调框：用于设置尺寸箭头的大小。

2. "圆心标记"选项组

用于设置半径标注、直径标注和中心标注中的中心标记和中心线形式。其中各选项的含义如下。

（1）"无"单选钮：选择该单选钮，既不产生中心标记，也不产生中心线。

（2）"标记"单选钮：选择该单选钮，中心标记为一个点记号。

（3）"直线"单选钮：选择该单选钮，中心标记采用中心线的形式。

（4）"大小"微调框：用于设置中心标记和中心线的大小和粗细。

3. "折断标注"选项组

用于控制折断标注的间距宽度。

4. "弧长符号"选项组

用于控制弧长标注中圆弧符号的显示，对其中的 3 个单选钮含义介绍如下。

（1）"标注文字的前缀"单选钮：选择该单选钮，将弧长符号放在标注文字的左侧，如图 6-33（a）所示。

（2）"标注文字的上方"单选钮：选择该单选钮，将弧长符号放在标注文字的上方，如图 6-33（b）所示。

（3）"无"单选钮：选择该单选钮，不显示弧长符号，如图 6-33（c）所示。

5. "半径折弯标注"选项组

用于控制折弯（Z 字形）半径标注的显示。折弯半径标注通常在中心点位于页面外部时创建。在"折弯角度"文本框中可以输入连接半径标注的尺寸延伸线和尺寸线的横向直线角度，如图 6-34 所示。

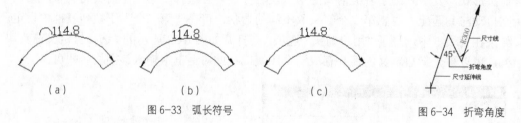

<table>
<tr><td>（a）</td><td>（b）</td><td>（c）</td><td></td></tr>
<tr><td colspan="3" align="center">图 6-33　弧长符号</td><td align="center">图 6-34　折弯角度</td></tr>
</table>

6. "线性折弯标注"选项组

用于控制折弯线性标注的显示。当标注不能精确表示实际尺寸时，常将折弯线添加到线性标注中。通常，实际尺寸比所需值小。

6.2.4　文字

在"新建标注样式"对话框中，第 3 个选项卡是"文字"选项卡，如图 6-35 所示。该选项卡用于设置尺寸文本文字的形式、布置、对齐方式等。现对选项卡中的各选项分别说明如下。

1. "文字外观"选项组

（1）"文字样式"下拉列表框：用于选择当前尺寸文本采用的文字样式。单击此下拉列表框，可以从中选择一种文字样式，也可单击右侧的▭按钮，打开"文字样式"对话框，以创建新的文字样式或对文字样式进行修改。

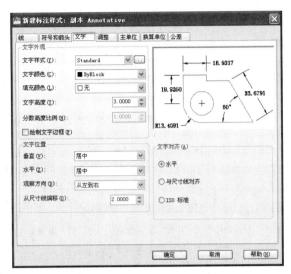

图 6-35　"文字"选项卡

（2）"文字颜色"下拉列表框：用于设置尺寸文本的颜色，其操作方法与设置尺寸线颜色的方法相同。

（3）"填充颜色"下拉列表框：用于设置标注中文字背景的颜色。如果选择"选择颜色"选项，系统打开"选择颜色"对话框，可以从 255 种 AutoCAD 索引（ACI）颜色、真彩色和配色系统颜色中选择颜色。

（4）"文字高度"微调框：用于设置尺寸文本的字高。如果选用的文本样式中已设置了具体的字高（不是 0），则此处的设置无效；如果文本样式中设置的字高为 0，才以此处设置为准。

（5）"分数高度比例"微调框：用于确定尺寸文本的比例系数。

（6）"绘制文字边框"复选框：勾选此复选框，AutoCAD 在尺寸文本的周围加上边框。

2．"文字位置"选项组

（1）"垂直"下拉列表框：用于确定尺寸文本相对于尺寸线在垂直方向的对齐方式。单击此下拉列表框，可从中选择的对齐方式有以下 5 种。

① 居中：将尺寸文本放在尺寸线的中间。

② 上：将尺寸文本放在尺寸线的上方。

③ 外部：将尺寸文本放在远离第一条尺寸延伸线起点的位置，即和所标注的对象分列于尺寸线的两侧。

④ 下：将尺寸文本放在尺寸线的下方。

⑤ JIS：使尺寸文本的放置符合 JIS（日本工业标准）规则。

其中 4 种文本布置方式效果如图 6-36 所示。

（2）"水平"下拉列表框：用于确定尺寸文本相对于尺寸线和尺寸延伸线在水平方向的对齐方式。单击此下拉列表框，可从中选择的对齐方式有 5 种：居中、第一条延伸线、第二条延伸线、第一条延伸线上方和第二条延伸线上方，如图 6-37 所示。

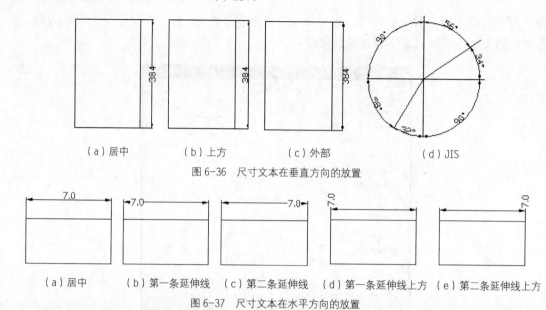

（a）居中　　　　　（b）上方　　　　　（c）外部　　　　　　（d）JIS

图 6-36　尺寸文本在垂直方向的放置

（a）居中　　（b）第一条延伸线　（c）第二条延伸线　（d）第一条延伸线上方　（e）第二条延伸线上方

图 6-37　尺寸文本在水平方向的放置

（3）"观察方向"下拉列表框：用于控制标注文字的观察方向（可用 DIMTXTDIRECTION 系统变量设置）。"观察方向"包括以下两项选项。

①从左到右：按从左到右阅读的方式放置文字。

②从右到左：按从右到左阅读的方式放置文字。

（4）"从尺寸线偏移"微调框：当尺寸文本放在断开的尺寸线中间时，此微调框用来设置尺寸文本与尺寸线之间的距离。

3．"文字对齐"选项组

用于控制尺寸文本的排列方向。

（1）"水平"单选钮：选择该单选钮，尺寸文本沿水平方向放置。不论标注什么方向的尺寸，尺寸文本总保持水平。

（2）"与尺寸线对齐"单选钮：选择该单选钮，尺寸文本沿尺寸线方向放置。

（3）"ISO 标准"单选钮：选择该单选钮，当尺寸文本在尺寸延伸线之间时，沿尺寸线方向放置；在尺寸延伸线之外时，沿水平方向放置。

6.3　标注尺寸

正确地进行尺寸标注是设计绘图工作中非常重要的一个环节，AutoCAD 2010 提供了方便快捷的尺寸标注方法，可通过执行命令实现，也可利用菜单或工具按钮实现。本节重点介绍如何对各种类型的尺寸进行标注。

6.3.1　长度型尺寸标注

【执行方式】

命令行：DIMLINEAR（缩写名：DIMLIN，快捷命令：DLI）。

菜单栏：选择菜单栏中的"标注"→"线性"命令。

工具栏：单击"标注"工具栏中的"线性"按钮 ┠┨。

【操作步骤】

命令行提示与操作如下：

```
命令: DIMLIN
指定第一条延伸线原点或 <选择对象>:
```

（1）直接按<Enter>键。光标变为拾取框，并在命令行提示如下：

```
选择标注对象: 用拾取框选择要标注尺寸的线段
指定尺寸线位置或[多行文字(M)/文字(T)/角度(A)/水平(H)/垂直(V)/旋转(R)]:
```

（2）选择对象。指定第一条与第二条尺寸延伸线的起始点。

【选项说明】

（1）指定尺寸线位置：用于确定尺寸线的位置。用户可移动鼠标选择合适的尺寸线位置，然后按<Enter>键或单击，AutoCAD 则自动测量要标注线段的长度并标注出相应的尺寸。

（2）多行文字（M）：用多行文本编辑器确定尺寸文本。

（3）文字（T）：用于在命令行提示下输入或编辑尺寸文本。选择此选项后，命令行提示如下：

```
输入标注文字 <默认值>:
```

其中的默认值是 AutoCAD 自动测量得到的被标注线段的长度，直接按<Enter>键即可采用此长度值，也可输入其他数值代替默认值。当尺寸文本中包含默认值时，可使用尖括号"<>"表示默认值。

（4）角度（A）：用于确定尺寸文本的倾斜角度。

（5）水平（H）：水平标注尺寸，不论标注什么方向的线段，尺寸线总保持水平放置。

（6）垂直（V）：垂直标注尺寸，不论标注什么方向的线段，尺寸线总保持垂直放置。

（7）旋转（R）：输入尺寸线旋转的角度值，旋转标注尺寸。

 技巧荟萃

线性标注有水平、垂直或对齐放置。使用对齐标注时，尺寸线将平行于两尺寸延伸线原点之间的直线（想象或实际）。基线（或平行）和连续（或链）标注是一系列基于线性标注的连续标注，连续标注是首尾相连的多个标注。在创建基线或连续标注之前，必须创建线性、对齐或角度标注。可从当前任务最近创建的标注中以增量方式创建基线标注。

6.3.2 对齐标注

【执行方式】

命令行：DIMALIGNED（快捷命令：DAL）。

菜单栏：选择菜单栏中的"标注"→"对齐"命令。

工具栏：单击"标注"工具栏中的"对齐"按钮。

【操作步骤】

命令行提示与操作如下：

```
命令: DIMALIGNED
指定第一条尺寸延伸线原点或 <选择对象>:
```

这种命令标注的尺寸线与所标注轮廓线平行，标注起始点到终点之间的距离尺寸。

6.3.3 基线标注

基线标注用于产生一系列基于同一尺寸延伸线的尺寸标注，适用于长度尺寸、角度和坐标标注。在使用基线标注方式之前，应该先标注出一个相关的尺寸作为基线标准。

【执行方式】

命令行：DIMBASELINE（快捷命令：DBA）。

菜单栏：选择菜单栏中的"标注"→"基线"命令。

工具栏：单击"标注"工具栏中的"基线"按钮 ⊨。

【操作步骤】

命令行提示与操作如下：

```
命令：DIMBASELINE
指定第二条尺寸延伸线原点或 [放弃(U)/选择(S)] <选择>：
```

【选项说明】

（1）指定第二条尺寸延伸线原点：直接确定另一个尺寸的第二条尺寸延伸线的起点，AutoCAD 以上次标注的尺寸为基准标注，标注出相应尺寸。

（2）选择（S）：在上述提示下直接按<Enter>键，命令行提示如下：

```
选择基准标注：选择作为基准的尺寸标注
```

6.3.4 连续标注

连续标注又叫尺寸链标注，用于产生一系列连续的尺寸标注，后一个尺寸标注均把前一个标注的第二条尺寸延伸线作为它的第一条尺寸延伸线，适用于长度型尺寸、角度型和坐标标注。在使用连续标注方式之前，应该先标注出一个相关的尺寸。

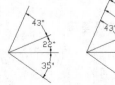

【执行方式】

命令行：DIMCONTINUE（快捷命令：DCO）。

菜单栏：选择菜单栏中的"标注"→"连续"命令。

工具栏：单击"标注"工具栏中的"连续"按钮 ⊦⊦⊦。

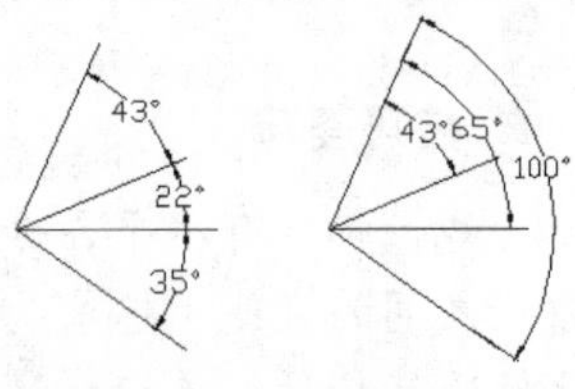

图 6-38 连续型和基线型角度标注

【操作步骤】

命令行提示与操作如下：

```
命令：DIMCONTINUE
选择连续标注：
指定第二条尺寸延伸线原点或 [放弃(U)/选择(S)] <选择>：
```

此提示下的各选项与基线标注中完全相同，此处不再赘述。

技巧荟萃

AutoCAD 允许用户利用基线标注方式和连续标注方式进行角度标注，如图 6-38 所示。

6.3.5　实例——电杆安装三视图

本实例绘制的电杆安装三视图，如图 6-39 所示。首先根据三视图中各部件的位置确定图纸布局，得到各个视图的轮廓线；然后绘制出图中出现较多的针式绝缘子，将其保存为块；再分别绘制主视图、俯视图和左视图的细节部分，最后进行标注。

图中各部件的名称如下：

1——电杆	2——U 形抱箍	3——M 形抱铁	4——杆顶支座抱箍
5——横担	6——针式绝缘子	7——拉线	

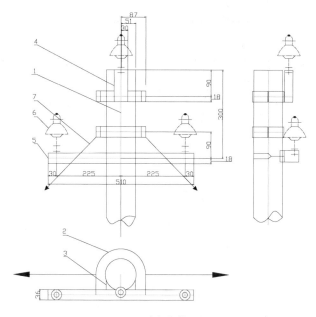

图 6-39　电杆安装三视图

操作步骤

光盘\动画演示\第 6 章\绘制电杆安装三视图.avi

1. 设置绘图环境

（1）新建文件。启动 AutoCAD 2010 应用程序，选择"A3.dwt"图形样板文件为模板，将新文件命名为"电杆安装三视图.dwg"并保存。

（2）设置缩放比例。选择菜单栏中的"格式"→"比例缩放列表"命令，弹出"编辑比例列表"对话框，如图 6-40 所示。在"比例列表"列表框中选择"1∶4"选项，单击"确定"按钮，将图纸比例放大 4 倍。

（3）设置图形界限。选择菜单栏中的"格式"→"图形界限"命令，设置图形界限的左下角点坐标为（0，0），右上角点坐标为（1700，1400）。

（4）设置图层。选择菜单栏中的"格式"→"图层"命令，设置"轮廓线层"、"中心线层"、"实体符号层"和"连接导线层"4 个图层，各图层的颜色、线型如图 6-41 所示。

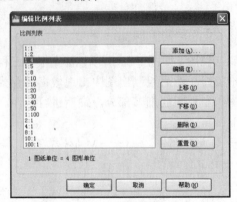

图 6-40 "编辑比例列表"对话框

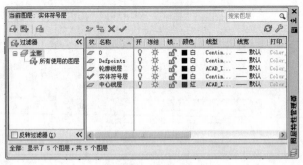

图 6-41 图层设置

2. 图纸布局

（1）绘制水平直线。将"轮廓线层"设置为当前图层，单击"绘图"工具栏中的"构造线"按钮 或快捷命令 XL，单击状态栏中的"正交模式"按钮 ，绘制一条横贯整个图纸的水平直线 1，并通过点（200，1400）。

（2）偏移水平直线。单击"修改"工具栏中的"偏移"按钮 或快捷命令 O，将直线 1 依次向下偏移 120、30、30、140、30、30、90、30、30、625、85、30 和 30，绘制 13 条水平直线，结果如图 6-42 所示。

图 6-42 偏移水平直线

（3）绘制竖直直线。单击"绘图"工具栏中的"直线"按钮 或快捷命令 L，绘制竖直直线 2{（100，1300），（1785，1300）}。

（4）偏移竖直直线。单击"修改"工具栏中的"偏移"按钮 或快捷命令 O，将直线 2 依次向右偏移 50、230、60、85、85、60、230、50、350、85、85、60 和 355，绘制 13 条竖直直线，结果如图 6-43 所示。

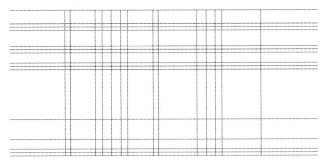

图 6-43 偏移竖直直线

（5）修剪直线。单击"修改"工具栏中的"修剪"按钮 ✚ 或快捷命令 TR，修剪掉多余直线，得到图纸布局，如图 6-44 所示。

（6）绘制三视图布局。单击"修改"工具栏中的"修剪"按钮 ✚ 或快捷命令 TR，将图 6-44 修剪为图 6-45 所示的 3 个区域，每个区域对应一个视图位置。

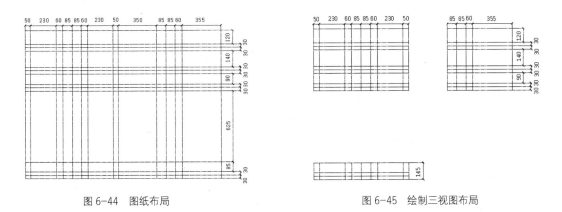

图 6-44 图纸布局   图 6-45 绘制三视图布局

3．绘制主视图

（1）修剪主视图。单击"修改"工具栏中的"修剪"按钮 ✚ 或快捷命令 TR，将图 6-45 中的主视图图形修剪为如图 6-46 所示的图形，得到主视图的轮廓线。

（2）修改图形的图层属性。选择图 6-46 中的矩形 1 和矩形 2，单击"图层"工具栏中的 ✔ 下拉按钮，选择"实体符号层"选项，将其图层属性设置为实体层。

注意

在 AutoCAD 2010 中，更改图层属性的另一种方法是：在图形对象上右击，在弹出的快捷菜单中单击"特性"命令，在弹出的"特性"对话框中更改其图层属性。

（3）绘制抱箍固定条。单击"修改"工具栏中的"偏移"按钮 ▣ 或快捷命令 O，选择矩形 1 的左竖直边，向右偏移 105，选择矩形 1 的右竖直边，向左偏移 105。

（4）拉长顶杆。选择菜单栏中的"修改"→"拉长"命令或快捷命令 LEN，将偏移得到的两条竖直直线向上拉长 120，将其端点落在顶杆的顶边上。重复"拉长"命令，选择顶杆的两条竖直边，分别向下拉长 300，结果如图 6-47 所示。

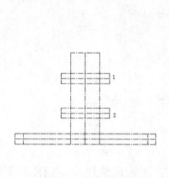

图 6-46　修剪主视图

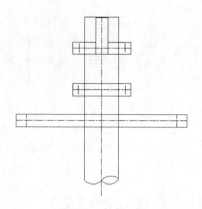

图 6-47　拉长顶杆

（5）插入绝缘子图块。选择菜单栏中的"插入"→"块"命令或快捷命令 I，弹出"插入"对话框，如图 6-48 所示。单击"浏览"按钮，选择"绝缘子"图块作为插入块，插入点选择"在屏幕上指定"，缩放"比例"选择"统一比例"，设置"旋转"角度为 0。单击"确定"按钮，在绘图区选择添加绝缘子的位置，将图块插入到视图中。

4．绘制拉线

（1）绘制斜线。单击"绘图"工具栏中的"直线"按钮✎或快捷命令 L，开启"极轴追踪"和"对象捕捉"模式，捕捉中间矩形的左下交点作为直线的起点，绘制一条长度为 400，与竖直方向成 135°角的斜线作为拉线。

（2）绘制箭头。绘制一个小三角形，并用"SOLID"图案进行填充。

（3）修剪拉线。单击"修改"工具栏中的"修剪"按钮✄或快捷命令 TR，修剪拉线。

（4）镜像拉线。单击"修改"工具栏中的"镜像"按钮△或快捷命令 MI，选择拉线作为镜像对象，以中心线为镜像线，进行镜像操作，得到右半部分的拉线。图 6-49 所示为绘制完成的主视图。

图 6-48　"插入"对话框

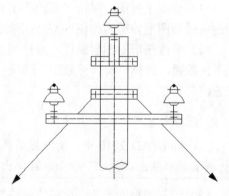

图 6-49　绘制完成的主视图

5．绘制俯视图

（1）修剪俯视图轮廓线。单击"修改"工具栏中的"修剪"按钮✄或快捷命令 TR，将图 6-45 中的俯视图图线修剪为图 6-50 所示的图形，得到俯视图的轮廓线。

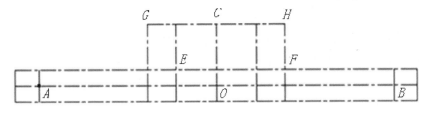

图 6-50 修剪俯视图轮廓线

（2）修改图形的图层属性。选择图 6-50 中的所有边界线，单击"图层"工具栏中的 ∨ 下拉按钮，选择"实体符号层"选项，将其图层属性设置为实体层。

（3）绘制同心圆。单击"绘图"工具栏中的"圆"按钮 ⊙ 或快捷命令 C，在"对象捕捉"模式下，捕捉图 6-50 中的 A 点为圆心，分别绘制半径为 15 和 30 的同心圆。单击"修改"工具栏中的"复制"按钮 ⊕ 或快捷命令 CO，将绘制的同心圆向 B 点和 O 点复制，单击"修改"工具栏中的"移动"按钮 ⊕ 或快捷命令 M，将复制到 O 点的同心圆适当向上移动。

（4）绘制同心圆。单击"绘图"工具栏中的"圆"按钮 ⊙ 或快捷命令 C，在"对象捕捉"模式下，捕捉 C 点为圆心，分别绘制半径为 90 和 145 的同心圆。

（5）绘制直线。单击"绘图"工具栏中的"直线"按钮 ✏ 或快捷命令 L，以图 6-50 中的E、F 点为起点，绘制两条与 R90 圆相交的直线。

（6）绘制拉线与箭头。单击"绘图"工具栏中的"多段线"按钮 ⤵ 或快捷命令 PL，绘制拉线与箭头，其命令行中的提示与操作如下：

```
命令：_pline
指定起点：（捕捉图 6-51 中的 G 点）
当前线宽为 0.0000
指定下一个点或 [圆弧(A)/半宽(H)/长度(L)/放弃(U)/宽度(W)]：（在 G 点左侧适当位置选取一点）
指定下一点或 [圆弧(A)/闭合(C)/半宽(H)/长度(L)/放弃(U)/宽度(W)]：W
指定起点宽度 <0.0000>：30↙
指定端点宽度 <30.0000>：0↙
指定下一点或 [圆弧(A)/闭合(C)/半宽(H)/长度(L)/放弃(U)/宽度(W)]：（在左侧适当位置单击，确定箭头的大小）
指定下一点或 [圆弧(A)/闭合(C)/半宽(H)/长度(L)/放弃(U)/宽度(W)]：↙
```

（7）单击"修改"工具栏中的"镜像"按钮 ⚏ 或快捷命令 MI，选择绘制的拉线及箭头为镜像对象，以竖直中心线为镜像线，在 H 点处镜像一个同样的拉线和箭头。单击"修改"工具栏中的"修剪"按钮 ✂ 或快捷命令 TR，修剪图中多余的直线与圆弧，得到如图 6-51 所示的俯视图图形。

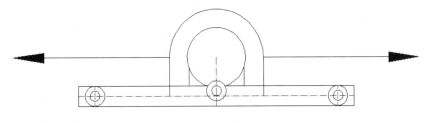

图 6-51 俯视图

6. 绘制左视图

（1）修剪左视图轮廓线。单击"修改"工具栏中的"修剪"按钮┷或快捷命令 TR，将图 6-45 中的左视图图线修剪为图 6-52 所示的图形，得到左视图的轮廓线。

（2）绘制电杆。选择菜单栏中的"修改"→"拉长"命令或快捷命令 LEN，选择直线 1 和直线 2，分别向下拉长 300，形成电杆轮廓线。

（3）绘制电杆底端。单击"绘图"工具栏中的"圆弧"按钮┏或快捷命令 A，选择电杆的两个下端点作为圆弧的起点和终点，绘制半径为 5 的圆弧 a；采用同样的方法，分别绘制圆弧 b 和圆弧 c，构成电杆的底端。

（4）绘制矩形。单击"绘图"工具栏中的"矩形"按钮□或快捷命令 REC，绘制一个长为 5.5、宽为 3.5 的矩形，并利用"WBLOCK"命令保存为块。

（5）插入矩形块。选择菜单栏中的"插入"→"块"命令或快捷命令 I，将"矩形块"分别插入到图形中的适当位置，如图 6-53 所示。

（6）单击"绘图"工具栏中的"插入块"按钮□或快捷命令 I，插入绝缘子图块。

（7）绘制拉线和箭头，得到如图 6-54 所示的左视图。

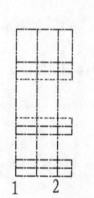

图 6-52　修剪左视图轮廓线

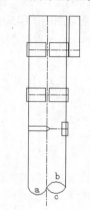

图 6-53　插入矩形块

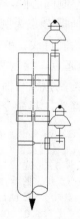

图 6-54　左视图

7. 标注尺寸及注释文字

（1）设置标注样式。选择菜单栏中的"格式"→"标注样式"命令，弹出"标注样式管理器"对话框，如图 6-55 所示。单击"新建"按钮，弹出"创建新标注样式"对话框，如图 6-56 所示，设置新样式名称为"变电站断面图标注样式"，选择基础样式为"ISO-25"，用于"所有标注"。

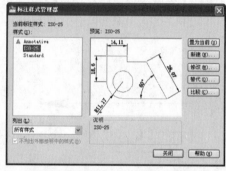

图 6-55　"标注样式管理器"对话框

图 6-56　"创建新标注样式"对话框

（2）单击"继续"按钮，打开"新建标注样式"对话框。其中有 6 个选项卡，可对新建的"变电站断面图标注样式"的标注样式进行设置。"线"选项卡的设置如图 6-57 所示，设置"基线间距"为 13、"超出尺寸线"为 2.5。在"符号和箭头"选项卡中设置"箭头大小"为 5。

（3）"文字"选项卡中的设置如图 6-58 所示，设置"文字高度"为 7，"从尺寸线偏移"距离为 0.5，选择"文字对齐"方式为"ISO 标准"。

（4）"调整"选项卡的设置如图 6-59 所示，在"文字位置"选项组中选择"尺寸线上方，带引线"单选钮。

（5）"主单位"选项卡的设置如图 6-60 所示，设置"舍入"为 0，选择"小数分隔符"为"句点"。

（6）"换算单位"和"公差"选项卡不进行设置，单击"确定"按钮，返回"标注样式管理器"对话框；单击"置为当前"按钮，将新建的"变电站断面图标注样式"设置为当前使用的标注样式。

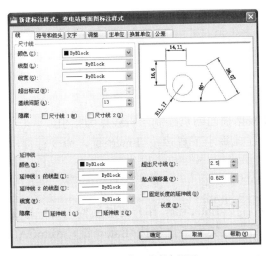

图 6-57　"线"选项卡设置

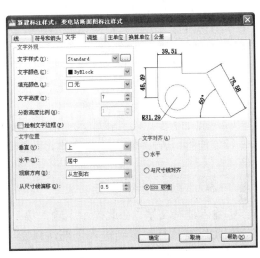

图 6-58　"文字"选项卡设置

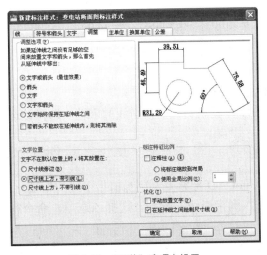

图 6-59　"调整"选项卡设置

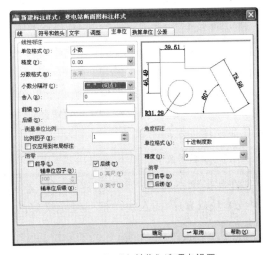

图 6-60　"主单位"选项卡设置

（7）连续标注。单击"标注"工具栏中的"线性标注"按钮┠┨，标注水平尺寸和竖直尺寸，最终结果如图 6-39 所示。

6.4 引线标注

AutoCAD 提供了引线标注功能，利用该功能不仅可以标注特定的尺寸，如圆角、倒角等，还可以实现在图中添加多行旁注、说明。

利用 LEADER 命令可以创建灵活多样的引线标注形式，可根据需要把指引线设置为折线或曲线。指引线可带箭头，也可不带箭头。注释文本可以是多行文本，也可以是形位公差，可以从图形其他部位复制，也可以是一个图块。

【执行方式】

命令行：LEADER（快捷命令：LEAD）。

【操作步骤】

命令行提示与操作如下：

```
命令：LEADER
指定引线起点：输入指引线的起始点
指定下一点：输入指引线的另一点
指定下一点或 [注释(A)/格式(F)/放弃(U)] <注释>：
```

【选项说明】

（1）指定下一点：直接输入一点，AutoCAD 根据前面的点绘制出折线作为指引线。

（2）注释（A）：输入注释文本，为默认项。在此提示下直接按<Enter>键，命令行提示如下：

```
输入注释文字的第一行或 <选项>：
```

①输入注释文字。在此提示下输入第一行文字后按<Enter>键，用户可继续输入第二行文字，如此反复执行，直到输入全部注释文字，然后在此提示下直接按<Enter>键，AutoCAD 会在指引线终端标注出所输入的多行文本文字，并结束 LEADER 命令。

②直接按<Enter>键。如果在上面的提示下直接按<Enter>键，命令行提示如下：

```
输入注释选项 [公差(T)/副本(C)/块(B)/无(N)/多行文字(M)] <多行文字>：
```

在此提示下选择一个注释选项或直接按<Enter>键默认选择"多行文字"选项，其他各选项的含义如下。

a）公差（T）：标注形位公差。形位公差的标注见 9.4 节。

b）副本（C）：把已利用 LEADER 命令创建的注释复制到当前指引线的末端。选择该选项，命令行提示如下：

```
选择要复制的对象：
```

在此提示下选择一个已创建的注释文本，则 AutoCAD 把它复制到当前指引线的末端。

c）块（B）：插入块，把已经定义好的图块插入到指引线的末端。选择该选项，命令行提示如下：

```
输入块名或 [?]：
```

在此提示下输入一个已定义好的图块名，AutoCAD 把该图块插入到指引线的末端；或输入"？"列出当前已有图块，用户可从中选择。

　　d）无（N）：不进行注释，没有注释文本。

　　e）多行文字（M）：用多行文本编辑器标注注释文本，并定制文本格式，为默认选项。

　　（3）格式（F）：确定指引线的形式。选择该选项，命令行提示如下：

> 输入引线格式选项 [样条曲线(S)/直线(ST)/箭头(A)/无(N)] <退出>:

选择指引线形式，或直接按<Enter>键返回上一级提示。

　　① 样条曲线（S）：设置指引线为样条曲线。

　　② 直线（ST）：设置指引线为折线。

　　③ 箭头（A）：在指引线的起始位置画箭头。

　　④ 无（N）：在指引线的起始位置不画箭头。

　　⑤ 退出：此项为默认选项，选择该选项退出"格式（F）"选项，返回"指定下一点或[注释（A）/格式（F）/放弃（U）]<注释>"提示，并且指引线形式按默认方式设置。

6.5　上机实验

【实验 1】绘制如图 6-61 所示的某厂用 35kV 变电站避雷针。

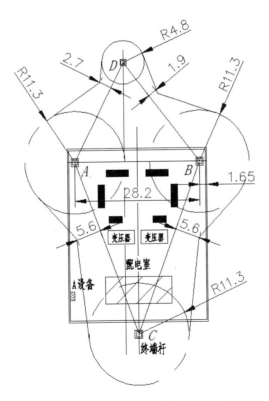

图 6-61　某厂用 35kV 变电站避雷针

操作提示：

（1）绘制矩形边框。

（2）绘制终端杆并连接。

（3）以各终端杆中心为圆心绘制圆，并绘制各圆切线。

（4）绘制各变压器、配电室。

（5）设置标注样式，标注尺寸。

（6）添加文字。

【实验 2】绘制如图 6-62 所示的 A3 幅面标题栏。

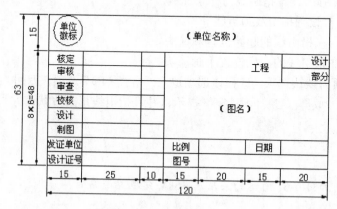

图 6-62　A3 幅面的标题栏

操作提示：

（1）设置表格样式。

（2）插入空表格，并调整列宽。

（3）输入文字和数据。

思考与练习

1. 在标注样式对话框的调整选项卡中将"使用全局比例"值增大，将（　　）。

　（A）使标注的测量值增大　　　　　　（B）使所有标注样式设置增大

　（C）使尺寸文字增大　　　　　　　　（D）使标注的箭头增大

2. 所有尺寸标注共用一条尺寸界线的是（　　）。

　（A）引线标注　　　（B）连续标注　　　（C）基线标注　　　（D）对其标注

3. 表格原始单元样式不包括（　　）。

　（A）标题　　　　　（B）表头　　　　　（C）单元　　　　　（D）数据

4. 不可以以（　　）方式插入表格。

　（A）从空表格开始　　　　　　　　　（B）自数据链接

　（C）自图形中的对象数据　　　　　　（D）已有表格

5. 在 AutoCAD 中尺寸标注的类型有哪些？

6. 什么是标注样式？简述标注样式的作用。

7. 如何设置尺寸线的间距、尺寸界线的超出量和尺寸文本的方向？

8. 编辑尺寸标注主要有哪些方法？

9. 绘制如图 6-63 所示的局部电气图。

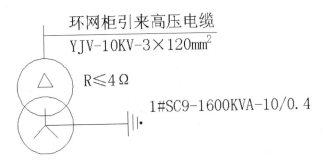

图 6-63　局部电气图

10. 绘制如图 6-64 所示的电气元件表。

配电柜编号		1P1	1P2	1P3	1P4	1P5
配电柜型号		GCK	GCK	GCJ	GCJ	GCK
配电柜柜宽		1000	1800	1000	1000	1000
配电柜用途		计量进线	干式稳压器	电容补偿柜	电容补偿柜	馈电柜
主要元件	隔离开关			QSA-630/3	QSA-630/3	
	断路器	AE-3200A/4P	AE-3200A/3P	CJ20-63/3	CJ20-63/3	AE-1600AX2
	电流互感器	3×LMZ2-0.66-2500/5 4×LMZ2-0.66-3000/5	3×LMZ2-0.66-3000/5	3×LMZ2-0.66-500/5	3×LMZ2-0.66-500/5	6×LMZ2-0.66-1500/5
	仪表规格	DTF-224 1块　组L2-A×3 DXF-226 2块　组L2-V×1	6L2-A×3	6L2-A×3 6L2-COSΦ	6L2-A×3	6L2-A
负荷名称/容量		SC9-1600KVA	1600KVA	12X30=360KVAR	12X30=360KVAR	
母线及进出线电缆		母线槽FCM-A-3150A		配十二步自动投切	与主柜联动	

图 6-64　文本

- 学习目标

　　在设计绘图过程中经常会遇到一些重复出现的图形，如果每次都重新绘制这些图形，不仅造成大量的重复工作，而且存储这些图形及其信息也要占据很大的磁盘空间。图块提出了模块化作图的问题，这样不仅避免了大量的重复工作，提高了绘图速度，而且可以大大节省磁盘空间。本章主要介绍图块及其属性知识。

- 学习要点

➤ 学习图块的属性
➤ 了解 AutoCAD 设计中心
➤ 熟练掌握工具选项板

7.1　图块操作

　　图块也称块，它是由一组图形对象组成的集合。一组对象一旦被定义为图块，它们将成为一个整体，选中图块中任意一个图形对象即可选中构成图块的所有对象。AutoCAD 把一个图块作为一个对象进行编辑、修改等操作，用户可根据绘图需要把图块插入到图中指定的位置，在插入时还可以指定不同的缩放比例和旋转角度。如果需要对组成图块的单个图形对象进行修改，还可以利用"分解"命令把图块炸开，分解成若干个对象。图块还可以重新定义，一旦被重新定义，整个图中基于该块的对象都将随之改变。

7.1.1　定义图块

【执行方式】
命令行：BLOCK（快捷命令：B）。
菜单栏：选择菜单栏中的"绘图"→"块"→"创建"命令。
工具栏：单击"绘图"工具栏中的"创建块"按钮。
　　执行上述操作后，系统打开如图 7-1 所示的"块定义"对话框，利用该对话框可定义图块并为之命名。
【选项说明】
　　(1)"基点"选项组：确定图块的基点，默认值是（0,0,0），也可以在下面的 X、Y、Z

文本框中输入块的基点坐标值。单击"拾取点"按钮，系统临时切换到绘图区，在绘图区选择一点后，返回"块定义"对话框中，把选择的点作为图块的放置基点。

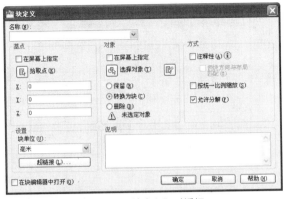

图 7-1 "块定义"对话框

（2）"对象"选项组：用于选择制作图块的对象，以及设置图块对象的相关属性。如图7-2 所示，把图（a）中的正五边形定义为图块，图（b）为选择"删除"单选钮的结果，图（c）为选择"保留"单选钮的结果。

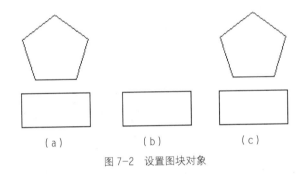

（a） （b） （c）

图 7-2 设置图块对象

（3）"设置"选项组：指定从 AutoCAD 设计中心拖动图块时用于测量图块的单位，以及缩放、分解、超链接等设置。

（4）"在块编辑器中打开"复选框：勾选此复选框，可以在块编辑器中定义动态块，后面将详细介绍。

（5）"方式"选项组：指定块的行为。"注释性"复选框，指定在图纸空间中块参照的方向与布局方向匹配；"按统一比例缩放"复选框，指定是否阻止块参照不按统一比例缩放；"允许分解"复选框，指定块参照是否可以被分解。

7.1.2 图块的存盘

利用 BLOCK 命令定义的图块保存在其所属的图形当中，该图块只能在该图形中插入，而不能插入到其他的图形中。但是有些图块在许多图形中要经常用到，这时可以用WBLOCK 命令把图块以图形文件的形式（后缀为.dwg）写入磁盘。图形文件可以在任意图形中用 INSERT 命令插入。

【执行方式】

命令行：WBLOCK（快捷命令：W）。

执行上述命令后，系统打开"写块"对话框，如图 7-3 所示，利用此对话框可把图形对象保存为图形文件或把图块转换成图形文件。

图 7-3 "写块"对话框

【选项说明】

（1）"源"选项组：确定要保存为图形文件的图块或图形对象。选择"块"单选钮，单击右侧的下拉列表框，在其展开的列表中选择一个图块，将其保存为图形文件；选择"整个图形"单选钮，则把当前的整个图形保存为图形文件；选择"对象"单选钮，则把不属于图块的图形对象保存为图形文件。对象的选择通过"对象"选项组来完成。

（2）"目标"选项组：用于指定图形文件的名称、保存路径和插入单位。

7.1.3 图块的插入

在 AutoCAD 绘图过程中，可根据需要随时把已经定义好的图块或图形文件插入到当前图形的任意位置，在插入的同时还可以改变图块的大小、旋转一定角度或把图块炸开等。插入图块的方法有多种，本节将逐一进行介绍。

【执行方式】

命令行：INSERT（快捷命令：I）。

菜单栏：选择菜单栏中的"插入"→"块"命令。

工具栏：单击"插入点"工具栏中的"插入块"按钮或"绘图"工具栏中的"插入块"按钮。

执行上述操作后，系统打开"插入"对话框，如图 7-4 所示，可以指定要插入的图块及插入位置。

【选项说明】

（1）"路径"显示框：显示图块的保存路径。

（2）"插入点"选项组：指定插入点，插入图块时该点与图块的基点重合。可以在绘图区指定该点，也可以在下面的文本框中输入坐标值。

（3）"比例"选项组：确定插入图块时的缩放比例。图块被插入到当前图形中时，可以以任意比例放大或缩小。如图 7-5 所示，图（a）是被插入的图块；图（b）为按比例系数 1.5

插入该图块的结果；图（c）为按比例系数 0.5 插入的结果，x 轴方向和 y 轴方向的比例系数也可以取不同；如图（d）所示，插入的图块 x 轴方向的比例系数为 1.5，y 轴方向的比例系数为 1。另外，比例系数还可以是一个负数，当为负数时表示插入图块的镜像，其效果如图 7-6 所示。

图 7-4 "插入"对话框

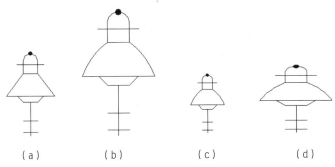

图 7-5 取不同比例系数插入图块的效果

x 比例=1，y 比例=1　　　x 比例= -1，y 比例=1　　　x 比例=1，y 比例= -1　　　x 比例= -1，y 比例= -1

图 7-6 取比例系数为负值插入图块的效果

（4）"旋转"选项组：指定插入图块时的旋转角度。图块被插入到当前图形中时，可以绕其基点旋转一定的角度，角度可以是正数（表示沿逆时针方向旋转），也可以是负数（表示沿顺时针方向旋转）。如图 7-7（a）所示，图（b）为图块旋转 30°后插入的效果，图（c）为图块旋转-30°后插入的效果。

如果勾选"在屏幕上指定"复选框，系统切换到绘图区，在绘图区选择一点，AutoCAD 自动测量插入点与该点连线和 x 轴正方向之间的夹角，并把它作为块的旋转角。也可以在"角度"文本框中直接输入插入图块时的旋转角度。

（5）"分解"复选框：勾选此复选框，则在插入块的同时把其炸开，插入到图形中的组成块对象不再是一个整体，可对每个对象单独进行编辑操作。

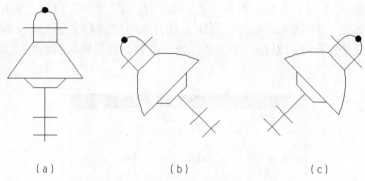

（a） （b） （c）

图 7-7　以不同旋转角度插入图块的效果

7.1.4　动态块

动态块具有灵活性和智能性的特点。用户在操作时可以轻松地更改图形中的动态块参照，通过自定义夹点或自定义特性来操作动态块参照中的几何图形，使用户可以根据需要在位调整块，而不用搜索另一个块以插入或重定义现有的块。

如果在图形中插入一个门块参照，编辑图形时可能需要更改门的大小。如果该块是动态的，并且定义为可调整大小，那么只需拖动自定义夹点或在"特性"选项板中指定不同的大小就可以修改门的大小，如图 7-8 所示。用户可能还需要修改门的打开角度，如图 7-9 所示。该门块还可能会包含对齐夹点，使用对齐夹点可以轻松地将门块参照与图形中的其他几何图形对齐，如图 7-10 所示。

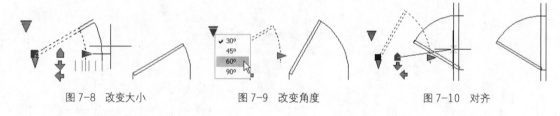

图 7-8　改变大小　　　　　　图 7-9　改变角度　　　　　　图 7-10　对齐

可以使用块编辑器创建动态块。块编辑器是一个专门的编写区域，用于添加能够使块成为动态块的元素。用户可以创建新的块，也可以向现有的块定义中添加动态行为，还可以像在绘图区中一样创建几何图形。

【执行方式】

命令行：BEDIT（快捷命令：BE）。

菜单栏：选择菜单栏中的"工具"→"块编辑器"命令。

工具栏：单击"标准"工具栏中的"块编辑器"按钮 🖳。

快捷菜单：选择一个块参照，在绘图区右击，选择快捷菜单中的"块编辑器"命令。

执行上述操作后，系统打开"编辑块定义"对话框，如图 7-11 所示。在"要创建或编辑的块"文本框中输入图块名或在列表框中选择已定义的块或当前图形。确认后，系统打开块编写选项板和"块编辑器"工具栏，如图 7-12 所示。

【选项说明】

1. 块编写选项板

该选项板有 4 个选项卡，分别介绍如下。

图 7-11 "编辑块定义"对话框

图 7-12 块编辑状态绘图平面

（1）"参数"选项卡：提供用于向块编辑器的动态块定义中添加参数的工具。参数用于指定几何图形在块参照中的位置、距离和角度。将参数添加到动态块定义中时，该参数将定义块的一个或多个自定义特性。此选项卡也可以通过 BPARAMETER 命令打开。

① 点：向当前动态块定义中添加点参数，并定义块参照的自定义 x 和 y 特性。可以将移动或拉伸动作与点参数相关联。

② 线性：向当前动态块定义中添加线性参数，并定义块参照的自定义距离特性。可以将移动、缩放、拉伸或阵列动作与线性参数相关联。

③ 极轴：向当前的动态块定义中添加极轴参数，并定义块参照的自定义距离和角度特性。可以将移动、缩放、拉伸、极轴拉伸或阵列动作与极轴参数相关联。

④ xy：向当前动态块定义中添加 xy 参数，并定义块参照的自定义水平距离和垂直距离特性。可以将移动、缩放、拉伸或阵列动作与 xy 参数相关联。

⑤ 旋转：向当前动态块定义中添加旋转参数，并定义块参照的自定义角度特性。只能将一个旋转动作与一个旋转参数相关联。

⑥ 对齐：向当前的动态块定义中添加对齐参数。因为对齐参数影响整个块，所以不需要（或不可能）将动作与对齐参数相关联。

⑦ 翻转：向当前的动态块定义中添加翻转参数，并定义块参照的自定义翻转特性。翻转参数用于翻转对象。在块编辑器中，翻转参数显示为投影线，可以围绕这条投影线翻转对象。翻转参数将显示一个值，该值显示块参照是否已被翻转。可以将翻转动作与翻转参数相关联。

⑧ 可见性：向动态块定义中添加一个可见性参数，并定义块参照的自定义可见性特性。可见性参数允许用户创建可见性状态并控制对象在块中的可见性。可见性参数总是应用于整个块，并且无须与任何动作相关联。在图形中单击夹点可以显示块参照中所有可见性状态的列表。在块编辑器中，可见性参数显示为带有关联夹点的文字。

⑨ 查寻：向动态块定义中添加一个查寻参数，并定义块参照的自定义查寻特性。查寻参数用于定义自定义特性，用户可以指定或设置该特性，以便从定义的列表或表格中计算出某个值。该参数可以与单个查寻夹点相关联，在块参照中单击该夹点，可以显示可用值的列表。在块编辑器中，查寻参数显示为文字。

⑩ 基点：向动态块定义中添加一个基点参数。基点参数用于定义动态块参照相对于块中几何图形的基点。点参数无法与任何动作相关联，但可以属于某个动作的选择集。在块编辑器中，基点参数显示为带有十字光标的圆。

（2）"动作"选项卡：提供用于向块编辑器的动态块定义中添加动作的工具。动作定义了在图形中操作块参照的自定义特性时，动态块参照的几何图形将如何移动或变化。应将动作与参数相关联。此选项卡也可以通过 BACTIONTOOL 命令打开。

① 移动：在用户将移动动作与点参数、线性参数、极轴参数或 xy 参数关联时，将该动作添加到动态块定义中。移动动作类似于 MOVE 命令。在动态块参照中，移动动作将使对象移动指定的距离和角度。

② 查寻：向动态块定义中添加一个查寻动作。将查寻动作添加到动态块定义中，并将其与查寻参数相关联时，创建一个查寻表。可以使用查寻表指定动态块的自定义特性和值。

其他动作与上述两项类似，此处不再赘述。

（3）"参数集"选项卡：提供用于在块编辑器向动态块定义中添加一个参数和至少一个动作的工具。将参数集添加到动态块中时，动作将自动与参数相关联。将参数集添加到动态块中后，双击黄色警示图标 ![] （或使用 BACTIONSET 命令），然后按照命令行中的提示将动作与几何图形选择集相关联。此选项卡也可以通过 BPARAMETER 命令打开。

① 点移动：向动态块定义中添加一个点参数，系统自动添加与该点参数相关联的移动动作。

② 线性移动：向动态块定义中添加一个线性参数，系统自动添加与该线性参数的端点相关联的移动动作。

③ 可见性集：向动态块定义中添加一个可见性参数并允许定义可见性状态，无须添加与可见性参数相关联的动作。

④ 查寻集：向动态块定义中添加一个查寻参数，系统自动添加与该查寻参数相关联的查寻动作。

其他参数集与上述 4 项类似，此处不再赘述。

（4）"约束"选项卡：可将几何对象关联在一起，或指定固定的位置或角度。

① 水平：使直线或点对位于与当前坐标系 x 轴平行的位置，默认选择类型为对象。

② 竖直：使直线或点对位于与当前坐标系 y 轴平行的位置。

③ 垂直：使选定的直线位于彼此垂直的位置。垂直约束在两个对象之间应用。

④ 平行：使选定的直线位于彼此平行的位置。平行约束在两个对象之间应用。

⑤ 相切：将两条曲线约束为保持彼此相切或其延长线保持彼此相切的状态。相切约束在两个对象之间应用。圆可以与直线相切，即使该圆与该直线不相交。

⑥ 平滑：将样条曲线约束为连续，并与其他样条曲线、直线、圆弧或多段线保持连续性。

⑦ 重合：约束两个点使其重合，或约束一个点使其位于曲线（或曲线的延长线）上。可以使对象上的约束点与某个对象重合，也可以使其与另一对象上的约束点重合。

⑧ 同心：将两个圆弧、圆或椭圆约束到同一个中心点，与将重合约束应用于曲线的中心点所产生的效果相同。

⑨ 共线：使两条或多条直线段沿同一直线方向。

⑩ 对称：使选定对象受对称约束，相对于选定直线对称。

⑪ 相等：将选定圆弧和圆的尺寸重新调整为半径相同，或将选定直线的尺寸重新调整为长度相等。

⑫ 固定：将点和曲线锁定在位。

2. "块编辑器"工具栏

该工具栏提供了在块编辑器中使用、创建动态块以及设置可见性状态的工具。

（1）"编辑或创建块定义"按钮 ![]：单击该按钮，打开"编辑块定义"对话框。

（2）"保存块定义"按钮：保存当前块定义。

（3）"将块另存为"按钮：单击该按钮，打开"将块另存为"对话框，可以在其中用一个新名称保存当前块定义的副本。

（4）"块定义的名称"按钮：显示当前块定义的名称。

（5）"测试块"按钮：运行 BTESTBLOCK 命令，可从块编辑器中打开一个外部窗口以测试动态块。

（6）"自动约束对象"按钮：运行 AUTOCONSTRAIN 命令，可根据对象相对于彼此的方向将几何约束应用于对象的选择集。

（7）"应用几何约束"按钮：运行 GEOMCONSTRAINT 命令，可在对象或对象上的点之间应用几何关系。

（8）"显示/隐藏约束栏"按钮：运行 CONSTRAINTBAR 命令，可显示或隐藏对象上的可用几何约束。

（9）"参数约束"按钮：运行 BCPARAMETER 命令，可将约束参数应用于选定的对象，或将标注约束转换为参数约束。

（10）"块表"按钮：运行 BTABLE 命令，可打开一个对话框以定义块的变量。

（11）"参数"按钮：运行 BPARAMETER 命令，可向动态块定义中添加参数。

（12）"动作"按钮：运行 BACTION 命令，可向动态块定义中添加动作。

（13）"定义属性"按钮：单击该按钮，打开"属性定义"对话框，从中可以定义模式、属性标记、提示、值、插入点和属性的文字选项。

（14）"编写选项板"按钮：编写选项板处于未激活状态时执行 BAUTHORPALETTE 命令；否则，将执行 BAUTHORPALETTECLOSE 命令。

（15）"参数管理器"按钮：参数管理器处于未激活状态时执行 PARAMETERS 命令；否则，将执行 PARAMETERSCLOSE 命令。

（16）"了解动态块"按钮：显示"新功能专题研习"中创建动态块的演示。

（17）"关闭块编辑器"按钮：运行 BCLOSE 命令，可关闭块编辑器，并提示用户保存或放弃对当前块定义所做的任何更改。

（18）"可见性模式"按钮：设置 BVMODE 系统变量，可以使当前可见性状态下不可见的对象变暗或隐藏。

（19）"使可见"按钮：运行 BVSHOW 命令，可以使对象在当前可见性状态或所有可见性状态下均可见。

（20）"使不可见"按钮：运行 BVHIDE 命令，可以使对象在当前可见性状态或所有可见性状态下均不可见。

（21）"管理可见性状态"按钮：单击该按钮，打开"可见性状态"对话框。从中可以创建、删除、重命名和设置当前可见性状态。在列表框中选择一种状态，右击，选择快捷菜单中"新状态"命令，打开"新建可见性状态"对话框，可以设置可见性状态。

（22）"可见性状态"按钮：指定显示在块编辑器中的当前可见性状态。

技巧荟萃

在动态块中，由于属性的位置包括在动作的选择集中，因此必须将其锁定。

7.1.5 指示灯模块

本例绘制的指示灯模块如图 7-13 所示。本例绘制的是一个包括指示灯的电路图，在绘制过程中主要运用到了"拉伸"命令。在绘图过程中要注意视图的比例及布置。

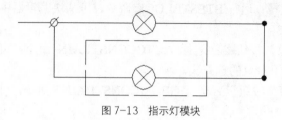

图 7-13 指示灯模块

操作步骤

 光盘\动画演示\第 7 章\绘制指示灯模块.avi

1. 绘制导线

单击"绘图"工具栏中的"多段线"按钮 或快捷命令 PL，依次绘制各条直线，得到如图 7-14 所示的图形，图中各直线的长度分别如下：AB=54mm，BC=14mm，CD=54mm，AD=14mm。

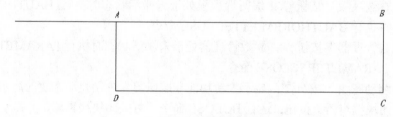

图 7-14 绘制导线

2. 绘制灯泡

（1）绘制圆。单击"绘图"工具栏中的"圆"按钮 或快捷命令 C，绘制一个半径为 3mm 的圆，如图 7-15 所示。

（2）绘制水平直线。单击"绘图"工具栏中的"直线"按钮 或快捷命令 L，开启"对象捕捉"和"正交模式"，以圆心为起点，分别向左和向右绘制两条长度均为 6mm 的直线，如图 7-16 所示。

（3）修剪直线。单击"修改"工具栏中的"修剪"按钮 或快捷命令 TR，以圆弧为剪切边，对水平直线进行修剪操作，修剪结果如图 7-17 所示。

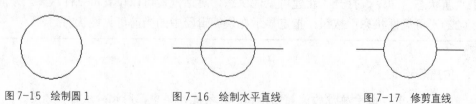

图 7-15 绘制圆 1 　　　　图 7-16 绘制水平直线 　　　　图 7-17 修剪直线

（4）绘制倾斜直线。单击"绘图"工具栏中的"直线"按钮 ∕ 或快捷命令 L，关闭"正交模式"，开启"极轴追踪"模式，绘制一条与水平方向成 45°角，长度为 3mm 的倾斜直线，如图 7-18 所示。

（5）阵列倾斜直线。单击"修改"工具栏中的"阵列"按钮 ⊞ 或快捷命令 AR，弹出"阵列"对话框。以圆心为中心，将倾斜直线进行环形阵列，结果如图 7-19 所示。

图 7-18　绘制倾斜直线　　　　　　　　　图 7-19　阵列倾斜直线

（6）存储为块。选择菜单栏中的"绘图"→"块"→"创建"命令或快捷命令 B，弹出"定义块"对话框。在"名称"文本框中输入"指示灯"；单击"拾取点"按钮 ▨，捕捉圆心作为基点；选择整个指示灯为对象；设置"块单位"为"毫米"；勾选"按统一比例缩放"复选框，然后单击"确定"按钮。

（7）插入指示灯。选择菜单栏中的"插入"→"块"命令或快捷命令 I，弹出"插入"对话框。在"名称"下拉列表中选择刚刚保存的"指示灯"，在"插入点"选项组中勾选"在屏幕上指定"复选框，在"缩放比例"选项组中勾选"在屏幕上指定"和"统一比例"复选框，在绘制的导线上选择相应的点作为插入点，插入结果如图 7-20 所示。

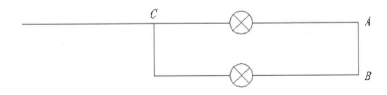

图 7-20　插入指示灯

3. 添加接线头

（1）绘制圆。单击"绘图"工具栏中的"圆"按钮 ⊙ 或快捷命令 C，以点 A 为圆心，绘制一个半径为 1mm 的圆，如图 7-21 所示。

（2）填充圆。单击"绘图"工具栏中的"图案填充"按钮 ▨ 或快捷命令 H，弹出"图案填充和渐变色"对话框，选择"SOLID"图案，设置"角度"为 0，设置"比例"为 1，其他选项保持系统默认设置。选择圆作为填充对象，单击"确定"按钮，完成圆的填充，填充结果如图 7-22 所示。

（3）采用同样的方法，以点 B 为圆心绘制一个半径为 1mm 的圆，并用上一步介绍的方法进行填充。

（4）绘制圆。单击"绘图"工具栏中的"圆"按钮 ⊙ 或快捷命令 C，以点 C 为圆心，绘制一个半径为 2mm 的圆，如图 7-23 所示。

（5）修剪图形。单击"修改"工具栏中的"修剪"按钮 ⊁ 或快捷命令 TR，以圆弧为剪切边，对 3 条直线进行修剪，修剪结果如图 7-24 所示。

（6）绘制直线。单击"绘图"工具栏中的"直线"按钮 ∕ 或快捷命令 L，开启"对象捕捉"和"极轴追踪"模式，以点 C 为起点，绘制一条与水平方向成 45°角、长度为 3mm 的直线，如图 7-25 所示。

图 7-21　绘制圆 2　　　　　　图 7-22　填充圆　　　　　　图 7-23　绘制圆 3

（7）拉长直线。选择菜单栏中的"修改"→"拉长"命令或快捷命令 LEN，将直线 1 向下拉长 3mm，结果如图 7-26 所示。

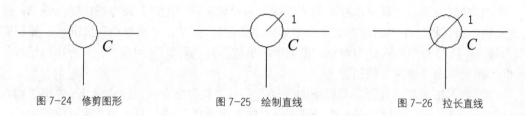

图 7-24　修剪图形　　　　　　图 7-25　绘制直线　　　　　　图 7-26　拉长直线

4. 添加虚线框

（1）切换图层。新建一个"虚线层"，线型为虚线。将当前图层切换为"虚线层"。

（2）绘制矩形。单击"绘图"工具栏中的"矩形"按钮□或快捷命令 REC，绘制一个长为 31mm，宽为 14mm 的矩形。

（3）平移矩形。单击"修改"工具栏中的"移动"按钮✛或快捷命令 M，将上一步绘制的矩形平移到适当的位置，添加的虚线框如图 7-27 所示。

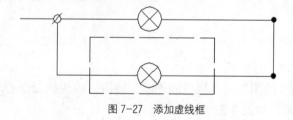

图 7-27　添加虚线框

7.2　图块属性

图块除了包含图形对象以外，还可以具有非图形信息，如把一个椅子的图形定义为图块后，还可把椅子的号码、材料、重量、价格以及说明等文本信息一并加入到图块当中。图块的这些非图形信息，叫做图块的属性，它是图块的一个组成部分，与图形对象一起构成一个整体，在插入图块时 AutoCAD 把图形对象连同属性一起插入到图形中。

7.2.1　定义图块属性

【执行方式】

命令行：ATTDEF（快捷命令：ATT）。

菜单栏：选择菜单栏中的"绘图"→"块"→"定义属性"命令。

执行上述操作后，打开"属性定义"对话框，如图 7-28 所示。

图 7-28 "属性定义"对话框

【选项说明】

（1）"模式"选项组：用于确定属性的模式。

① "不可见"复选框：勾选此复选框，属性为不可见显示方式，即插入图块并输入属性值后，属性值在图中并不显示出来。

② "固定"复选框：勾选此复选框，属性值为常量，即属性值在属性定义时给定，在插入图块时系统不再提示输入属性值。

③ "验证"复选框：勾选此复选框，当插入图块时，系统重新显示属性值提示用户验证该值是否正确。

④ "预设"复选框：勾选此复选框，当插入图块时，系统自动把事先设置好的默认值赋予属性，而不再提示输入属性值。

⑤ "锁定位置"复选框：锁定块参照中属性的位置。解锁后，属性可以相对于使用夹点编辑块的其他部分移动，并且可以调整多行文字属性的大小。

⑥ "多行"复选框：勾选此复选框，可以指定属性值包含多行文字，可以指定属性的边界宽度。

（2）"属性"选项组：用于设置属性值。在每个文本框中，AutoCAD 允许输入不超过 256 个字符。

① "标记"文本框：输入属性标签。属性标签可由除空格和感叹号以外的所有字符组成，系统自动把小写字母改为大写字母。

② "提示"文本框：输入属性提示。属性提示是插入图块时系统要求输入属性值的提示，如果不在此文本框中输入文字，则以属性标签作为提示。如果在"模式"选项组中勾选"固定"复选框，即设置属性为常量，则无须设置属性提示。

③ "默认"文本框：设置默认的属性值。可把使用次数较多的属性值作为默认值，也可不设默认值。

（3）"插入点"选项组：用于确定属性文本的位置。可以在插入时由用户在图形中确定属性文本的位置，也可在 X、Y、Z 文本框中直接输入属性文本的位置坐标。

（4）"文字设置"选项组：用于设置属性文本的对齐方式、文本样式、字高和倾斜角度。

（5）"在上一个属性定义下对齐"复选框：勾选此复选框表示把属性标签直接放在前一个属性的下面，而且该属性继承前一个属性的文本样式、字高、倾斜角度等特性。

技巧荟萃

在动态块中，由于属性的位置包括在动作的选择集中，因此必须将其锁定。

7.2.2　修改属性的定义

在定义图块之前，可以对属性的定义加以修改，不仅可以修改属性标签，还可以修改属性提示和属性默认值。

【执行方式】

命令行：DDEDIT（快捷命令：ED）。

菜单栏：选择菜单栏中的"修改"→"对象"→"文字"→"编辑"命令。

执行上述操作后，打开"编辑属性定义"对话框，如图 7-29 所示。该对话框表示要修改属性的标记为"文字"，提示为"数值"，无默认值，可在各文本框中对各项进行修改。

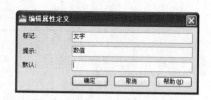

图 7-29　"编辑属性定义"对话框

7.2.3　图块属性编辑

当属性被定义到图块当中，甚至图块被插入到图形当中之后，用户还可以对图块属性进行编辑。利用 ATTEDIT 命令可以通过对话框对指定图块的属性值进行修改，而且可以对属性的位置、文本等其他设置进行编辑。

【执行方式】

命令行：ATTEDIT（快捷命令：ATE）。

菜单栏：选择菜单栏中的"修改"→"对象"→"属性"→"单个"命令。

工具栏：单击"修改 II"工具栏中的"编辑属性"按钮 。

【操作步骤】

命令行提示与操作如下：

```
命令：ATTEDIT
选择块参照：
```

执行上述命令后，光标变为拾取框，选择要修改属性的图块，系统打开如图 7-30 所示的"编辑属性"对话框。对话框中显示出所选图块中包含的前 8 个属性的值，用户可对这些属性值进行修改。如果该图块中还有其他的属性，可单击"上一个"和"下一个"按钮对它们进行观察和修改。

当用户通过菜单栏或工具栏执行上述命令时，系统打开"增强属性编辑器"对话框，如图 7-31 所示。该对话框不仅可以编辑属性值，还可以编辑属性的文字选项和图层、线型、颜色等特性值。

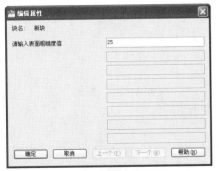

图 7-30 "编辑属性"对话框 1

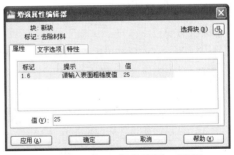

图 7-31 "增强属性编辑器"对话框

　　另外，还可以通过"块属性管理器"对话框来编辑属性。选择菜单栏中的"修改"→"对象"→"属性"→"块属性管理器"命令，系统打开"块属性管理器"对话框，如图 7-32 所示。单击"编辑"按钮，系统打开"编辑属性"对话框，如图 7-33 所示，可以通过该对话框编辑属性。

图 7-32 "块属性管理器"对话框

图 7-33 "编辑属性"对话框 2

7.3 观察设计信息

　　使用 AutoCAD 设计中心可以很容易地组织设计内容，并把它们拖动到自己的图形中。可以使用 AutoCAD 设计中心窗口的内容显示框，来观察用 AutoCAD 设计中心资源管理器所浏览资源的细目，如图 7-34 所示。在该图中，左侧方框为 AutoCAD 设计中心的资源管理器，右侧方框为 AutoCAD 设计中心的内容显示框。其中上面窗口为文件显示框，中间窗口为图形预览显示框，下面窗口为说明文本显示框。

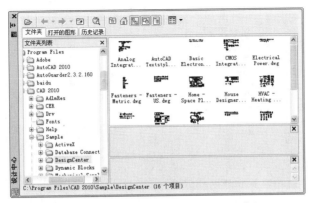

图 7-34 AutoCAD 设计中心的资源管理器和内容显示区

7.3.1 启动设计中心

【执行方式】

命令行：ADCENTER（快捷命令：ADC）。

菜单栏：选择菜单栏中的"工具"→"选项板"→"设计中心"命令。

工具栏：单击"标准"工具栏中的"设计中心"按钮 ▦。

快捷键：按<Ctrl>+<2>键。

执行上述操作后，系统打开"设计中心"选项板。第一次启动设计中心时，默认打开的选项卡为"文件夹"选项卡。内容显示区采用大图标显示，左边的资源管理器采用树状显示方式显示系统的树形结构，浏览资源的同时，在内容显示区显示所浏览资源的有关细目或内容，如图 7-34 所示。

可以利用鼠标拖动边框的方法来改变 AutoCAD 设计中心资源管理器和内容显示区以及 AutoCAD 绘图区的大小，但内容显示区的最小尺寸应能显示两列大图标。

如果要改变 AutoCAD 设计中心的位置，可以按住鼠标左键拖动它，松开鼠标左键后，AutoCAD 设计中心便处于当前位置，到新位置后，仍可用鼠标改变各窗口的大小。也可以通过设计中心边框左上方的"自动隐藏"按钮 ▥ 来自动隐藏设计中心。

7.3.2 显示图形信息

在 AutoCAD 设计中心中，可以通过"选项卡"和"工具栏"两种方式显示图形信息，现分别简要介绍如下。

1. 选项卡

AutoCAD 设计中心包括以下 3 个选项卡。

（1）"文件夹"选项卡：显示设计中心的资源，如图 7-35 所示。该选项卡与 Windows 资源管理器类似。"文件夹"选项卡显示导航图标的层次结构，包括网络和计算机、Web 地址（URL）、计算机驱动器、文件夹、图形和相关的支持文件、外部参照、布局、填充样式和命名对象，包括图形中的块、图层、线型、文字样式、标注样式和打印样式。

（2）"打开的图形"选项卡：显示在当前环境中打开的所有图形，其中包括最小化了的图形，如图 7-35 所示。此时选择某个文件，就可以在右侧的显示框中显示该图形的有关设置，如标注样式、布局块、图层外部参照等。

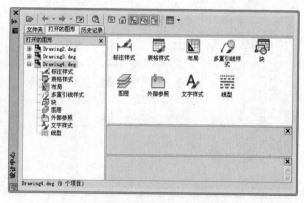

图 7-35 "打开的图形"选项卡

（3）"历史记录"选项卡：显示用户最近访问过的文件，包括这些文件的具体路径，如图 7-36 所示。双击列表中的某个图形文件，可以在"文件夹"选项卡的树状视图中定位此图形文件并将其内容加载到内容区域中。

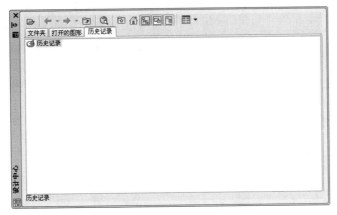

图 7-36 "历史记录"选项卡

2. 工具栏

设计中心选项板顶部有一系列的工具栏，包括"加载"、"上一页"（"下一页"或"上一级"）、"搜索"、"收藏夹"、"主页"、"树状图切换"、"预览"、"说明"和"视图"按钮。

（1）"加载"按钮 ：加载对象。单击该按钮，打开"加载"对话框，用户可以利用该对话框从 Windows 桌面、收藏夹或 Internet 网页中加载文件。

（2）"搜索"按钮 ：查找对象。单击该按钮，打开"搜索"对话框，如图 7-37 所示。

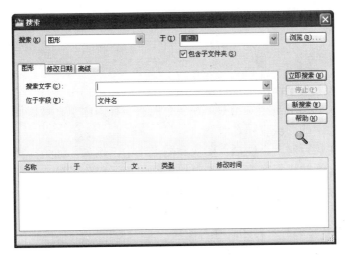

图 7-37 "搜索"对话框

（3）"收藏夹"按钮 ：在"文件夹列表"中显示 Favorites/Autodesk 文件夹中的内容，用户可以通过收藏夹来标记存放在本地磁盘、网络驱动器或 Internet 网页中的内容，如图 7-38 所示。

（4）"主页"按钮 ：快速定位到设计中心文件夹中，该文件夹位于"/AutoCAD/Sample"下，如图 7-39 所示。

图 7-38　文件夹列表

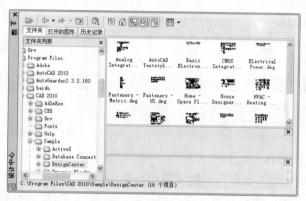

图 7-39　单击"主页"按钮

7.4　向图形中添加内容

7.4.1　插入图块

在利用 AutoCAD 绘制图形时，可以将图块插入到图形当中。将一个图块插入到图形中时，块定义就被复制到图形数据库当中。在一个图块被插入图形之后，如果原来的图块被修改，则插入到图形当中的图块也随之改变。

当其他命令正在执行时，不能插入图块到图形当中。例如，如果在插入块时，在提示行正在执行一个命令，此时光标变成一个带斜线的圆，提示操作无效。另外，一次只能插入一个图块。AutoCAD 设计中心提供了插入图块的两种方法："利用鼠标指定比例和旋转方式"和"精确指定坐标、比例和旋转角度方式"。

1. 利用鼠标指定比例和旋转方式插入图块

系统根据光标拉出的线段长度、角度确定比例与旋转角度，插入图块的步骤如下。

（1）从文件夹列表或查找结果列表中选择要插入的图块，按住鼠标左键，将其拖动到打开的图形中。松开鼠标左键，此时选择的对象被插入到当前被打开的图形当中。利用当前设置的捕捉方式，可以将对象插入到任何存在的图形当中。

（2）在绘图区单击指定一点作为插入点，移动鼠标，光标位置点与插入点之间距离为缩放比例，单击确定比例。采用同样的方法移动鼠标，光标指定位置和插入点的连线与水平线的夹角为旋转角度。被选择的对象就根据光标指定的比例和角度插入到图形当中。

2. 精确指定坐标、比例和旋转角度方式插入图块

利用该方法可以设置插入图块的参数，插入图块的步骤如下。

（1）从文件夹列表或查找结果列表框中选择要插入的对象，拖动对象到打开的图形中。

（2）右击，可以选择快捷菜单中的"缩放"、"旋转"等命令，如图 7-40 所示。

（3）在相应的命令行提示下输入比例、旋转角度等数值。被选择的对象根据指定的参数插入到图形当中。

7.4.2　图形复制

1. 在图形之间复制图块

利用 AutoCAD 设计中心可以浏览和装载需要复制的图块，然后将图块复制到剪贴板中，再利用剪贴板将图块粘贴到图形当中，具体方法如下。

（1）在"设计中心"选项板选择需要复制的图块，右击，选择快捷菜单中的"复制"命令。

（2）将图块复制到剪贴板上，然后通过"粘贴"命令粘贴到当前图形上。

图 7-40　快捷菜单

2. 在图形之间复制图层

利用 AutoCAD 设计中心可以将任何一个图形的图层复制到其他图形。如果已经绘制了一个包括设计所需的所有图层的图形，在绘制新图形的时候，可以新建一个图形，并通过 AutoCAD 设计中心将已有的图层复制到新的图形当中，这样可以节省时间，并保证图形间的一致性。现对图形之间复制图层的两种方法介绍如下。

（1）拖动图层到已打开的图形。确认要复制图层的目标图形文件被打开，并且是当前的图形文件。在"设计中心"选项板中选择要复制的一个或多个图层，按住鼠标左键拖动图层到打开的图形文件，松开鼠标后被选择的图层即被复制到打开的图形当中。

（2）复制或粘贴图层到打开的图形。确认要复制图层的图形文件被打开，并且是当前的图形文件。在"设计中心"选项板中选择要复制的一个或多个图层，右击，选择快捷菜单中的"复制"命令。如果要粘贴图层，确认粘贴的目标图形文件被打开，并为当前文件。

图 7-41　工具选项板

7.5　工具选项板

"工具选项板"中的选项卡提供了组织、共享和放置块及填充图案的有效方法。"工具选项板"还可以包含由第三方开发人员提供的自定义工具。

7.5.1　打开工具选项板

【执行方式】

命令行：TOOLPALETTES（快捷命令：TP）。

菜单栏：选择菜单栏中的"工具"→"选项板"→"工具选项板"命令。

工具栏：单击"标准"工具栏中的"工具选项板窗口"按钮。

快捷键：按<Ctrl>＋<3>键。

执行上述操作后，系统自动打开工具选项板，如图 7-41 所示。

在工具选项板中，系统设置了一些常用图形选项卡，这些常用图形可以方便用户绘图。

技巧荟萃

在绘图中还可以将常用命令添加到工具选项板中。"自定义"对话框打开后，就可以将工具按钮从工具栏拖到工具选项板中，或将工具从"自定义用户界面（CUI）"编辑器拖到工具选项板中。

7.5.2　新建工具选项板

用户可以创建新的工具选项板，这样有利于个性化作图，也能够满足特殊作图需要。

【执行方式】

命令行：CUSTOMIZE。

菜单栏：选择菜单栏中的"工具"→"自定义"→"工具选项板"命令。

工具选项板：单击"工具选项板"中的"特性"按钮，在打开的快捷菜单中选择"自定义选项板"（或"新建选项板"）命令。

执行上述操作后，系统打开"自定义"对话框，如图 7-42 所示。在"选项板"列表框中右击，打开快捷菜单，如图 7-43 所示，选择"新建选项板"命令，在"选项板"列表框中出现一个"新建选项板"，可以为新建的工具选项板命名，确定后，工具选项板中就增加了一个新的选项卡，如图 7-44 所示。

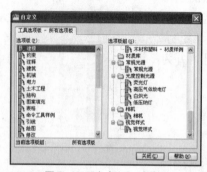

图 7-42　"自定义"对话框

图 7-43　选择"新建选项板"命令

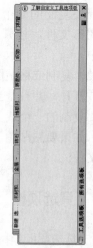

图 7-44　新建选项卡

7.5.3 向工具选项板中添加内容

将图形、块和图案填充从设计中心拖动到工具选项板中。

例如，在 Designcenter 文件夹上右击，系统打开快捷菜单，选择"创建块的工具选项板"命令，如图 7-45（a）所示。设计中心中储存的图元就出现在工具选项板中新建的 Designcenter 选项卡上，如图 7-45（b）所示，这样就可以将设计中心与工具选项板结合起来，创建一个快捷方便的工具选项板。将工具选项板中的图形拖动到另一个图形中时，图形将作为块插入。

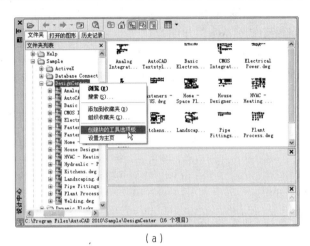

（a）   （b）

图 7-45 将储存图元创建成"设计中心"工具选项板

7.6 实例——变电主接线图

图 7-46 所示为变电主接线图。绘制变电所的电气原理图有两种方法：一是绘制简单的系统图，表明变电所工作的大致原理；另一种是绘制更详细阐述电气原理的接线图。本实例绘制变电主接线图。

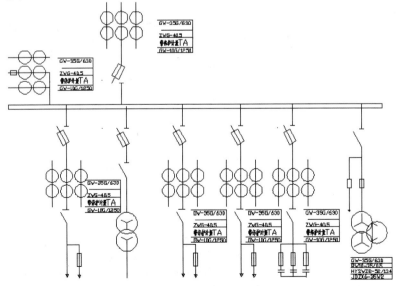

图 7-46 变电主接线图

操作步骤

参见
光盘 ⟩ 光盘\动画演示\第 7 章\绘制变电主接线图.avi

1. 配置绘图环境

（1）打开 AutoCAD 2010 应用程序，调用随书光盘"源文件"文件夹中的的"A4 title"样板，建立新文件。将新文件命名为"系统图.dwg"并保存。

（2）选择菜单栏中的"视图"→"工具栏"命令，打开"自定义"对话框，调出"标准"、"图层"、"对象特性"、"绘图"、"修改"和"标注"这 6 个工具栏，并将它们移动到绘图窗口中的适当位置。

（3）单击状态栏中的"栅格"按钮，或者使用快捷键 F7，在绘图窗口中显示栅格，命令行中会提示"命令：＜栅格 开＞"。若想关闭栅格，可以再次单击状态栏中的"栅格"按钮，或者使用快捷键 F7。

2. 绘制图形符号

（1）绘制开关。

① 单击"绘图"工具栏中的"直线"按钮 或快捷命令 L，在正交方式下绘制一条竖线，命令行操作如下：

```
命令: _line
指定第一点: 100,100
指定下一点或 [放弃(U)]: <正交 开> 50
指定下一点或 [放弃(U)]:
```

结果如图 7-47 所示。

② 选择"工具"菜单中的"草图设置"命令，在出现的"草图设置"对话框中，启用极轴追踪，增量角设置为 30 度，如图 7-48 所示。

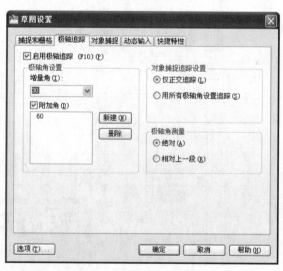

图 7-47　画直线　　　　　　　图 7-48　"草图设置"对话框

③ 单击"绘图"工具栏中的"直线"按钮✐或快捷命令 L，命令行操作如下：

```
命令：_line
指定第一点：100,70
指定下一点或 [放弃(U)]：<极轴 开> 20
指定下一点或 [放弃(U)]：per 到  （捕捉竖线上的垂足）
指定下一点或 [闭合(C)/放弃(U)]：
```

结果如图 7-49 所示。

④ 单击"修改"工具栏中的"移动"按钮✥或快捷命令 M。命令行操作如下：

```
命令：_move
选择对象：找到 1 个
指定基点或 [位移(D)] <位移>：D
指定位移 <0.0000, 0.0000, 0.0000>：@5,0
```

结果如图 7-50 所示。

⑤ 单击"修改"工具栏中的"修剪"按钮✂或快捷命令 TR，对图 7-50 进行修剪，结果如图 7-51 所示。

图 7-49　画折线　　　　　图 7-50　平移线段　　　　　图 7-51　剪切线段

（2）绘制负荷开关，断路器。

① 单击"修改"工具栏中的"偏移 "按钮⬡或快捷命令 O，命令行操作如下：

```
命令：_offset
当前设置：删除源=否  图层=源  OFFSETGAPTYPE=0
指定偏移距离或 [通过(T)/删除(E)/图层(L)] <通过>：  （指定斜线上一点）
指定第二点：（指定适当距离的另一点）
选择要偏移的对象，或 [退出(E)/放弃(U)] <退出>：  （选择斜线）
指定要偏移的那一侧上的点，或 [退出(E)/多个(M)/放弃(U)] <退出>：（指定一侧点）
选择要偏移的对象，或 [退出(E)/放弃(U)] <退出>：（选择斜线）
指定要偏移的那一侧上的点，或 [退出(E)/多个(M)/放弃(U)] <退出>：（指定另一侧点）
选择要偏移的对象，或 [退出(E)/放弃(U)] <退出>：  （回车）
```

结果如图 7-52 所示。

② 单击"绘图"工具栏中的"直线"按钮✐或快捷命令 L，命令行操作如下：

```
命令：_line
指定第一点：（指定偏移斜线下端点）
指定下一点或 [放弃(U)]：（指定另一偏移斜线下端点）
指定下一点或 [放弃(U)]：（回车）
```

同样方法，指定偏移斜线上一点为起点，捕捉另一偏移斜线上的垂足为终点，绘制斜线的垂线，结果如图 7-53 所示。

③ 单击"修改"工具栏中的"修剪"按钮 ✂ 或快捷命令 TR，对图 7-53 进行修剪，结果如图 7-54 所示。此即为熔断器符号。

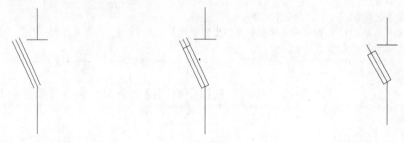

图 7-52 偏移斜线　　　　　图 7-53 绘制垂线　　　　　图 7-54 跌落式熔断器

（3）绘制断路器符号。

① 单击"修改"工具栏中的"旋转"按钮 ⟳ 或快捷命令 RO，将图 7-51 中水平线以其与竖线交点为基点旋转 45°，如图 7-55 所示。

② 单击"修改"工具栏中的"镜像"按钮 ⚎ 或快捷命令 MI，将旋转后的线以竖线为轴进行镜像处理，结果如图 7-56 所示。此即为断路器。

（4）绘制站用变压器。

① 单击"绘图"工具栏中的"圆"按钮 ⊙ 或快捷命令 C，在坐标点（100,100）处绘制半径为 10 的圆。单击"修改"工具栏中的"复制"按钮 ⚏ 或快捷命令 CO，将圆以基点（100,82），水平向上复制，距离为 18，结果如图 7-57 所示。

图 7-55 旋转线段　　　　　图 7-56 镜像复制线段　　　　　图 7-57 绘制圆

② 单击"绘图"工具栏中的"直线"按钮 ✎ 或快捷命令 L，以坐标点（100,100）为起点绘制长度为 8 的竖直直线。

③ 单击"修改"工具栏中的"阵列"按钮 ▦ 或快捷命令 AR，系统打开"阵列"对话框，属性的设置如图 7-58 所示。选择竖直线为阵列对象，单击"确定"按钮得到如图 7-59 所示的图形。

④ 单击"修改"工具栏中的"复制"按钮 ⚏ 或快捷命令 CO，在正交方式下将图 7-59 中的"Y"形向下方复制，如图 7-60 所示。

⑤ 单击"绘图"工具栏中的"创建块"按钮 ▱ 或快捷命令 B，将图 7-60 所示图形创建为块。

（5）电压互感器。

① 先在绘图环境下绘制一圆，然后单击"绘图"工具栏中的"正多边形"按钮 ⬠ 或快捷命令 POL，在所绘的圆中选择一点绘制一三角形。

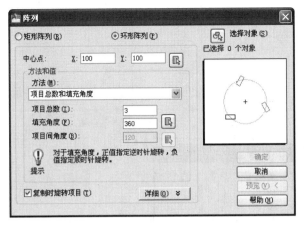

图 7-58 阵列设置

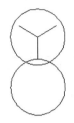

图 7-59 绘制 Y 图形

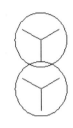

图 7-60 移动后的效果图

② 单击 "绘图" 工具栏中的 "直线" 按钮 或快捷命令 L，在 "正交" 方式下绘制一直线，图 7-61 所示。

③ 单击 "修改" 工具栏中的 "修剪" 按钮 或快捷命令 TR，修改图形，然后单击 "修改" 工具栏中的 "删除" 命令或快捷命令 E，删除直线，如图 7-62 所示。

④ 单击 "绘图" 工具栏中的 "插入块" 按钮 或快捷命令 I，在绘图界面插入上图已绘制生成的站用变压器图形，如图 7-63 所示。调用图块能够大大缩短工作时间，提高效率，在实际工程中有很大用处，一般设计人员都有一个自己专门的设计图库。

⑤ 单击 "修改" 工具栏中的 "移动" 按钮 或快捷命令 M，选中站用变压器图块，打开 "对象捕捉" 和 "对象追踪" 按钮，将图 7-62 与图 7-63 结合起来，结果如图 7-64 所示。

图 7-61 画直线

图 7-62 剪切后的效果图

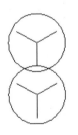

图 7-63 插入站用变压器

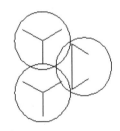

图 7-64 结合后的效果图

（6）电容器和电流互感器。

① 单击 "绘图" 工具栏中的 "圆" 按钮 或快捷命令 C，绘制一个圆，如图 7-65 所示。单击 "绘图" 工具栏中的 "直线" 按钮 或快捷命令 L，开启 "极轴追踪" 和 "对象捕捉"，在正交方式下绘一直线经过圆心，如图 7-66 所示。

② 绘制如图 7-67 所示的无极性电容器的方法与前面绘制极性电容器图的方法类似，这里不再重复说明了。

（7）利用 WBLOCK 命令打开 "写块" 对话框，如图 7-68 所示。拾取上面圆心为基点，以上面图形为对象，输入图块名称并指定路径，确认后退出。

（8）同样方法，绘制其他电气符号，并保存为图块。

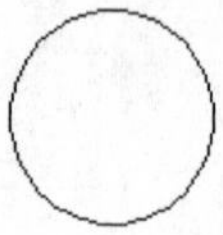

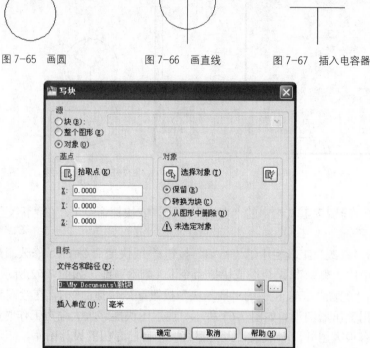

图 7-65　画圆 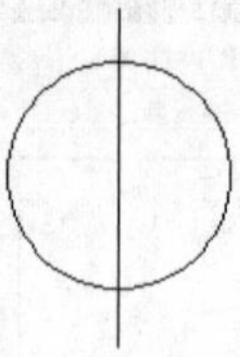　　　　　　　图 7-66　画直线 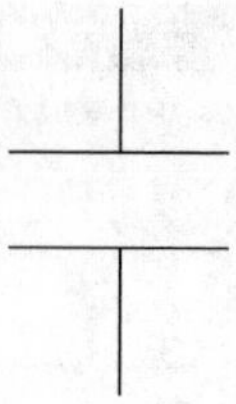　　　　　　图 7-67　插入电容器

图 7-68　"写块"对话框

3．绘制变电主接线图母线

单击"绘图"工具栏中的"直线"按钮 或快捷命令 L，绘制一条长 300 的直线，然后单击"修改"工具栏中的"移动"按钮 或快捷命令 M，在正交方式下将刚才画的直线向下平移 1.5，单击"绘图"工具栏中的"直线"按钮 或快捷命令 L，将直线两头连接，并将线宽设为 0.7，如图 7-69 所示。

图 7-69　绘制母线

4．在母线上画出一主变及其两侧的器件设备

（1）单击"绘图"工具栏中的"圆"按钮 或快捷命令 C，绘一半径为 10 的圆，如图 7-70 所示。

（2）单击"绘图"工具栏中的"直线"按钮 或快捷命令 L，开启"极轴追踪"和"对象捕捉"方式，在正交方式下划一直线，如图 7-71 所示。

（3）单击"修改"工具栏中的"复制"按钮 或快捷命令 CO，在正交方式下，在已得到的圆的下方将圆复制一个，如图 7-72 所示。

（4）单击"修改"工具栏中的"复制"按钮 或快捷命令 CO，在正交方式下，拖动鼠标在图 7-72 的左边复制一个，如图 7-73 所示。

（5）单击"修改"工具栏中的"镜像"按钮 或快捷命令 MI，开启"极轴追踪"和"对象捕捉"方式，以原图直线端点为一点，以直线的另一端点为另一点，将左边的图复制到右边，如图 7-74 所示。

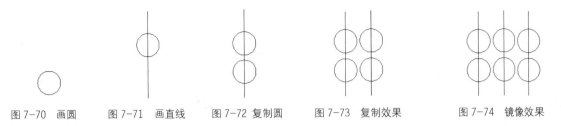

图 7-70　画圆　　图 7-71　画直线　　图 7-72　复制圆　　图 7-73　复制效果　　图 7-74　镜像效果

5. 插入图块

单击"绘图"工具栏中的"插入块"按钮📌或快捷命令 I，在当前绘图空间依次插入已经创建的"跌落式熔断器"和"开关"块，在当前绘图窗口上用鼠标左键点取图块放置点，效果如图 7-75 所示。调用已有的图块，能够大大节省绘图工作量，提高绘图效率。

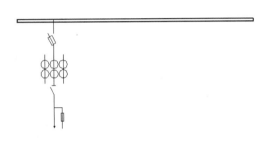

图 7-75　插入图形

6. 复制图形

单击"修改"工具栏中的"复制"按钮⛁或快捷命令 CO，将图 7-75 所示图形复制后得到如图 7-76 所示的图形。

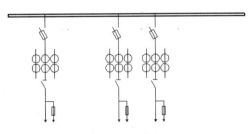

图 7-76　复制效果

7. 镜像图形

用类似的方法画出母线上方的器件。单击"修改"工具栏中的"镜像"按钮⚏或快捷命令 MI，将最左边的部分向上镜像，结果如图 7-77 所示。

8. 画水平直线

单击"绘图"工具栏中的"直线"按钮✏或快捷命令 L，在镜像到直线上头的图形的适当地方画一直线，结果如图 7-78 所示。

9. 修剪图形

单击"修改"工具栏中的"修剪"按钮✂或快捷命令 TR，将直线上方多余的部分去掉，然后单击"修改"工具栏中的"删除"按钮 ✐ 或快捷命令 E，将刚才画的直线去掉，结果如图 7-79 所示。

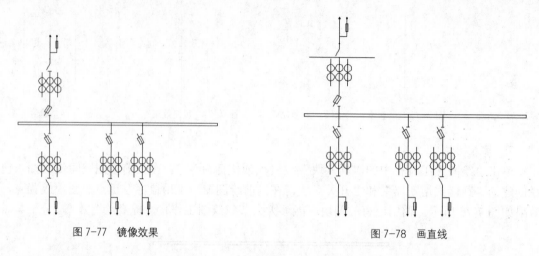

图 7-77　镜像效果　　　　　　　　　　　　　　图 7-78　画直线

10. 偏移图形

单击"修改"工具栏中的"偏移"按钮 ⚏ 或快捷命令 O，将图 7-79 所示图形在母线上面的部分向右平移 25 个单位，结果如图 7-80 所示。

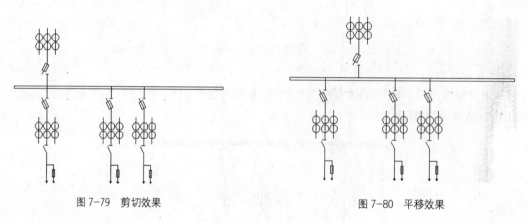

图 7-79　剪切效果　　　　　　　　　　　　　　图 7-80　平移效果

11. 插入块

单击"绘图"工具栏中的"插入块"按钮 ⬚ 或快捷命令 I，在当前绘图空间插入在前面已经创建的"主变"块，用鼠标左键点取图块放置点并改变方向，绘制一矩形并将其放到母线适当位置上，效果如图 7-81 所示。

12. 调用类似的方法绘制如下所示图形

（1）单击"修改"工具栏中的"复制"按钮 ♋ 或快捷命令 CO，将母线下方图形复制一个到最右边处，结果如图 7-82 所示。

（2）单击"修改"工具栏中的"删除"按钮 ✐ 或快捷命令 E，将刚才复制所得到的图形的箭头去掉，单击"绘图"工具栏中的"直线"按钮 ✐ 和"修改"工具栏中的"移动"按钮 ✣，选择适当的地方，在电阻器下方绘制一电容器符号，然后再单击"修改"工具栏中的"修剪"按钮 ✂ 或快捷命令 TR，将电容器两极板间的线段修剪掉，结果如图 7-83 所示。

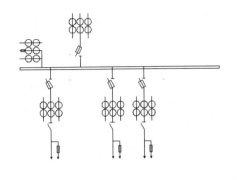

图 7-81 插入主变块

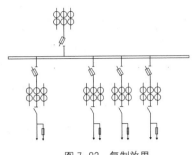

图 7-82 复制效果

（3）单击"修改"工具栏中的"复制"按钮❄或快捷命令 CO，开启"草图设置"→"对象捕捉"下的中点，在正交方式下，将电阻器符号和电容器符号放置到中线上，如图 7-84 所示。

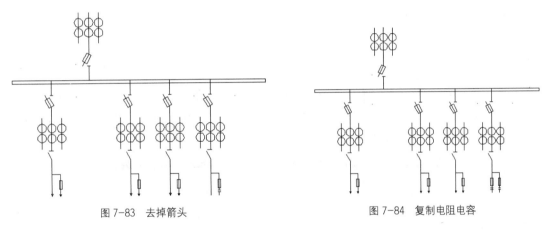

图 7-83 去掉箭头

图 7-84 复制电阻电容

（4）单击"修改"工具栏中的"镜像"按钮▲或快捷命令 MI，将中线右边部分复制到中线左边，并连线得如图 7-85 所示。

（5）单击"绘图"工具栏中的"插入块"按钮🔲或快捷命令 I，在当前绘图空间插入在前面已经创建的"站用变压器"和"开关"块，并将其插入图中，结果如图 7-86 所示。

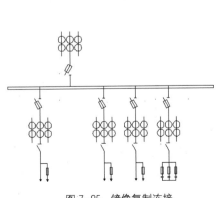

图 7-85 镜像复制连接

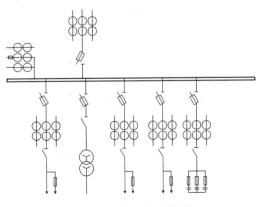

图 7-86 插入站用变压器

（6）单击"绘图"工具栏中的"插入块"按钮或快捷命令 I，在当前绘图空间插入在前面已经创建的"电压互感器"和"开关"块，并将其插入图中，结果如图 7-87 所示。

（7）单击"绘图"工具栏中的"直线"按钮或快捷命令 L，开启正交模式，在电压互感器所在直线上画一折线，单击"绘图"工具栏中的"矩形"按钮或快捷命令 REC，绘制一矩形并将其放到直线上，单击"绘图"工具栏中的"多段线"按钮或快捷命令 PL，在直线端点绘制一箭头（此时启用极轴追踪，并将追踪角度设为 15），结果如图 7-88 所示。

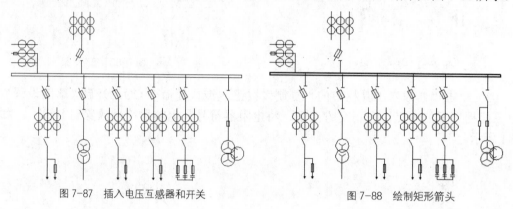

图 7-87　插入电压互感器和开关　　　　图 7-88　绘制矩形箭头

13.　输入注释文字

（1）单击"绘图"工具栏中的"多行文字"按钮 **A** 或快捷命令 MT，在需要注释的地方画出一个区域，弹出如图 7-89 所示的对话框，插入文字，在弹出的文字对话框中标注需要的信息，单击"确定"按钮即可。

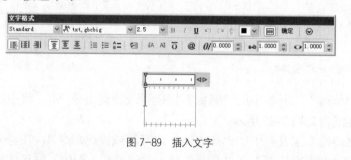

图 7-89　插入文字

（2）绘制文字框线，单击"绘图"工具栏中的"直线"按钮或快捷命令 L，再单击"修改"工具栏中"复制"按钮或快捷命令 CO，添加注释如图 7-91、图 7-92 所示。

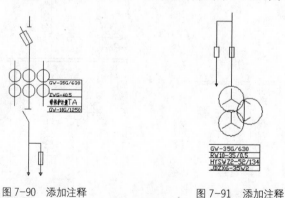

图 7-90　添加注释　　　　　图 7-91　添加注释

全部完成的变电主接线图如图 7-46 所示。

7.7　上机实验

【实验 1】将图 7-92 所示的可变电阻 R1 定义为图块，取名为"可变电阻"。

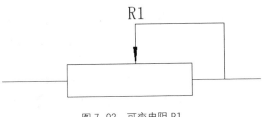

图 7-92　可变电阻 R1

操作指导：

（1）利用"块定义"对话框进行适当设置定义块。

（2）利用 WBLOCK 命令，进行适当设置，保存块。

【实验 2】利用图块插入的方法绘制如图 7-93 所示的三相电动机起动控制电路图。

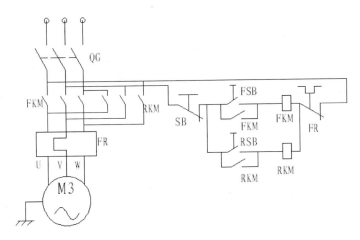

图 7-93　三相电动机启动控制电路图

操作指导：

（1）绘制各种电气元件，并保存成图块。

（2）插入各个图块，并连接。

（3）标注文字。

【实验 3】直接利用设计中心插入图块的方法绘制如图 7-93 所示的三相电动机启动控制电路图。

操作指导：

（1）绘制如图 7-93 所示各电气元件并保存。

（2）在设计中心找到各电气元件保存的文件夹，在右边的显示框中选择需要的元件，拖动到所绘制的图形中，并指定缩放比例和旋转角度。

思考与练习

1. 用 BLOCK 命令定义的内部图块，下列说法正确的是（   ）。
   （A）只能在另一个图形文件内自由调用
   （B）只能在定义它的图形文件内自由调用
   （C）既能在定义它的图形文件内自由调用，又能在另一个图形文件内自由调用
   （D）既不能在定义它的图形文件内自由调用，也不能在另一个图形文件内自由调用

2. 在设计中心打开图形，以下选项中错误的方法是（   ）。
   （A）按住<Ctrl>键，同时将图形图标从设计中心内容区拖至绘图区域
   （B）将图形图标从设计中心内容区拖动到应用程序窗口绘图区域以外的任何位置
   （C）将图形图标从设计中心内容区拖动到绘图区域中
   （D）在设计中心内容区中的图形图标上单击鼠标右键，选择"在应用程序窗口中打开"命令

3. 如果插入的块所使用的图形单位与为图形指定的单位不同时，（   ）。
   （A）对象以一定比例缩放以维持视觉外观
   （B）块将自动按照两种单位相比的等价比例因子进行缩放
   （C）英制的放大 25.4 倍
   （D）公制的缩小 25.4 倍

4. 使用块有哪些优点？

5. 什么是工具选项板？怎样利用工具选项板进行绘图？

6. 设计中心以及工具选项板中的图形与普通图形有什么区别？与图块又有什么区别？

7. 将如图 7-94 所示的电容器符号定义成图块并存盘。

8. 利用图块功能绘制如图 7-95 所示的钻床控制电路局部图。

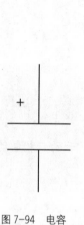

图 7-94　电容

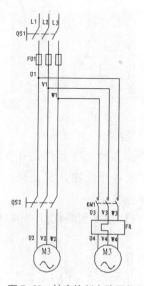

图 7-95　钻床控制电路局部图

9. 利用设计中心和工具选项板绘制如图 7-95 所示的钻床控制电路局部图。

第 **8** 章 **电路图设计**

● 学习目标

随着电子技术的高速发展，电子技术和电子产品已经深入到生产、生活和社会活动的各个领域，所以正确、熟练地识读和绘制电子电路图，是对电气工程技术人员的基本要求。本章将详细介绍照明灯延时关断线路图和抽水机线路图的绘制方法。

● 学习要点

➢ 电子电路简介
➢ 键盘、显示器接口电路
➢ 停电、来电自动告知线路图

8.1 电子电路简介

8.1.1 基本概念

电子电路一般是由电压较低的直流电源供电，通过电路中的电子元件（如电阻器、电容器、电感器等）、电子器件（如二极管、晶体管、集成电路等）的工作，实现一定功能的电路。电子电路在各种电气设备和家用电器中得到广泛应用。

8.1.2 电子电路图分类

电子电路图按不同的分类方法有以下 3 种。

电子电路根据使用元器件形式不同，可分为分立元件电路图、集成电路图、分立元件和集成电路混合构成的电路图。早期的电子设备由分立元件构成，所以电路图也按分立元件绘制，这使得电路复杂，设备调试、检修不便。随着各种功能、不同规模的集成电路的产生、发展，各种单元电路得以集成化，大大简化了电路，提高了工作可靠性，减少了设备体积，成为电子电路的主流。目前，较多的还是由分立元件和集成电路混合构成的电子电路，这种电子电路图在家用电器、计算机、仪器仪表等设备中最为常见。

电子电路按电路处理的信号不同，可分为模拟信号和数字信号两种。处理模拟信号的电路称为模拟电路，处理数字信号的电路称为数字电路，由它们构成的电路图亦可称为模拟电路图和数字电路图。当然这不是绝对的，有些较复杂的电路中既有模拟电路又有数字电路，它们是一种混合电路。

电子电路功能很多，但按其基本功能可分为基本放大电路、信号产生电路、功率放大电路、组合逻辑电路、时序逻辑电路、整流电路等。因此，对应不同功能的电路会有不同的电路图，如固定偏置电路图、LC 振荡电路图、桥式整流电路图等。

8.2 键盘显示器接口电路

键盘和显示器是数控系统人机对话的外围设备，键盘完成数据输入，显示器显示计算机运行时的状态、数据。键盘显示器接口电路使用 8155，如图 8-1 所示。

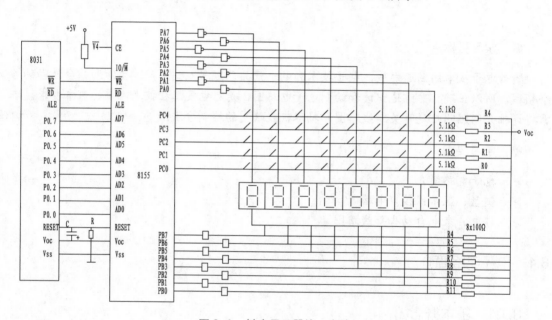

图 8-1 键盘显示器接口电路

由于 8155 片内有地址锁存器，因此 8031 的 P0 口输出的低 8 位数据不需要另加锁存器，直接与 8155 的 AD7~AD0 相连，既作低 8 位地址总线又作数据总线，地址直接用 ALE 信号在 8155 中锁存，8031 用 ALE 信号实现对 8155 分时传送地址、数据信号。高 8 位地址由 8155 片选信号和 IO/$\overline{M}$ 决定。由于 8155 只作为并行接口使用，不使用内部 RAM，因此 8155 的 IO/$\overline{M}$ 引脚直接经电阻 R 接高电平。片选信号端接 74LS138 译码器输出线 $\overline{Y}_4$ 端，当 $\overline{Y}_4$ 为低电平时，选中该 8155 芯片。8155 的 $\overline{RD}$、$\overline{WR}$、ALE、RESET 引脚直接与 8031 的同名引脚相连。

绘制此电路图的大致思路如下：首先绘制连接线图，然后绘制主要元器件，最后将各个元器件插入到连接线图中，完成键盘显示器接口电路的绘制。

操作步骤

参见光盘　光盘\动画演示\第 8 章\绘制键盘显示器接口电路.avi

8.2.1　设置绘图环境

1．建立新文件

打开 AutoCAD 2010 应用程序，以 "A3.dwt" 样板文件为模板，建立新文件，将新文件命名为 "键盘显示器接口电路.dwt" 并保存。

2．设置绘图工具栏

在任意工具栏处单击鼠标右键，从弹出的快捷菜单中选择 "标准"、"图层"、"对象特性"、"绘图"、"修改" 和 "标注" 这 6 个选项，调出这些工具栏，并将它们移动到绘图窗口中的适当位置。

3．设置图层

调用菜单命令 "格式" → "图层"，设置 "连接图层" 和 "实体符号层" 一共两个图层，各图层的颜色、线型、线宽及其他属性状态设置如图 8-2 所示。将 "连接图层" 设置为当前层。

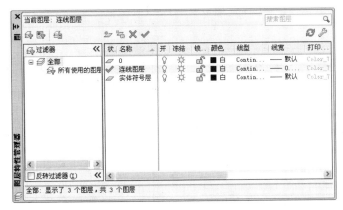

图 8-2　图层设置

8.2.2　绘制连接线

（1）绘制水平直线。单击 "绘图" 工具栏中的 "直线" 按钮╱或快捷命令 L，绘制长度为 260 的水平直线，如图 8-3 所示。

图 8-3　绘制直线

（2）偏移水平直线。单击 "修改" 工具栏中的 "偏移" 按钮△或快捷命令 O，将图 8-3 所示的直线向上偏移，偏移距离分别为 10、10、10、10、20、6、6、6、6、6、6、6，然后将图 8-3 所示直线向下偏移，偏移距离为 50、6、6、6、6、6、6、6，偏移后的结果如图 8-4 所示。

（3）绘制竖直直线。单击 "绘图" 工具栏中的 "直线" 按钮╱或快捷命令 L，以图 8-4 中 a 点为起点，b 点为终点绘制竖直直线，如图 8-5(a)所示。

（4）偏移竖直直线。单击 "修改" 工具栏中的 "偏移" 按钮△或快捷命令 O，将图 8-5(a) 所示的竖直直线向右偏移，偏移距离分别为 60、20、20、20、20、20、20、20、60，偏移后的结果如图 8-5(b)所示。

图 8-4　偏移水平直线

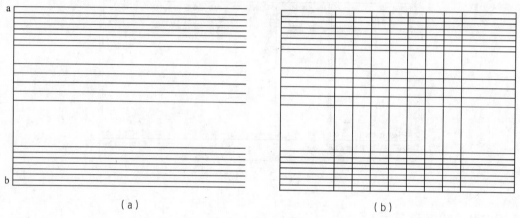

（a）　　　　　　　　　　　　　（b）

图 8-5　偏移竖直直线

（5）修剪图形。单击"修改"工具栏中的"修剪"按钮 ┼ 或快捷命令 TR，对图 8-5(b) 进行修剪，得到结果如图 8-6 所示。

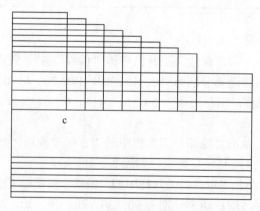

图 8-6　修剪结果

（6）绘制竖直直线。单击"绘图"工具栏中的"直线"按钮 ╱ 或快捷命令 L，以图 8-6 中 c 点为起点绘制竖直直线 cd，如图 8-7（a）所示。

（7）偏移竖直直线。单击"修改"工具栏中的"偏移"按钮 ⏹ 或快捷命令 O，将图 8-7(a) 所示的竖直直线向右偏移，偏移距离分别为 10、18、18、18、18、18、18、18，偏移后的结果如图 8-7(b)所示。

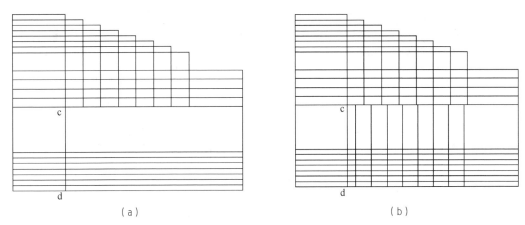

（a）　　　　　　　　　　　　　　　　　（b）

图 8-7　偏移直线

（8）修剪图形。单击"修改"工具栏中的"修剪"按钮 ╱╱ 或快捷命令 TR，对图 8-7（b）进行修剪，单击"绘图"工具栏中的"直线"按钮 ╱ 或快捷命令 L，补充绘制直线，得到结果如图 8-8 所示。

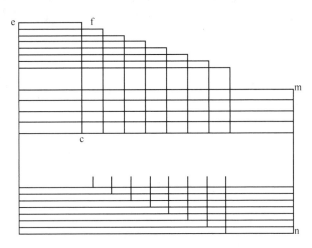

图 8-8　连接线图

8.2.3　绘制各个元器件

1．绘制 LED 数码显示器

（1）绘制矩形。单击"绘图"工具栏中的"矩形"按钮 ▢ 或快捷命令 REC，绘制一个长为 8、宽为 8 的矩形。

（2）分解矩形。单击"修改"工具栏中的"分解"按钮 ⬚ 或快捷命令 X，将绘制的矩形分解为直线 1，2，3，4，如图 8-9（a）所示。

（3）倒角。单击"修改"工具栏中的"倒角"按钮◻或快捷命令 CHA，命令行提示操作如下：

```
命令：_chamfer
选择第一条直线或[放弃(U)/多段线(P)/距离(D)/角度(A)/修剪(T)/方式(E)/多个(M)]:（输入 d↓）
指定第一个倒角距离<1.0000>:↓
指定第一个倒角距离<1.0000>:↓
选择第一条直线或[放弃(U)/多段线(P)/距离(D)/角度(A)/修剪(T)/方式(E)/多个(M)]:（选择直线1）
选择第二条直线，或按住 Shift 键选择要应用角点的直线:（选择直线2）
```

重复上述操作，分别对直线 1 和 4，直线 3 和 4，直线 2 和 3，直线 1 和 2 进行倒角，倒角后的结果如图 8-9（b）所示。

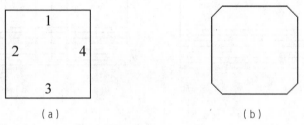

（a）　　　　　　　　　　　　（b）

图 8-9　绘制矩形

（4）复制倒角矩形。开启"正交"模式，单击"修改"工具栏中的"复制"按钮⧉或快捷命令 CO，将图 8-9（b）所示的倒角矩形向 y 轴负方向复制移动 8，如图 8-10（a）所示。

（5）删除倒角边。单击"修改"工具栏中的"删除"按钮✎或快捷命令 E，删除所有倒角，如图 8-10（b）所示。

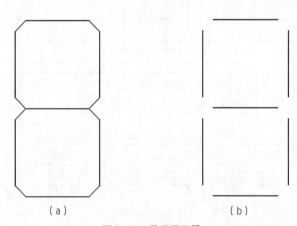

（a）　　　　　　　　　　　　（b）

图 8-10　数码显示器

（6）绘制矩形。单击"绘图"工具栏中的"矩形"按钮▭或快捷命令 REC，绘制一个长为 20、宽为 20 的矩形，如图 8-11（a）所示。单击"修改"工具栏中的"移动"按钮✥或快捷命令 M，将图 8-10（b）所示的图形平移到矩形中，结果如图 8-11（b）所示。

（7）阵列图形。单击"修改"工具栏中的"阵列"按钮▦或快捷命令 AR，弹出如图 8-12 所示的"阵列"对话框。选择"矩形阵列"，单击"选择对象"前面的▨按钮，暂时回到绘图屏幕，选择图 8-11（b）所示的图形，按回车键，重新回到"阵列"对话框，设置"行"为 1，"列"为 8，"行偏距"为 0，"列偏距"为 20，"阵列角度"为 0。此时，可以在右面的白框内预览到阵列的结果，最后单击"确定"按钮，阵列结果如图 8-13 所示。

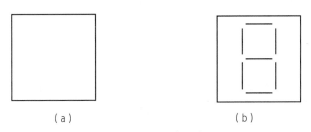

（a） （b）

图 8-11 平移图形

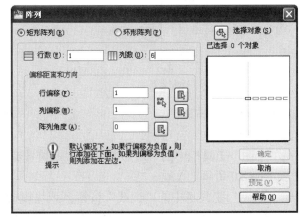

图 8-12 "阵列"对话框

图 8-13 阵列结果

2. 绘制 74LS06 非门符号

（1）绘制矩形。单击"绘图"工具栏中的"矩形"按钮▢或快捷命令 REC，绘制一个长为 6、宽为 4.5 的矩形，如图 8-14 所示。

（2）绘制直线。单击"绘图"工具栏中的"直线"按钮✎或快捷命令 L，开启"对象捕捉"中的"中点"命令，捕捉图 8-14 中矩形左边的中点，以其为起点水平向左绘制一条长度为 5 的直线，如图 8-15 所示。

（3）绘制圆。单击"绘图"工具栏中的"圆"按钮⊙或快捷命令 C，开启"对象捕捉"中的"中点"命令，捕捉图 8-14 中矩形的右边中点，以其为圆心，绘制半径为 1 的圆，如图 8-16 所示。

（4）移动圆。单击"修改"工具栏中的"移动"按钮✛或快捷命令 M，把圆沿 x 轴正方向平移 1 个单位，平移后的效果如图 8-17 所示。

（5）绘制直线。单击"绘图"工具栏中的"直线"按钮✎或快捷命令 L，捕捉图 8-17 中圆的圆心，以其为起点水平向右绘制一条长为 5 的直线，如图 8-18 所示。

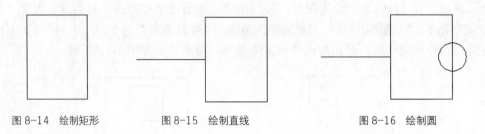

图 8-14 绘制矩形　　　　图 8-15 绘制直线　　　　图 8-16 绘制圆

（6）修剪图形。单击"修改"工具栏中的"修剪"按钮 ⊢／ 或快捷命令 TR，以图 8-18 中圆为剪切边，剪去直线在圆内部的部分，如图 8-19 所示。

图 8-17 平移圆　　　　图 8-18 绘制直线　　　　图 8-19 修剪效果

至此，完成了非门符号的绘制。

3. 绘制芯片 74LS244 符号

（1）绘制矩形。单击"绘图"工具栏中的"矩形"按钮 □ 或快捷命令 REC，绘制一个长为 6、宽为 4.5 的矩形，如图 8-20 所示。

（2）绘制直线。单击"绘图"工具栏中的"直线"按钮 ／ 或快捷命令 L，开启"对象捕捉"中的"中点"命令，捕捉图 8-20 中矩形左边的中点，以其为起点水平向左绘制一条长度为 5 的直线。继续单击"绘图"工具栏中的"直线"按钮 ／ 或快捷命令 L，捕捉图 8-20 中矩形右边的中点，以其为起点水平向右绘制一条长度为 5 的直线，如图 8-21 所示，这就是芯片 74LS244 的符号。

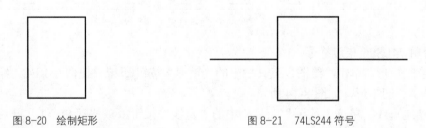

图 8-20 绘制矩形　　　　　　　　　图 8-21   74LS244 符号

4. 绘制芯片 8155

（1）绘制矩形。单击"绘图"工具栏中的"矩形"按钮 □ 或快捷命令 REC，绘制一个长为 210、宽为 50 的矩形，如图 8-22（a）所示。

（2）分解矩形。单击"修改"工具栏中的"分解"按钮 ⌐⌐ 或快捷命令 X，将图 8-22（a）所示的矩形边框进行分解。

（3）偏移直线。单击"修改"工具栏中的"偏移"按钮 ⊜ 或快捷命令 O，将图 8-22（a）中的直线 1 向下偏移 35，如图 8-21（b）所示。

（4）绘制直线。单击"绘图"工具栏中的"直线"按钮 ／ 或快捷命令 L，以图 8-22（b）

中直线 2 左端点为起点，水平向左绘制一条长度为 40 的直线 3，如图 8-22（c）所示。

（5）偏移直线。单击"修改"工具栏中的"偏移"按钮或快捷命令 O，将图 8-21（c）中的直线 3 向下偏移，偏移距离为 10、10、10、10、10、10、10、10、10、10、10、10、10、10，如图 8-22（d）所示。

（6）修剪图形。单击"修改"工具栏中的"删除"按钮或快捷命令 E，删除掉图 8-22（d）中的直线 2，如图 8-22（e）所示。

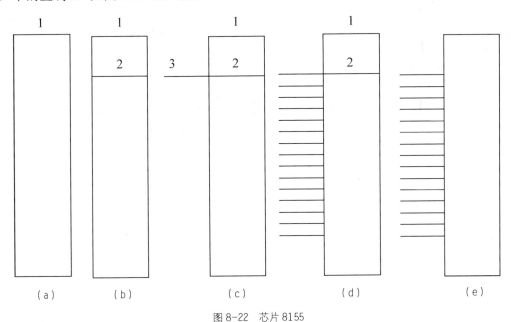

图 8-22　芯片 8155

5. 绘制芯片 8031

单击"绘图"工具栏中的"矩形"按钮或快捷命令 REC，绘制一个长为 180、宽为 30 的矩形，如图 8-23（a）所示。

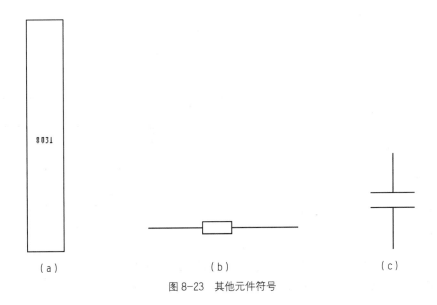

图 8-23　其他元件符号

6. 绘制其他元器件符号

电阻器和电容器符号在上节中绘制过，在此不再赘述，单击"修改"工具栏中的"复制"按钮 ![copy] 或快捷命令 CO，把电阻器和电容器符号复制到当前绘图窗口，如图 8-23（b）、（c）所示。

8.2.4 连接各个元器件

将绘制好的各个元器件符号连接到一起，注意各图形符号的大小可能有不协调的情况，可以根据实际需要利用"缩放"功能来及时调整。本图中元器件符号比较多，下面将以图 8-24（a）所示的数码显示器符号连接到图 8-24（b）为例来说明操作方法。

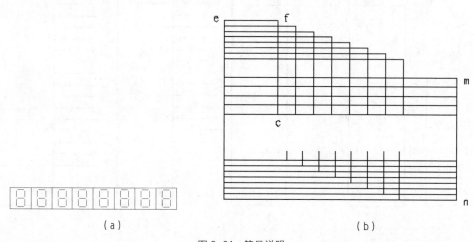

图 8-24　符号说明

（1）平移图形。单击"修改"工具栏中的"移动"按钮 ![move] 或快捷命令 M，选择图 8-24（a）所示的图形符号为平移对象，用鼠标捕捉如图 8-25 所示的中点为平移基点，以图 8-24 中点 c 为目标点，平移结果如图 8-26 所示。

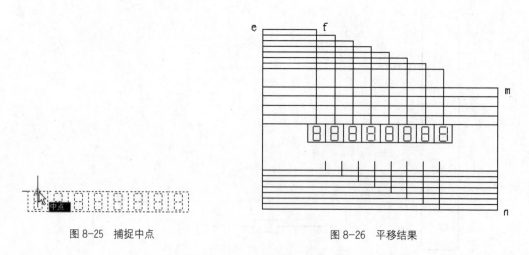

图 8-25　捕捉中点　　　　　　　　图 8-26　平移结果

（2）单击"修改"工具栏中的"移动"按钮 ![move] 或快捷命令 M，选择图 8-26 中显示器图形符号为平移对象，竖直向下平移 10，平移结果如图 8-27（a）所示。

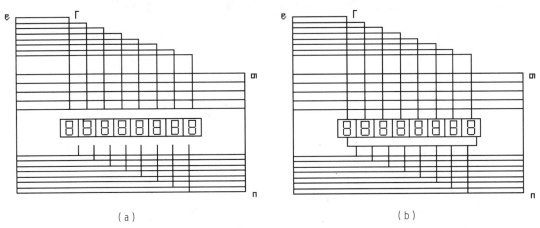

（a） （b）

图 8-27 完成绘制

（3）单击"绘图"工具栏中的"直线"按钮 ∕ 或快捷命令 L，补充绘制其他直线，效果如图 8-27（b）所示。

用同样的方法将前面绘制好的其他元器件相连接，并且补充绘制其他直线，具体操作过程不再赘述，结果如图 8-28 所示。

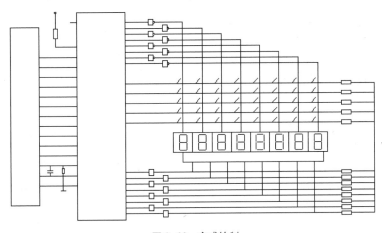

图 8-28 完成绘制

8.2.5 添加注释文字

1. 创建文字样式

选择菜单栏中的"格式"→"文字样式"命令，系统弹出"文字样式"对话框，如图 8-29 所示。

● 新建文字样式：在"文字样式"对话框中单击"新建"按钮，弹出"新建文字样式"对话框，输入样式名"键盘显示器接口电路"，并单击"确定"按钮回到"文字样式"对话框。

● 设置字体：在"字体名"下拉列表中选择"仿宋"。

● 设置高度：高度设置为 5。

● 设置宽度因子：宽度因子输入值为 0.7，倾斜角度默认值为 0。

● 检查预览区文字外观，如果合适，单击"应用"、"关闭"按钮。

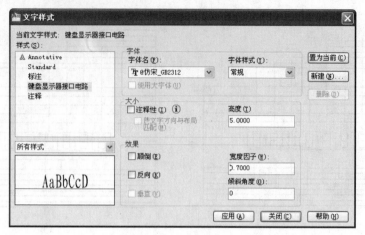

图 8-29 "文字样式"对话框

2. 添加注释文字

单击"绘图"工具栏中的"多行文字"按钮**A**或快捷命令 MT，命令行提示操作如下：

命令：_mtext 当前文字样式："键盘显示器接口电路" 文字高度：5 注释性：否
指定第一角点：(指定文字所在单元格左上角点)
指定对角点或 [高度(H)/对正(J)/行距(L)/旋转(R)/样式(S)/宽度(W)/栏(C)] (指定文字所在单元格右下角点)

系统弹出"文字格式"对话框，选择文字样式为"键盘显示器接口电路"，如图 8-30 所示。输入"5.1kΩ"，其中符号"Ω"的输入，需要单击"文件格式"对话框中的 @▼ 按钮，系统弹出"特殊符号"下拉菜单，如图 8-31 所示。从中选择"欧米加"符号，单击"确定"按钮，完成文字的输入。

度数(D)	%%d
正/负(P)	%%p
直径(I)	%%c
几乎相等	\U+2248
角度	\U+2220
边界线	\U+E100
中心线	\U+2104
差值	\U+0394
电相角	\U+0278
流线	\U+E101
恒等于	\U+2261
初始长度	\U+E200
界碑线	\U+E102
不相等	\U+2260
欧姆	\U+2126
欧米加	\U+03A9
地界线	\U+214A
下标 2	\U+2082
平方	\U+00B2
立方	\U+00B3
不间断空格(S) Ctrl+Shift+Space	
其他(O)...	

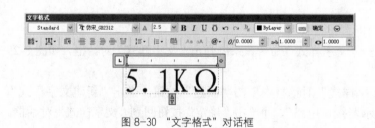

图 8-30 "文字格式"对话框

图 8-31 "特殊字符"下拉菜单

3. 使用文字编辑命令修改文字得到需要的文字

添加其他注释文字操作的具体过程不再赘述，至此键盘显示器接口电路绘制完毕，效果如图 8-1 所示。

8.3　停电来电自动告知线路图

图 8-32 所示为一种音乐集成电路构成的停电来电自动告知线路图。它适用于农村需要提示停电、来电的场合。VT_1、VD_5、R_3 组成了停电告知控制电路；IC_1、$VD_1\sim VD_4$ 等构成了来电告知控制电路；IC_2、VT_2、BL 为报警声驱动电路。

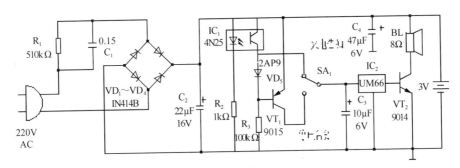

图 8-32　停电来电自动告知线路图

绘制此图的大致思路如下：首先绘制线路结构图，然后绘制各个元器件的图形符号，将元器件图形符号插入到线路结构图中，最后添加注释文字完成绘制。

8.3.1　绘制线路结构图

1. 建立新文件

打开 AutoCAD 2010 应用程序，以"A4.dwt"样板文件为模板，建立新文件，将新文件命名为"停电来电自动告知线路图.dwt"并保存。

2. 设置图层

选择菜单栏中的"格式"→"图层"命令，打开"图层特性管理器"对话框，设置"连接图层"和"实体符号层"一共两个图层，各图层的颜色、线型、线宽及其他属性状态设置如图 8-33 所示。将"连接图层"设置为当前层。

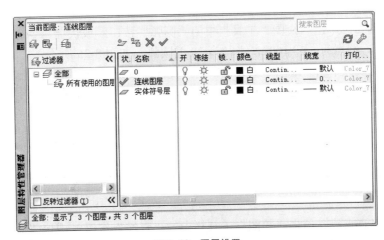

图 8-33　图层设置

3. 绘制线路结构图

单击"绘图"工具栏中的"直线"按钮／或快捷命令 L，绘制一系列的水平和竖直直线，得到停电来电自动告知线路图的连接线。

在如图 8-34 所示的结构图中，各个连接直线的长度如下：$ab=42$，$bc=65$，$cd=60$，$de=40$，$ef=30$，$fg=30$，$gh=105$，$hi=45$，$ij=35$，$jk=155$，$lm=75$，$ln=32$，$np=50$，$op=35$，$pq=45$，$rq=25$，$fv=45$，$ut=52$，$tz=50$，$aw=55$。

技巧荟萃

在绘制过程中，可以使用"对象捕捉"和"正交"绘图功能。绘制相邻直线时，用鼠标先捕捉相邻已经绘制好的直线端点，以其为起点来绘制下一条直线。由于图中所有的直线都是水平或者竖直直线，因此，使用"正交"方式可以大大减少工作量，方便绘图，提高效率。

实际上，在这里绘制各连接线的时候，用了多种不同的方法，如"偏移"命令，"拉长"命令，"多线段"等。类似的技巧如果熟练应用，可以大大减少工作量，使我们能够快速准确地绘制需要的图形。

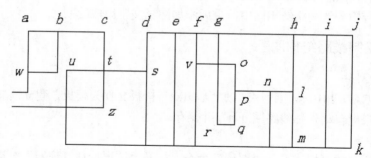

图 8-34　线路结构图

8.3.2　绘制各图形符号

1. 绘制插座

（1）绘制圆弧。单击"绘图"工具栏中的"圆弧"按钮／或快捷命令 A，绘制一条起点为（100，100），端点为（60,100），半径为 20 的圆弧，如图 8-35 所示。

（2）绘制直线。单击"绘图"工具栏中的"直线"按钮／或快捷命令 L，在"对象捕捉"绘图方式下，用鼠标分别捕捉圆弧的起点和终点，绘制一条水平直线，如图 8-36 所示。

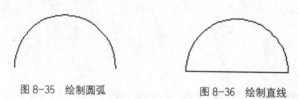

图 8-35　绘制圆弧　　　　　　　　图 8-36　绘制直线

（3）绘制竖直直线。单击"绘图"工具栏中的"直线"按钮／或快捷命令 L，在"对象捕捉"和"正交"绘图方式下，用鼠标捕捉圆弧的起点，以其为起点，向下绘制长度为 10

的竖直直线 1；用鼠标捕捉圆弧的终点，以其为起点，向下绘制长度为 10 的竖直直线 2，如图 8-37 所示。

（4）平移直线。单击"修改"工具栏中的"移动"按钮 ✣ 或快捷命令 M，将直线 1 向右平移 10，将直线 2 向左平移 10，结果如图 8-38 所示。

图 8-37　绘制竖直线

图 8-38　平移直线

（5）拉长直线。选择菜单栏中的"修改"→"拉长"命令或快捷命令 LEN，将直线 1 和直线 2 分别向上各拉长 40，如图 8-39 所示。

（6）修剪图形。单击"修改"工具栏中的"修剪"按钮 ✂ 或快捷命令 TR，以水平直线和圆弧为剪切边，对竖直直线做修剪操作，结果如图 8-40 所示。

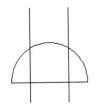
图 8-39　拉长直线

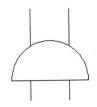
图 8-40　修剪图形

2. 绘制开关

（1）绘制等边三角形。单击"绘图"工具栏中的"直线"按钮 ✏ 或快捷命令 L，绘制一条长为 20 的竖直直线。单击"修改"工具栏中的"旋转"按钮 ⟳ 或快捷命令 RO，选择"复制"模式，将绘制的竖直直线绕直线下端点旋转-60°。重复"旋转"命令，选择"复制"模式，将绘制的竖直直线绕直线上端点旋转 60°，如图 8-41 所示。

（2）绘制圆。单击"绘图"工具栏中的"圆"按钮 ⊙ 或快捷命令 C，以如图 8-41 所示的三角形顶点为圆心，绘制半径为 2 的圆，如图 8-42 所示。

（3）删除直线。单击"修改"工具栏中的"删除"按钮 ✐ 或快捷命令 E，删除三角形的三条边，如图 8-43 所示。

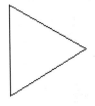
图 8-41　绘制三角形

图 8-42　绘制圆

图 8-43　删除直线

（4）绘制直线。单击"绘图"工具栏中的"直线"按钮 / 或快捷命令 L，以图 8-44（a）所示象限点为起点，以图 8-44（b）所示切点为终点，绘制直线，如图 8-44（c）所示。

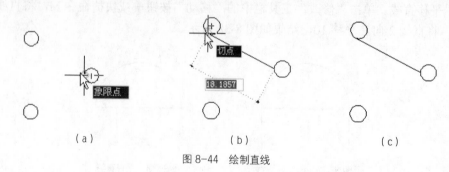

（a）　　　　　　　　　　（b）　　　　　　　　　　（c）

图 8-44　绘制直线

（5）拉长直线。选择菜单栏中的"修改"→"拉长"命令或快捷命令 LEN，将图 8-44（c）中所绘制的直线拉长 4，如图 8-45 所示。

（6）绘制直线。单击"绘图"工具栏中的"直线"按钮 / 或快捷命令 L，分别以 3 个圆的圆心为起点，水平向右，竖直向上，竖直向下绘制长度为 5 的直线，如图 8-46 所示。

（7）修剪图形。单击"修改"工具栏中的"修剪"按钮 -/-- 或快捷命令 TR，以圆为修剪边，修剪掉圆内的线头，如图 8-47 所示，这就是绘制完成的开关符号。

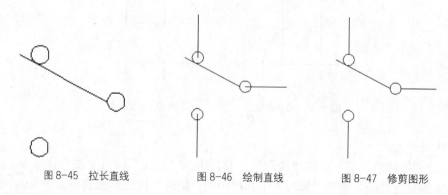

图 8-45　拉长直线　　　　　　图 8-46　绘制直线　　　　　　图 8-47　修剪图形

3. 绘制扬声器

（1）绘制矩形。单击"绘图"工具栏中的"矩形"按钮 □ 或快捷命令 REC，绘制一个长为 18、宽为 45 的矩形，结果如图 8-48 所示。

（2）绘制斜线。单击"绘图"工具栏中的"直线"按钮 / 或快捷命令 L，关闭"正交"模式，选择菜单栏中的"工具"→"草图设置"命令，在出现的"草图设置"对话框中设置角度，如图 8-49 所示。绘制一定长度的直线，如图 8-50 所示。

（3）镜像直线。单击"修改"工具栏中的"镜像"按钮 ⚏ 或快捷命令 MI，将图 8-50 所示的斜线以矩形两个宽边的中点为镜像线，对称复制到下边，如图 8-51 所示。

（4）绘制直线。单击"绘图"工具栏中的"直线"按钮 / 或快捷命令 L，连接两斜线端点，如图 8-52 所示。

4. 绘制电源

（1）绘制直线。单击"绘图"工具栏中的"直线"按钮 / 或快捷命令 L，绘制长度为 20 的直线 1，如图 8-53（a）所示。

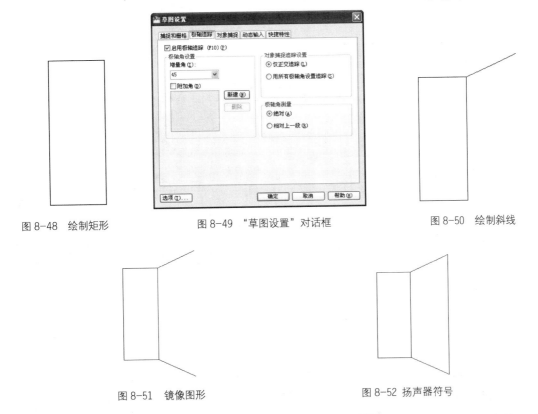

图 8-48 绘制矩形 图 8-49 "草图设置"对话框 图 8-50 绘制斜线

图 8-51 镜像图形 图 8-52 扬声器符号

（2）偏移直线。单击"修改"工具栏中的"偏移"按钮⬰或快捷命令 O，以直线 1 为起始，依次向下绘制直线 2、3、4，偏移量分别为 10，10，10，如图 8-53（b）所示。

（3）拉长直线。选择菜单栏中的"修改"→"拉长"命令或快捷命令 LEN，分别向左右拉长直线 1 和 3，拉长长度均为 15，结果如图 8-53（c）所示，这就是绘制完成的电源符号。

（a） （b） （c）

图 8-53 绘制电源

5. 绘制整流桥

（1）绘制矩形。单击"绘图"工具栏中的"矩形"按钮▭或快捷命令 REC，绘制一个宽度为 50、高度为 50 的矩形，并将其移动到合适的位置，效果如图 8-54 所示。

（2）旋转矩形。单击"修改"工具栏中的"旋转"按钮⟲或快捷命令 RO，将图 8-54 所示的矩形以 P 为基点，旋转 45°，旋转后的效果如图 8-55 所示。

（3）复制二极管符号。单击"修改"工具栏中的"复制"按钮⧉或快捷命令 C，将以前绘制的二极管符号复制到绘图区，如图 8-56（a）所示。

（4）旋转二极管符号。单击"修改"工具栏中的"旋转"按钮⟳或快捷命令 RO，将如图 8-56（a）所示的二极管符号以 O 为基点，旋转-45°，旋转后的效果如图 8-56（b）所示。

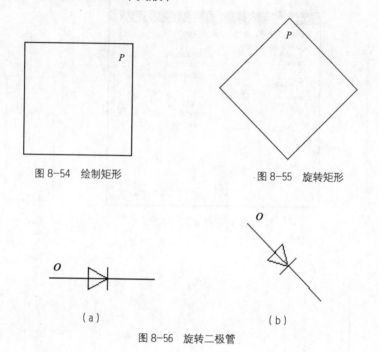

图 8-54　绘制矩形　　　　　　　　图 8-55　旋转矩形

（a）　　　　　　　　　　　　　　　（b）

图 8-56　旋转二极管

（5）移动图形。单击"修改"工具栏中的"移动"按钮✛或快捷命令 M，以图 8-56（b）中的 *O* 点为移动基准点，以图 8-55 所示 P 点为移动目标点，移动后的效果如图 8-57 所示。用同样的方法移动另一个二极管到 *P* 点，如图 8-58 所示。

（6）镜像图形。单击"修改"工具栏中的"镜像"按钮⚖或快捷命令 MI，镜像上面移动的二极管，镜像线为矩形的左右两个端点的连线，效果如图 8-59 所示，即为绘制完成的整流桥。

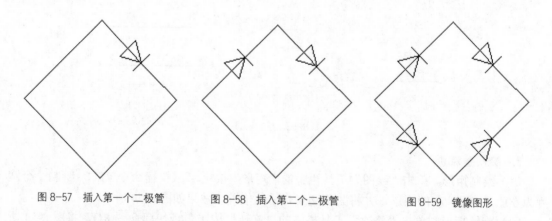

图 8-57　插入第一个二极管　　　图 8-58　插入第二个二极管　　　图 8-59　镜像图形

6. 绘制光电耦合器

（1）绘制发光二级管

① 单击"绘图"工具栏中的"插入块"按钮🗔或快捷命令 I，打开"插入"对话框，如图 8-60 所示。选择"箭头"，输入比例为"0.15"，单击"确定"按钮，插入结果如图 8-61 所示。

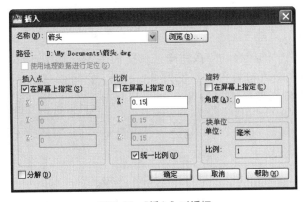

图 8-60　"插入"对话框

图 8-61　箭头符号

② 单击"绘图"工具栏中的"直线"按钮 ／ 或快捷命令 L，捕捉图 8-61 中箭头竖直线的中点，以其为起点，水平向左绘制长为 4 的直线，如图 8-62 所示。

③ 单击"修改"工具栏中的"旋转"按钮 ○ 或快捷命令 RO，将图 8-62 中绘制的箭头绕顶点旋转-40°，如图 8-63 所示。

④ 单击"修改"工具栏中的"复制"按钮 ○ 或快捷命令 CO，将图 8-63 绘制的箭头向下复制一份，复制距离为 3，如图 8-64 所示。

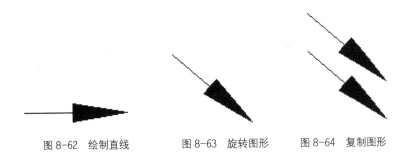

图 8-62　绘制直线　　图 8-63　旋转图形　　图 8-64　复制图形

重复"复制"命令，把以前绘制的二极管符号复制到当前窗口，如图 8-65 所示。

⑤ 单击"修改"工具栏中的"移动"按钮 ✛ 或快捷命令 M，移动图 8-64 所示的箭头到合适的位置，得到发光二极管符号，如图 8-66 所示。

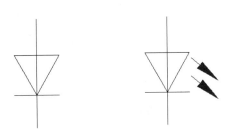

图 8-65　复制二极管　　图 8-66　移动图形

（2）绘制光敏管

① 单击"修改"工具栏中的"复制"按钮 ○ 或快捷命令 CO，把以前绘制的晶体管符号复制到当前窗口，如图 8-67（a）所示。

② 单击"修改"工具栏中的"删除"按钮✍或快捷命令 E，将图 6-67（a）中的水平线删除，删除后的效果如图 8-67（b）所示。

（3）组合图形。单击"修改"工具栏中的"移动"按钮✛或快捷命令 M，将图 8-66 所示的发光二极管符号和 8-67（b）所示的光敏管符号平移到长为 45、宽为 23 的矩形中，如图 8-68 所示，这就是绘制完成的 IC1 光电耦合器的图形符号。

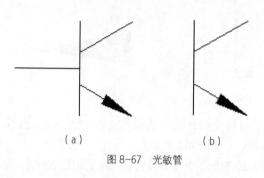

（a）　　　　　　　　　（b）

图 8-67　光敏管

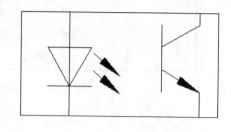

图 8-68　IC1 光电耦合器

7. 绘制 PNP 型晶体管

（1）复制图形。单击"修改"工具栏中的"复制"按钮❀或快捷命令 CO，把以前绘制的晶体管符号复制到当前窗口。

（2）删除箭头。单击"修改"工具栏中的"删除"按钮✍或快捷命令 E，将图中箭头删除，删除后的效果如图 8-69 所示。

（3）插入块。单击"绘图"工具栏中的"插入块"按钮₪或快捷命令 I，打开"插入"对话框，如图 8-70 所示。选择"箭头"，输入比例为"0.15"，单击"确定"按钮，回到绘图屏幕。在屏幕上捕捉直线的端点为插入点，如图 8-71 所示。在"旋转角度"空格中输入旋转角度为-150°。插入"箭头"后的结果如图 8-72 所示。

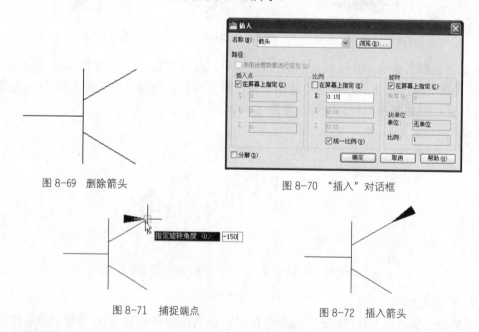

图 8-69　删除箭头

图 8-70　"插入"对话框

图 8-71　捕捉端点

图 8-72　插入箭头

（4）移动箭头。单击"修改"工具栏中的"移动"按钮✛或快捷命令 M，将图 8-72 中的图形以箭头顶点为平移基准点，以图 8-73（a）所示端点为平移目标点，平移后的效果如图 8-73（b）所示。

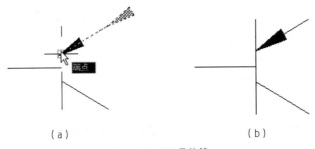

（a）　　　　　　　　　　　　　　　（b）

图 8-73　PNP 晶体管

8. 绘制其他图形符号

二极管、电阻器、电容器符号在以前绘制过，在此不再赘述。单击"修改"工具栏中的"复制"按钮🔗或快捷命令 CO，把二极管、电阻器、电容器符号复制到当前绘图窗口，如图 8-74 所示。

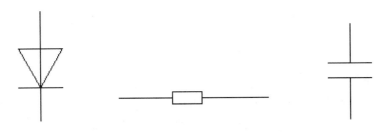

图 8-74　其他图形符号

8.3.3　图形符号插入到结构图

调用移动命令，将绘制好的各图形符号插入到线路结构图中对应的位置，然后单击"修改"工具栏中的"修剪"按钮┿和"删除"按钮✐，删除掉多余的图形。在插入图形符号的时候，根据需要可以调用"缩放"命令，调整图形符号的大小，以保持整个图形的美观整齐。完成后的结果如图 8-75 所示。

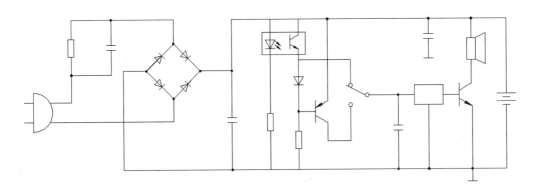

图 8-75　图形符号插入到线路结构图

8.3.4 添加注释文字

1. 创建文字样式

选择菜单栏中的"格式"→"文字样式"命令，打开"文字样式"对话框，创建一个样式名为"样式 1"的文字样式，用来标注文字。设置"字体名"为"仿宋"，"字体样式"为"常规"，"高度"为 10，宽度因子为 0.7，如图 8-76 所示。同时创建一个样式名为"样式 2"的文字样式，用来标注字母和数字。设置"字体名"为"txt.shx"，"字体样式"为"常规"，"高度"为 10，宽度因子为 0.7。

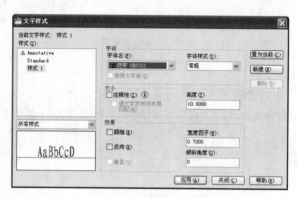

图 8-76　"文字样式"对话框

2. 添加注释文字

选择菜单栏中的"绘图"→"文字"→"单行文字"命令，一次输入几行文字，然后调整其位置，以对齐文字。调整位置的时候，结合使用正交命令。

3. 使用文字编辑命令修改文字来得到需要的文字

修改文字的具体过程不再赘述。至此，停电来电自动告知线路图绘制完毕，效果如图 8-32 所示。

8.4 上机操作

【实验 1】绘制如图 8-77 所示的照明灯延时关断线路图。

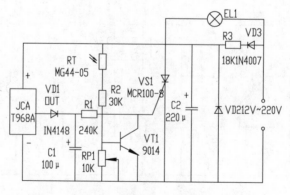

图 8-77　照明灯延时关断线路图

操作指导:

(1)绘制线路结构图。

(2)插入元件。

(3)添加文字。

【实验 2】绘制如图 8-78 所示的电话机自动录音电路图。

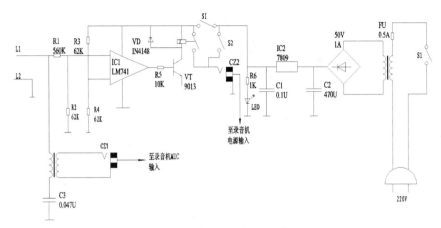

图 8-78　电话机自动录音电路图

操作指导:

(1)绘制线路结构图。

(2)绘制元件。

(3)插入元件到结构图。

(4)添加文字。

思考与练习

1．绘制如图 8-79 所示的单片机采样线路图。

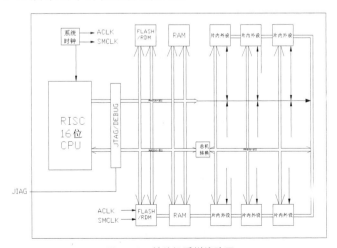

图 8-79　单片机采样线路图

2．绘制如图 8-80 所示的抽水机线路图。

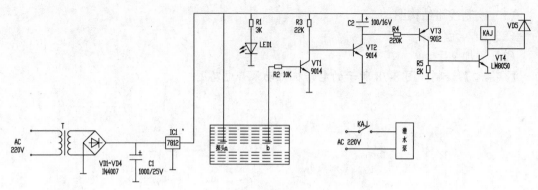

图 8-80　抽水机线路图

第 **9** 章　控制电气设计

● 学习目标

随着电厂生产管理的要求及电气设备智能化水平的不断提高，电气控制系统（ECS）的功能得到了进一步扩展，理念和水平都有了更深意义的延伸。将 ECS 及电气各类专用智能设备（如同期、微机保护、自动励磁等）采用通信方式与分散控制系统接口，作为一个分散控制系统中相对独立的子系统，实现同一平台，便于监控、管理、维护，即厂级电气综合保护监控的概念。

● 学习要点

➢ 控制电气简介
➢ 恒温烘房电气控制图
➢ 电动机自耦降压启动控制电路

9.1　控制电气简介

9.1.1　控制电路简介

从研究电路的角度来看，一个实验电路一般可分为电源、控制电路和测量电路 3 部分。测量电路是事先根据实验方法确定好的，可以把它抽象地用一个电阻 R 来代替，称为负载。根据负载所要求的电压值 U 和电流值 I，就可选定电源，一般电学实验对电源并不苛求，只要选择电源的电动势 E 略大于 U，电源的额定电流大于工作电流 I 即可。负载和电源都确定后，就可以安排控制电路，使负载能获得所需要的各个不同的电压和电流值。一般来说，控制电路中电压或电流的变化，都可用滑线式可变电阻来实现。控制电路有制流和分压两种最基本接法，两种接法的性能和特点可由调节范围、特性曲线、细调程度来表征。

一般在安排控制电路时，并不一定要求设计出一个最佳方案。只要根据现有的设备设计出既安全又省电，且能满足实验要求的电路就可以了。设计方法一般也不必做复杂的计算，可以边实验边改进。先根据负载的阻值 R 要求调节的范围，确定电源电压 E，然后综合比较一下采用分压还是制流，确定了 R_0 后，估计一下细调程度是否足够，然后做一些初步试验，看看在整个范围内细调是否满足要求，如果不能满足，则可以加接变阻器，分段逐级细调。

控制电路主要分为开环（自动）控制系统和闭环（自动）控制系统（也称为反馈控制系统）。其中开环（自动）控制系统包括前向控制、程控（数控），智能化控制等，如录音机的开、关机，自动录放，程序工作等。闭环（自动）控制系统则是反馈控制，将受控物理量自动调整到预定值。

其中反馈控制是最常用的一种控制电路。下面介绍 3 种常用的反馈控制方式。

1. 自动增益控制 AGC (AVC)

反馈控制量为增益（或电平），以控制放大器系统中某级（或几级）的增益大小。

2. 自动频率控制 AFC

反馈控制量为频率，以稳定频率。

3. 自动相位控制 APC (PLL)

反馈控制量为相位。

PLL 可实现调频、鉴频、混频、解调、频率合成等。

图 9-1 所示为一种常见的反馈自动控制系统的组成。

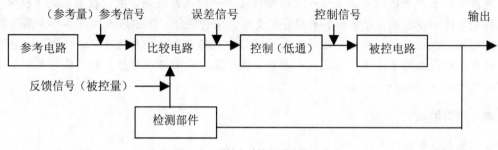

图 9-1　反馈自动控制系统的组成

9.1.2　控制电路图简介

控制电路大致可以包括下面几种类型的电路：自动控制电路、报警控制电路、开关电路、灯光控制电路、定时控制电路、温控电路、保护电路、继电器控制、晶闸管控制电路、电机控制电路、电梯控制电路等。下面对其中几种控制电路的典型电路图进行举例。

图 9-2 所示的电路图表示报警控制电路中的一种典型电路，即汽车多功能报警器电路图。它的功能要求为：当系统检测到汽车出现各种故障时进行语音提示报警。语音：左前轮、右前轮、左后轮、右后轮、胎压过低、胎压过高、请换电池、叮咚；控制方式：并口模式；语音对应地址：（在每个语音组合中加入 200ms 的静音）；00H“叮咚”＋左前轮＋胎压过高；01H“叮咚”＋右前轮＋胎压过高；02H“叮咚”＋左后轮＋胎压过高；03H“叮咚”＋右后轮＋胎压过高；04H“叮咚”＋左前轮＋胎压过低；05H“叮咚”＋右前轮＋胎压过低；06H“叮咚”＋左后轮＋胎压过低；07H“叮咚”＋右后轮＋胎压过低；08H“叮咚”＋左前轮＋请换电池；09H“叮咚”＋右前轮＋请换电池；0AH“叮咚”＋左后轮＋请换电池；0BH“叮咚”＋右后轮+请换电池。

图 9-3 所示的电路就是温控电路中的一种典型电路。该电路是由双 D 触发器 CD4013 中的一个 D 触发器组成，电路结构简单，具有上、下限温度控制功能。控制温度可通过电位器预置，当超过预置温度后自动断电。它可用于电热加工的工业设备，电路中将 D 触发器连接成一个 RS 触发器，以工业控制用的热敏电阻 MF51 作温度传感器。

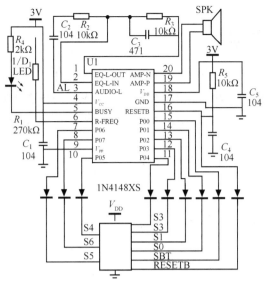

图 9-2 汽车多功能报警器电路图

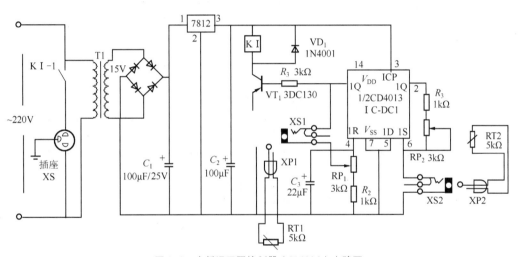

图 9-3 高低温双限控制器（CD4013）电路图

图 9-4 所示的电路图为继电器电路中的一种典型电路。在图 9-4（a）中，集电极为负，发射极为正，对于 PNP 型管而言，这种极性的电源是正常的工作电压；在图 9-4（b）中，集电极为正，发射极为负，对于 NPN 型管而言，这种极性的电源是正常的工作电压。

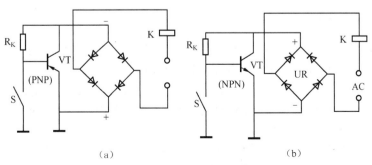

（a）　　　　　　　　　　（b）

图 9-4 交流电子继电器电路图

9.2 恒温烘房电气控制图

图 9-5 所示为某恒温烘房的电气控制图，它主要由供电线路、3 个加热区及风机组成。其绘制思路为：先根据图纸结构绘制出主要的连接线，然后依次绘制各主要电气元件，之后将各电气元件分别插入合适位置组成各加热区和循环风机，最后将各部分组合，即完成图纸绘制。

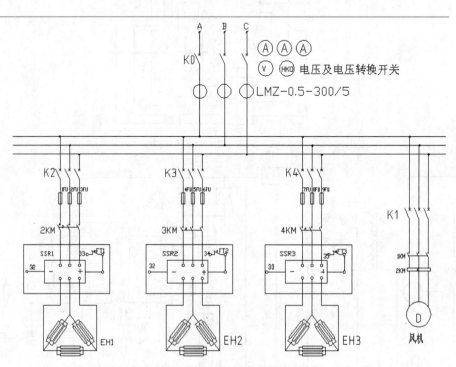

图 9-5　恒温烘房电气控制图

操作步骤

　光盘\动画演示\第 9 章\绘制恒温烘房电气控制图.avi

9.2.1　图纸布局

（1）建立新文件。打开 AutoCAD 2010 应用程序，以"A3.dwt"样板文件为模板，建立新文件，将新文件命名为"恒温烘房电气控制图.dwg"并保存。

（2）设置图层。选择菜单栏中"格式"→"图层"命令，设置"连接线层"、"实线层"和"虚线层"一共 3 个图层，各图层的颜色、线型及线宽设置如图 9-6 所示。将"连接线层"设置为当前图层。

（3）单击"绘图"工具栏中的"直线"按钮 或快捷命令 L，绘制直线 1{(1000,10000),(11000,10000)}，如图 9-7 所示。

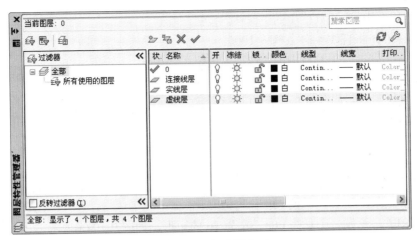

图 9-6　新建图层

图 9-7　水平直线

（4）单击"修改"工具栏中的"偏移"按钮 或快捷命令 O，以直线 1 为起始，依次向下偏移 200、200 和 4000 得到一组水平直线。

（5）单击"绘图"工具栏中的"直线"按钮 或快捷命令 L，并启动"对象追踪"功能，用鼠标分别捕捉直线 1 和最下面一条水平直线的左端点，连接起来，得到一条竖直直线。

（6）单击"修改"工具栏中的"偏移"按钮 或快捷命令 O，以竖直直线为起始，依次向右偏移 700、200、200、2000、200、200、1800、200、200、1600、200 和 200，得到一组竖直直线。然后单击"修改"工具栏中的"删除"按钮 或快捷命令 E，删除初始竖直直线。前述绘制的水平直线和竖直直线构成了如图 9-8 所示的图形。

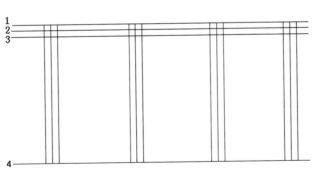

图 9-8　添加连接线

（7）单击"绘图"工具栏中的"直线"按钮 或快捷命令 L，并启动"对象追踪"功能，用鼠标捕捉直线 3 的左端点，向上绘制一条长度为 2000 的竖直直线 5。

（8）单击"修改"工具栏中的"移动"按钮 或快捷命令 M，将直线 5 向右平移 4200。

（9）单击"修改"工具栏中的"偏移"按钮 或快捷命令 O，将直线 5 向右分别偏移 500、500，得到直线 6 和直线 7。

（10）单击"绘图"工具栏中的"直线"按钮 或快捷命令 L，并启动"对象追踪"功能，用鼠标分别捕捉直线 6 和 7 的上端点，绘制水平直线。

（11）单击"修改"工具栏中的"偏移"按钮 ≜ 或快捷命令 O，将直线 4 向上偏移 1000。

（12）单击"修改"工具栏中的"修剪"按钮 -/-- 和"删除"按钮 ✐，修剪水平和竖直直线，并删除多余的直线，得到如图 9-9 所示的图形，就是绘制完成的图纸布局。

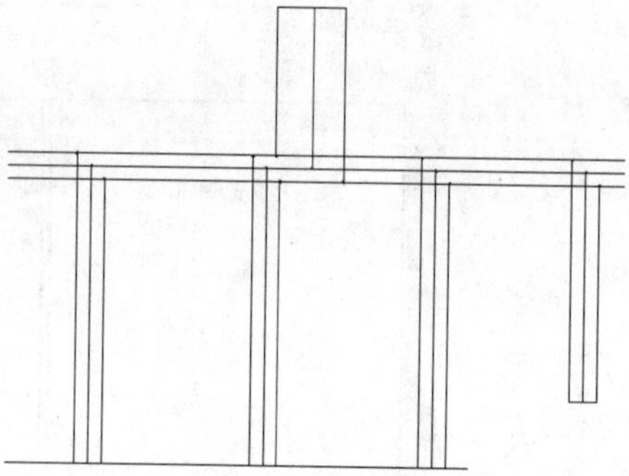

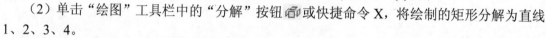

图 9-9　图纸布局

9.2.2　绘制各电气元件

1. 绘制固态继电器

（1）单击"绘图"工具栏中的"矩形"按钮 ▭ 或快捷命令 REC，绘制一个长为 600、宽为 70 的矩形，如图 9-10 (a)所示。

（2）单击"绘图"工具栏中的"分解"按钮 ⬚ 或快捷命令 X，将绘制的矩形分解为直线 1、2、3、4。

（3）单击"修改"工具栏中的"偏移"按钮 ≜ 或快捷命令 O，以直线 1 为起始，绘制两条水平直线，偏移量分别为 18 和 34；以直线 3 为起始，绘制两条竖直直线，偏移量分别为 270 和 300，如图 9-10 (b)所示。

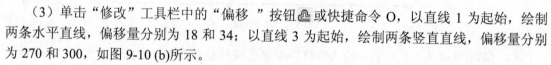

(a)   (b)

图 9-10　绘制、分解矩形

（4）单击"修改"工具栏中的"修剪"按钮 -/-- 和"删除"按钮 ✐，修剪图形，并删除多余的直线，得到如图 9-11 (a)所示的结果。

（5）选择菜单栏中的"修改"→"拉长"命令或快捷命令 LEN，将直线 5 分别向上和向下拉长 250，如图 9-11 (b)所示。

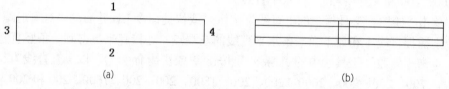

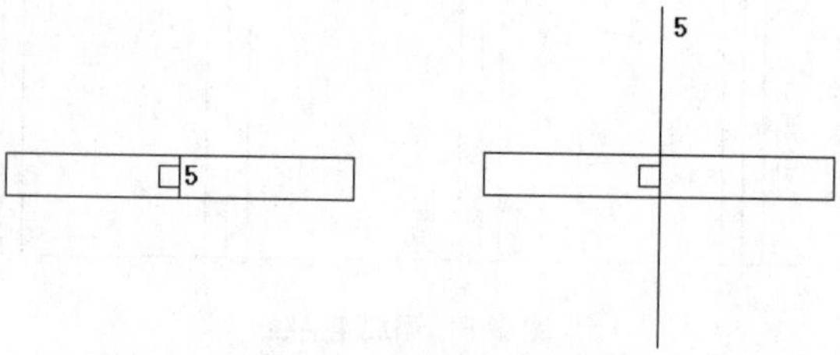

(a)   (b)

图 9-11　拉长直线

（6）单击"修改"工具栏中的"偏移"按钮 ≜ 或快捷命令 O，以直线 5 为起始，分别向左和向右绘制两条竖直直线 6 和 7，偏移量均为 240，如图 9-12 (a)所示。

（7）单击"修改"工具栏中的"修剪"按钮 -/-- 或快捷命令 TR，以各水平直线为剪切边，对直线 5、6 和 7 进行修剪，得到如图 9-12 (b)所示的结果，这就是绘制完成的热继电器的图形符号。

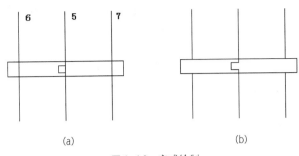

图 9-12　完成绘制

2．绘制风机

（1）单击"绘图"工具栏中的"直线"按钮 ╱ 或快捷命令 L，绘制竖直直线 1{(100,1000)，(900,1000)}。

（2）单击"修改"工具栏中的"偏移"按钮 ⬛ 或快捷命令 O，以直线 1 为起始，向右分别绘制直线 2 和直线 3，偏移量均为 240，结果如图 9-13 (a)所示。

（3）单击"绘图"工具栏中的"圆"按钮 ⊙ 或快捷命令 C，用鼠标捕捉直线 2 的下端点，以其作为圆心，绘制一个半径为 300 的圆，如图 9-13 (b)所示。

（4）单击"修改"工具栏中的"修剪"按钮 ╱⁻ 或快捷命令 TR，以圆为剪切边，对直线 1、2 和 3 做修剪操作，得到如图 9-13 (c)所示的结果，就是绘制完成的风机的图形符号。

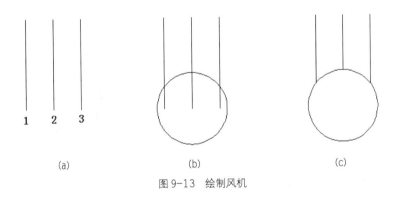

图 9-13　绘制风机

9.2.3　完成加热区

本图共有 3 个加热区，下面以一个加热区为例来介绍加热区的绘制方法。

（1）单击"修改"工具栏中的"复制"按钮 ⬚ 或快捷命令 CO，将前面绘制的加热器复制一份，如图 9-14 (a)所示。

（2）单击"绘图"工具栏中的"直线"按钮 ╱ 或快捷命令 L，在"对象捕捉"和"正交"绘图方式下，用鼠标捕捉 A 点，以其为起点，分别绘制直线 1、2、3，长度分别为 1100、430 和 630。用同样的方法，用鼠标捕捉 C 点，以其为起点，绘制竖直直线 4，长度为 860，如图 9-14(b)所示。

（3）单击"修改"工具栏中的"镜像"按钮 ⬚ 或快捷命令 MI，选择直线 1、2、3 为镜像对象，以直线 4 为镜像线，做镜像操作。通过镜像得到连接线 5、6、7，如图 9-14 (c)所示。

（4）单击"修改"工具栏中的"移动"按钮 ✛ 或快捷命令 M，选择整个固态继电器的图形符号为平移对象。用鼠标捕捉其向下接线头中最左边的接线头为基点。平移的目标点选择图示中直线 3 的上端点，结果如图 9-15 所示。

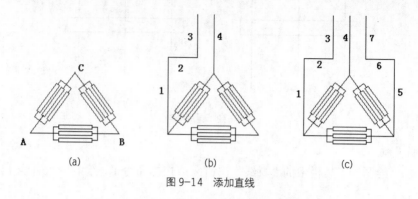

图 9-14　添加直线

（5）用和步骤（4）中同样的方法分别插入交流接触器、保险丝和电源开关，结果如图 9-16 所示。

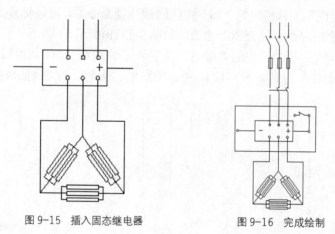

图 9-15　插入固态继电器　　　　　图 9-16　完成绘制

9.2.4　完成循环风机

（1）连接风机和热继电器。将热继电器和风机的对应线头连接起来，方法如下：调用"移动"命令，选择热继电器符号为对象，用鼠标捕捉其下面最左边的接线头，即图中的点 O 为基点，选择风机连接线最左边的接线头，即图中的 P 点为目标点，将热继电器平移过去，结果如图 9-17 (c)所示。

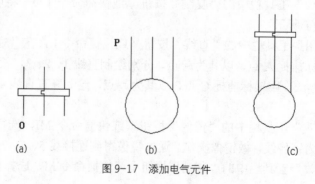

图 9-17　添加电气元件

（2）用和上一步中相同的方法依次在上面的接线头插入交流接触器和电源开关，结果如图 9-18 所示，这就是完成的循环风机模块。

9.2.5　添加到结构图

前面已经分别完成了图纸布局，各个加热模块以及循环风机的绘制，按照规定的尺寸将上述各个图形组合起来就是完整的烘房的电气控制图。

在组合过程中，可以单击"修改"工具栏中的"移动" ✛ 命令或快捷命令 M，将绘制的各部件的图形符号插入到结构图中的对应位置，然后单击"修改"工具栏中的"修剪"按钮 ⊹ 或 TR，删除掉多余的图形。在插入图形符号的时候，根据需要，可以单击"修改"工具栏中的"缩放"按钮 🔲 或快捷命令 SC，调整图形符号的大小，以保持整个图形的美观整齐，结果如图 9-19 所示。

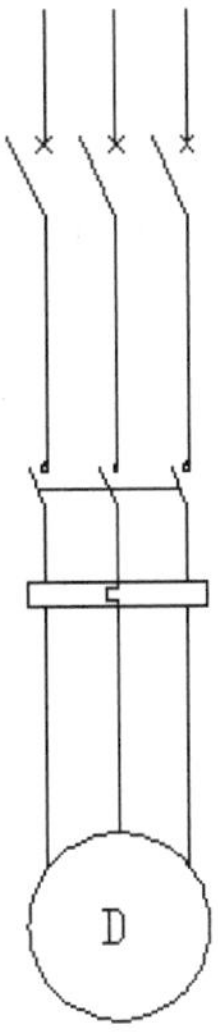

9.2.6　添加注释

（1）单击菜单栏中"格式"→"文字样式"命令，弹出"文字样式"对话框，创建一个样式名为"标注"的文字样式。设置"字体名"为"仿宋 GB_2312"，"字体样式"为"常规"，"高度"为 50，宽度比例为 0.7。

图 9-18　循环风机

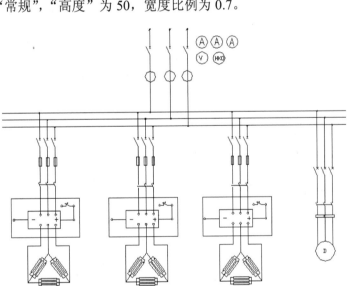

图 9-19　完成绘制

（2）单击"绘图"工具栏中的"多行文字"按钮 **A** 或快捷命令 MT，然后再调整其位置，以对齐文字。调整位置的时候，结合使用正交命令。

9.3　电动机自耦降压启动控制电路

图 9-20 所示为一种自耦降压启动控制电路，合上断路器 QS，信号灯 HL 亮，表明控制电路已接通电源；按下启动按钮 SB2，接触器 KM2 得电吸合，电动机经自耦变压器降压启

动；中间继电器 KA1 也得电吸合，其常开触点闭合，同时接通通电延时时间继电器 KT1 回路。当时间继电器 KT1 延时时间到，其延时动合触点闭合，使中间继电器 KA2 得电吸合自保，接触器 KM2 失电释放，自耦变压器退出运行，同时通电延时时间继电器 KT2 得电；当 KT2 延时时间到，其延时动合触点闭合，使中间继电器 KA3 得电吸合，接触器 KM1 也得电吸合，电动机转入正常运行工作状态，时间继电器 KT1 失电。

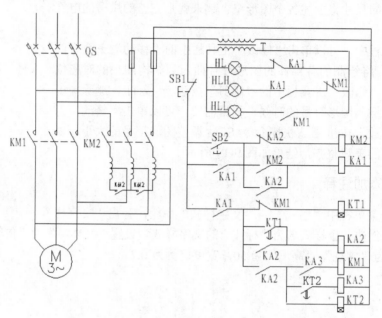

图 9-20　三相鼠笼异步电动机的自耦降压启动控制电路

 操作步骤

 参见光盘　光盘\动画演示\第 9 章\绘制电动机自耦降压启动控制电路.avi

9.3.1　绘制各电气符号

1. 新建文件

启动 AutoCAD 2010 应用程序，以 "A4.dwt" 样板文件为模板，新建文件，将新文件命名为 "自耦降压启动控制电路图.dwt" 并保存。

2. 设置图层

新建 "连接线层"、"虚线层" 和 "实体符号层" 3 个图层，将 "连接线层" 设为当前图层，各图层的属性如图 9-21 所示。

3. 绘制断路器

（1）绘制竖直直线。单击 "绘图" 工具栏中的 "直线" 按钮 或快捷命令 L，绘制一条长度为 15 的竖直直线，如图 9-22（a）所示。

（2）绘制水平直线。单击 "绘图" 工具栏中的 "直线" 按钮 或快捷命令 L，以图 9-22（a）中竖直直线的上端点 M 为起点，向左右两侧绘制长度为 1.4 的水平直线，如图 9-22（b）所示。

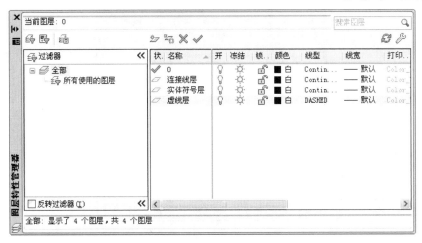

图 9-21　设置图层

（3）平移水平直线。单击"修改"工具栏中的"移动"按钮✥或快捷命令 M，竖直向下移动水平直线，移动距离为 5，如图 9-22（c）所示。

（4）旋转水平直线。单击"修改"工具栏中的"旋转"按钮○或快捷命令 RO，将水平直线以其与竖直直线的交点为基点旋转 45°，如图 9-22（d）所示。

（5）镜像旋转线。单击"修改"工具栏中的"镜像"按钮⚖或快捷命令 MI，将旋转后的直线以竖直直线为对称轴进行镜像处理，如图 9-22（e）所示。

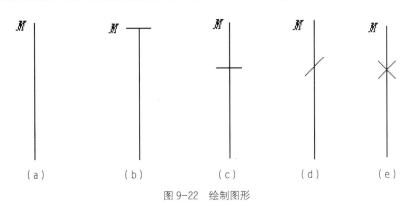

| (a) | (b) | (c) | (d) | (e) |

图 9-22　绘制图形

（6）设置极轴追踪。选择菜单栏中的"工具"→"草图设置"命令，弹出"草图设置"对话框，在"极轴追踪"选项卡中设置"增量角"为 30°，如图 9-23 所示。

（7）绘制斜线。单击"绘图"工具栏中的"直线"按钮╱或快捷命令 L，捕捉图 9-22（e）中竖直直线的下端点为起点，绘制与竖直直线夹角为 30°、长度为 7.5 的直线，如图 9-24（a）所示。

（8）偏移斜线。单击"修改"工具栏中的"移动"按钮✥或快捷命令 M，将刚刚绘制的斜线竖直向上移动，移动距离为 5，如图 9-24（b）所示。

（9）修剪图形。单击"修改"工具栏中的"修剪"按钮✂或快捷命令 TR，对图 9-24（b）中的竖直直线进行修剪，修剪结果如图 9-24（c）所示。

（10）绘制矩形。单击"绘图"工具栏中的"矩形"按钮□或快捷命令 REC，以斜线的上端点为起点，绘制一个宽为 1、高为 2 的矩形，如图 9-24（d）所示。

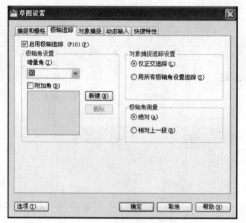

图 9-23 "草图设置"对话框

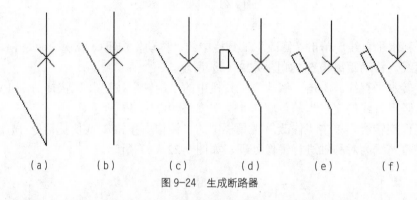

（a） （b） （c） （d） （e） （f）

图 9-24 生成断路器

（11）旋转矩形。单击"修改"工具栏中的"旋转"按钮◎或快捷命令 RO，以矩形的起点为基准点，将矩形逆时针旋转30°，如图 9-24（e）所示。

（12）移动矩形。单击"修改"工具栏中的"移动"按钮✛或快捷命令 M，沿斜线向下移动矩形，移动距离为 0.5，如图 9-24（f）所示。

（13）阵列图形。单击"修改"工具栏中的"阵列"按钮▦或快捷命令 AR，弹出"阵列"对话框，选择"矩形阵列"单选钮，单击"选择对象"按钮，选择如图 9-24（f）所示的图形为阵列对象，设置"行数"为 1、"列数"为 3、"行偏移"为 0、"列偏移"为 10、"阵列角度"为 0，单击"确定"按钮，阵列效果如图 9-25 所示。

（14）绘制水平直线。单击"绘图"工具栏中的"直线"按钮／或快捷命令 L，绘制直线 *PN*，如图 9-26 所示。

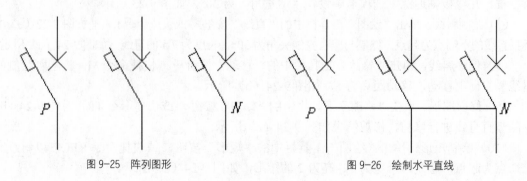

图 9-25 阵列图形　　　　　　　　　　图 9-26 绘制水平直线

（15）更改线型。选中水平直线 *PN*，将直线的线型改为虚线，如图 9-27 所示。

（16）移动水平直线。单击"修改"工具栏中的"移动"按钮✛或快捷命令 M，将水平直线向上移动 2，向左移动 1.15，完成断路器的绘制，如图 9-28 所示。

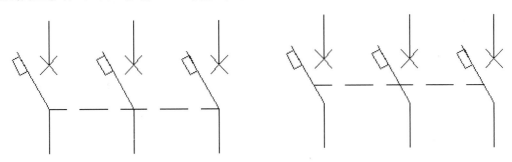

图 9-27　更改线型　　　　　　　　　　图 9-28　绘制完的断路器

4．绘制接触器

（1）修剪图形。单击"修改"工具栏中的"删除"按钮✐或快捷命令 X，在图 9-28 所示的基础上，删除多余的图形，如图 9-29 所示。

（2）绘制圆。单击"绘图"工具栏中的"圆"按钮⊙或快捷命令 C，以图 9-29 中的 *O* 点为圆心，绘制半径为 1 的圆，效果如图 9-30 所示。

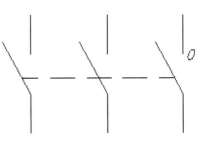

图 9-29　删除图形

（3）平移圆。单击"修改"工具栏中的"移动"按钮✛或快捷命令 M，将圆向上移动 1，如图 9-31 所示。

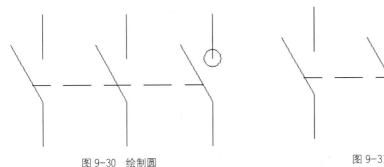

图 9-30　绘制圆　　　　　　　　　　图 9-31　移动圆

（4）修剪圆。单击"修改"工具栏中的"修剪"按钮┼或快捷命令 TR，修剪掉圆的右侧，如图 9-32 所示。

（5）复制半圆。单击"修改"工具栏中的"复制"按钮❁或快捷命令 CO，将半圆进行复制，完成接触器的绘制，效果如图 9-33 所示。

5．绘制时间继电器

（1）绘制矩形。单击"绘图"工具栏中的"矩形"按钮▢或快捷命令 REC，绘制一个长为 10、宽为 5 的矩形，如图 9-34 所示。

（2）绘制两条水平直线。单击"绘图"工具栏中的"直线"按钮✐或快捷命令 L，以矩形两个长边的中点为起点，分别向左右两侧绘制长度为 5 的水平直线，如图 9-35 所示。

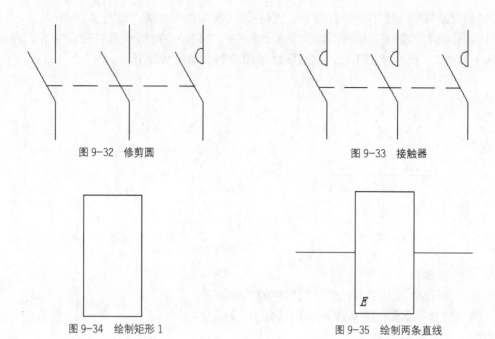

图 9-32 修剪圆　　　　　　　　　　　　图 9-33 接触器

图 9-34 绘制矩形 1　　　　　　　　　　图 9-35 绘制两条直线

（3）绘制矩形。单击"绘图"工具栏中的"矩形"按钮▢或快捷命令 REC，以图 9-34 中的 *E* 点为起点，绘制一个长为 2.5、宽为 5 的矩形，效果如图 9-36 所示。

（4）绘制斜线。单击"绘图"工具栏中的"直线"按钮✎或快捷命令 L，绘制小矩形的对角线，完成时间继电器的绘制，如图 9-37 所示。

图 9-36 绘制矩形 2　　　　　　　　　　图 9-37 时间继电器

6. 绘制动合触点

（1）绘制水平直线。单击"绘图"工具栏中的"直线"按钮✎或快捷命令 L，绘制长为 10 的水平直线，效果如图 9-38（a）所示。

（a）　　　　　　　（b）　　　　　　　（c）　　　　　　　（d）

图 9-38 绘制动合触点

（2）绘制斜线。单击"绘图"工具栏中的"直线"按钮✎或快捷命令 L，以水平直线的右端点为起点，绘制与水平直线成 30° 角、长度为 6 的直线，如图 9-38（b）所示。

（3）平移斜线。单击"修改"工具栏中的"移动"按钮✛或快捷命令 M，将斜线水平向左移动 2.5，如图 9-38（c）所示。

（4）绘制竖直直线。单击"绘图"工具栏中的"直线"按钮 ✎ 或快捷命令 L，以斜线的下端点为起点，竖直向上绘制长度为 3 的直线，如图 9-38（d）所示。

（5）修剪图形。单击"修改"工具栏中的"修剪"按钮 ✂ 或快捷命令 TR，以斜线和竖直直线为修剪边，对水平直线进行修剪，完成动合触点的绘制，如图 9-39 所示。

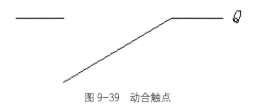

图 9-39　动合触点

7.　绘制时间继电器动合触点

（1）绘制竖直直线。在图 9-38 所示动合触点图形符号的基础上，单击"绘图"工具栏中的"直线"按钮 ✎ 或快捷命令 L，以 Q 点为起点，竖直向下绘制长度为 4 的直线 1，效果如图 9-40（a）所示。

（2）偏移竖直直线。单击"修改"工具栏中的"偏移"按钮 ◳ 或快捷命令 O，将直线 1 向左偏移 0.7，如图 9-40（b）所示。

| (a) | (b) |

图 9-40　绘制竖直直线

（3）移动竖直直线。单击"修改"工具栏中的"移动"按钮 ✥ 或快捷命令 M，将图 9-40（b）中的竖直直线向左移动 5，向下移动 1.5，如图 9-41（a）所示。

（4）修剪图形。单击"修改"工具栏中的"修剪"按钮 ✂ 或快捷命令 TR，对图形进行修剪，修剪结果如图 9-41（b）所示。

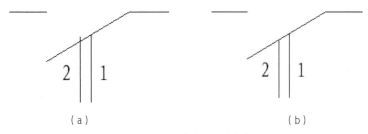

| (a) | (b) |

图 9-41　移动并修剪直线

（5）绘制水平直线。单击"绘图"工具栏中的"直线"按钮 ✎ 或快捷命令 L，连接直线 1 和直线 2 的下端点，绘制水平直线 3，如图 9-42 所示。

（6）绘制圆。单击"绘图"工具栏中的"圆"按钮 ◷ 或快捷命令 C，捕捉直线 3 的中点为圆心，绘制半径为 1.5 的圆，如图 9-43 所示。

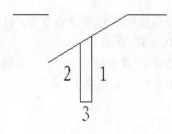

图 9-42 绘制水平直线

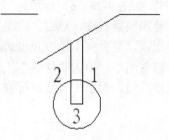

图 9-43 绘制圆

（7）绘制斜线。单击"绘图"工具栏中的"直线"按钮 或快捷命令 L，以直线 3 的中点为起点，分别向左右两侧绘制与水平直线夹角为 25°、长度为 1.5 的直线，如图 9-44 所示。

（8）修剪直线。单击"修改"工具栏中的"修剪"按钮 或快捷命令 TR，以图 9-43 中的两条斜线为修剪边，修剪圆；单击"修改"工具栏中的"删除"按钮 或快捷命令 E，删除两条斜线，效果如图 9-45 所示。

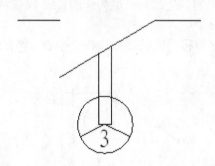

图 9-44 绘制斜线

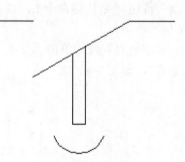

图 9-45 修剪图形

（9）移动圆弧。单击"修改"工具栏中的"移动"按钮 或快捷命令 M，将图 9-45 中的圆弧向上移动 1.5；单击"修改"工具栏中的"修剪"按钮 或快捷命令 TR，以圆弧为修剪边修剪直线；单击"修改"工具栏中的"删除"按钮 或快捷命令 E，删除水平直线 3，完成时间继电器动合触点的绘制，如图 9-46 所示。

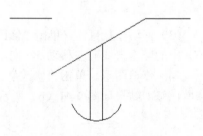

图 9-46 时间继电器动合触点

8. 绘制启动按钮

（1）绘制竖直直线。在如图 9-39 所示动合触点图形符号的基础上，单击"绘图"工具栏中的"直线"按钮 或快捷命令 L，以 Q 点为起点，竖直向下绘制长为 3.5 的直线 1，如图 9-44 所示。

（2）移动竖直直线。单击"修改"工具栏中的"移动"按钮 或快捷命令 M，将图 9-47 中的竖直直线 1 向左移动 5，再向下移动 1.5，如图 9-48 所示。

（3）更改图形对象的图层属性。选中竖直直线，单击"图层"工具栏中的下拉按钮 ，在弹出的下拉菜单中选择"虚线层"，更改图层后的效果如图 9-49 所示。

（4）绘制正交直线。单击"绘图"工具栏中的"直线"按钮 或快捷命令 L，绘制长度为 1.5 和 0.7 的两条正交直线，效果如图 9-50 所示。

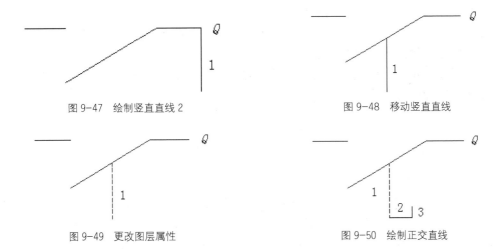

图 9-47 绘制竖直直线 2　　　　　　　　图 9-48 移动竖直直线

图 9-49 更改图层属性　　　　　　　　图 9-50 绘制正交直线

（5）镜像图形。单击"修改"工具栏中的"镜像"按钮 ⚊ 或快捷命令 MI，以图 9-50 中的直线 1 为镜像轴，镜像直线 2 和直线 3，完成启动按钮的绘制，如图 9-51 所示。

9．绘制自耦变压器

（1）绘制竖直直线。单击"绘图"工具栏中的"直线"按钮 ✎ 或快捷命令 L，绘制一条长 20 的竖直直线，如图 9-52（a）所示。

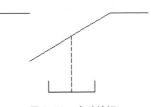

（2）绘制圆。单击"绘图"工具栏中的"圆"按钮 ⊙ 或快捷命令 C，捕捉直线 1 的上端点为圆心，绘制半径为 1.25 的圆，如图 9-52（b）所示。

图 9-51 启动按钮

（3）移动圆。单击"修改"工具栏中的"移动"按钮 ✥ 或快捷命令 M，将圆向下平移 6.25，如图 9-52（c）所示。

（4）阵列圆。单击"修改"工具栏中的"阵列"按钮 ▦ 或快捷命令 AR，弹出"阵列"对话框，选择"矩形阵列"单选钮，单击"选择对象"按钮 🔍，选择图 9-51（c）中的圆为阵列对象，设置"行数"为 4、"列数"为 1、"行偏移"为-2.5、"列偏移"为 0、"阵列角度"为 0°，单击"确定"按钮，阵列后的图形如图 9-52（d）所示。

（5）修剪图形。单击"修改"工具栏中的"修剪"按钮 ✂ 或快捷命令 TR，修剪掉多余直线，完成自耦变压器的绘制，如图 9-52（e）所示。

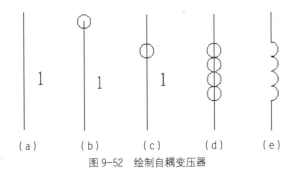

（a）　　　　（b）　　　　（c）　　　　（d）　　　　（e）

图 9-52 绘制自耦变压器

10．绘制变压器

（1）绘制水平直线。单击"绘图"工具栏中的"直线"按钮 ✎ 或快捷命令 L，绘制水平直线 1，长度为 27.5，如图 9-53（a）所示。

（2）绘制圆。单击"绘图"工具栏中的"圆"按钮⊙或快捷命令 C，捕捉直线 1 的左端点为圆心，绘制半径为 1.25 的圆，如图 9-53（b）所示。

（3）移动圆。单击"修改"工具栏中的"移动"按钮✥或快捷命令 M，将圆向右平移 6.25mm，如图 9-53（c）所示。

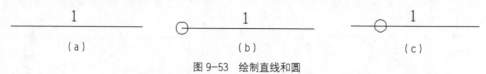

图 9-53　绘制直线和圆

（4）阵列圆。单击"修改"工具栏中的"阵列"按钮▦或快捷命令 AR，系统弹出"阵列"对话框，选择"矩形阵列"单选钮，单击"选择对象"按钮，选择圆为阵列对象，设置"行数"为 1、"列数"为 7、"行偏移"为 0、"列偏移"为 2.5、"阵列角度"为 0°，单击"确定"按钮，效果如图 9-54（a）所示。

（5）偏移直线。单击"修改"工具栏中的"偏移"按钮◻或快捷命令 O，将直线 1 向下偏移 2.5，如图 9-54（b）所示。

（6）修剪图形。单击"修改"工具栏中的"修剪"按钮﹣或快捷命令 TR，修剪多余的直线，得到如图 9-54（c）所示的结果。

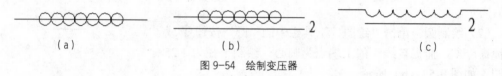

图 9-54　绘制变压器

（7）镜像图形。单击"修改"工具栏中的"镜像"按钮⚠或快捷命令 MI，以直线 2 为镜像线，对直线 2 上侧的图形进行镜像操作，完成变压器的绘制，如图 9-55 所示。

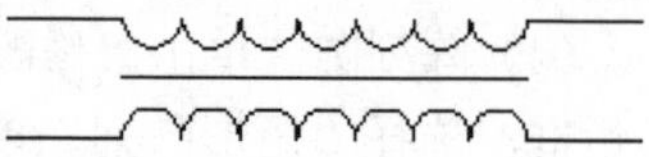

11．绘制其他元器件符号

本例中用到的元器件比较多，有些元件在其他实例

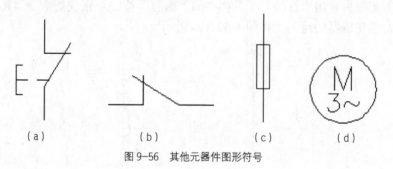

图 9-55　变压器

中已介绍过，在此不再一一赘述，其他部分元器件的图形符号如图 9-56 所示。

图 9-56　其他元器件图形符号

9.3.2　将符号插入并绘制结构图

1．绘制结构图

（1）绘制竖直直线。单击"绘图"工具栏中的"直线"按钮╱或快捷命令 L，绘制长为

121.5 的竖直直线 1。再单击"修改"工具栏中的"偏移"按钮凸或快捷命令 O，将直线 1 向右偏移，偏移量依次为 10、20、35、45、55、70、80、97、118、146、156，如图 9-57 所示。

（2）绘制水平直线。单击"绘图"工具栏中的"直线"按钮✏或快捷命令 L，开启"对象捕捉"模式，绘制直线 *AB*。单击"修改"工具栏中的"偏移"按钮凸或快捷命令 O，将直线 *AB* 向下偏移，并将偏移后的直线进行偏移，偏移量依次为 5、5、8、8、8、14、10、10、10、8.5、8、10、9、8，如图 9-58 所示。

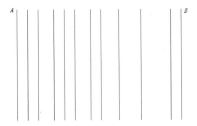

图 9-57　绘制竖直直线

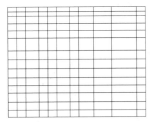

图 9-58　绘制水平直线

（3）修剪图形。单击"修改"工具栏中的"修剪"按钮⊬或快捷命令 TR，修剪掉多余的直线，得到结构图，如图 9-59 所示。

2．将断路器符号插入到结构图中

（1）移动图形。单击"修改"工具栏中的"移动"按钮✛或快捷命令 M，选择图 9-60（a）所示的断路器符号为平移对象，捕捉断路器符号的 *P* 点为平移基点，以图 9-59 中的 *A* 点为目标点进行平移。

（2）修剪图形。单击"修改"工具栏中的"修剪"按钮⊬或快捷命令 TR，修剪掉多余的直线，效果如图 9-60（b）所示。

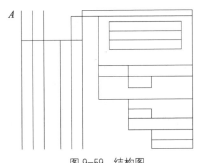

图 9-59　结构图

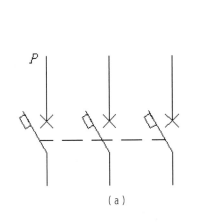

（a）

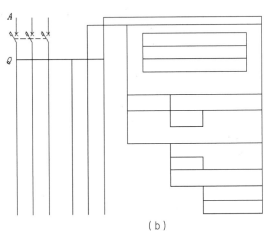

（b）

图 9-60　插入断路器

9.3.3　将接触器符号插入到结构图中

1．移动图形

单击"修改"工具栏中的"移动"按钮✛或快捷命令 M，选择如图 9-61（a）所示的接触器符号为平移对象，捕捉接触器符号的 Z 点为平移基点，以图 9-60（b）中的点 Q 点为目标点进行平移；再次单击"修改"工具栏中的"移动"按钮✛或快捷命令 M，选择刚插入的接触器符号为平移对象，竖直向下平移 15。

2. 修剪图形

单击"修改"工具栏中的"修剪"按钮✄或快捷命令 TR，修剪掉多余的直线，效果如图 9-61（b）所示。

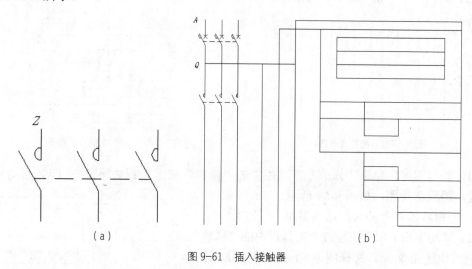

图 9-61　插入接触器

3. 复制接触器

单击"修改"工具栏中的"复制"按钮⬚或快捷命令 CO，选择图 9-61（b）中的接触器符号为复制对象，复制距离为 15；单击"修改"工具栏中的"修剪"按钮✄或快捷命令 TR，修剪掉多余的直线，效果如图 9-62 所示。

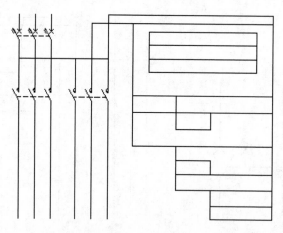

图 9-62　插入接触器

9.3.4　将自耦变压器符号插入到结构图中

1. 移动图形

单击"修改"工具栏中的"移动"按钮✛或快捷命令 M，选择如图 9-63（a）所示的自耦变压器符号为平移对象，捕捉 Y 点为平移基点，以图 9-61 中右侧接触器符号的下端点为目标点移动图形。

2. 复制图形

单击"修改"工具栏中的"复制"按钮 ✂ 或快捷命令 CO，选择刚刚插入的自耦变压器符号为复制对象，向左侧复制两份，复制距离均为 10。

3. 修剪图形

单击"修改"工具栏中的"修剪"按钮 ✂ 或快捷命令 TR，修剪掉多余的直线，如图 9-63（b）所示。

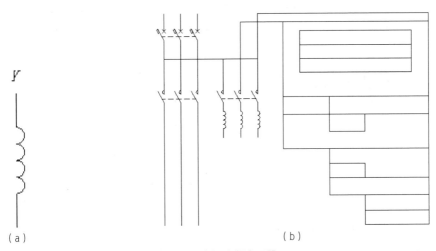

图 9-63 插入自耦变压器

4. 绘制连接线

单击"绘图"工具栏中的"直线"按钮 ✎ 或快捷命令 L，绘制连接线，效果如图 9-64 所示。

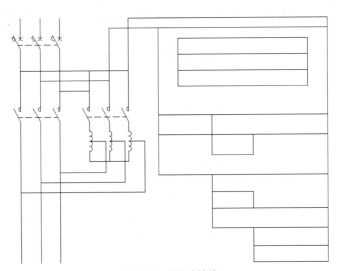

图 9-64 绘制连接线

本例涉及的图形符号比较多，在此不再一一赘述。单击"修改"工具栏中的"移动"按

钮 ✛ 或快捷命令 M，将其他元器件的图形符号插入到结构图中的相应位置，然后对图形进行编辑，即可完成结构图的绘制，插入后的效果如图 9-65 所示。

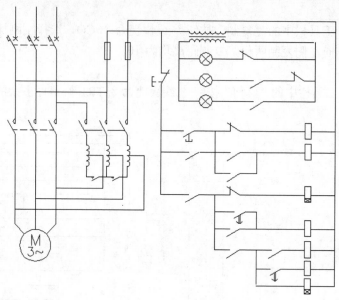

图 9-65　插入其他元器件

9.3.5　添加注释

1. 创建文字样式

单击菜单栏中的"格式"→"文字样式"命令，弹出"文字样式"对话框，创建一个名为"自耦降压启动控制电路"的文字样式。设置"字体名"为"宋体"、"字体样式"为"常规"、"图纸文字高度"为 6、"宽度因子"为 0.7，如图 9-66 所示。

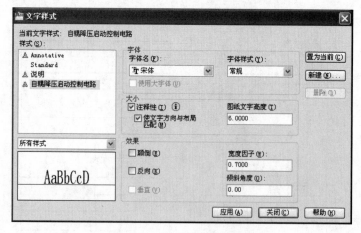

图 9-66　"文字样式"对话框

2. 添加注释文字

单击"绘图"工具栏中的"多行文字"按钮 **A** 或快捷命令 MT，在图中添加注释文字，完成自耦降压启动控制电路图的绘制。

9.4 上机操作

【实验1】绘制如图 9-67 所示的多指灵巧手控制电路设计。

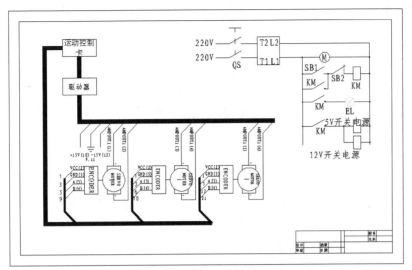

图 9-67 多指灵巧手控制电路图

操作指导：

（1）绘制多指灵巧手控制系统图。

（2）绘制低压电气图。

（3）绘制主控系统图。

【实验2】绘制如图 9-68 所示的水位控制电路。

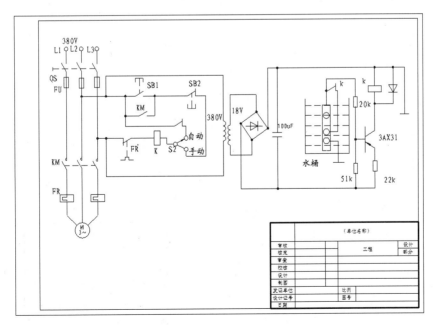

图 9-68 水位控制电路

操作指导：

（1）绘制供电线路结构图。

（2）绘制控制线路结构图。

（3）绘制负载线路结构图。

（4）绘制图例。

（5）添加文字和注释。

思考与练习

1. 绘制如图 9-69 所示的液位自动控制器电路原理图。

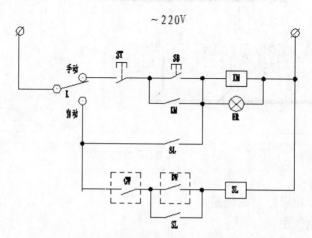

图 9-69　液位自动控制器电路原理图

2. 绘制如图 9-70 所示的并励直流电动机串联电阻启动电路。

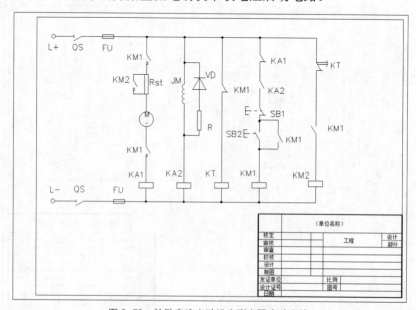

图 9-70　并励直流电动机串联电阻启动电路

第 **10** 章 机械电气设计

● 学习目标

机械电气是电气工程的重要组成部分。随着相关技术的发展，机械电气的使用日益广泛。本章主要着眼于机械电气的设计，通过几个具体的实例由浅到深地讲述在 AutoCAD 2010 环境下做机械电气设计的过程。

● 学习要点

➢ 机械电气简介
➢ 三相异步交流电动机控制线路
➢ 某发动机点火装置电路图

10.1 机械电气简介

机械电气是一类比较特殊的电气，主要指应用在机床上的电气系统，故也可以称为机床电气，包括应用在车床、磨床、钻床、铣床以及镗床上的电气，也包括机床的电气控制系统、伺服驱动系统、计算机控制系统等。随着数控系统的发展，机床电气也成为了电气工程的一个重要组成部分。

机床电气系统主要由以下几部分组成。

1. 电力拖动系统

以电动机为动力驱动控制对象（工作机构）做机械运动。

（1）直流拖动与交流拖动。

直流电动机：具有良好的启动、制动性能和调速性能，可以方便地在很宽的范围内平滑调速，尺寸大，价格高，运行可靠性差。

交流电动机：具有单机容量大，转速高，体积小，价钱便宜，工作可靠和维修方便等优点，但调速困难。

（2）单电动机拖动与多电动机拖动。

单电动机拖动：每台机床上安装一台电动机，再通过机械传动机构装置将机械能传递到机床的各运动部件。

多电动机拖动：一台机床上安装多台电动机，分别拖动各运动部件。

2. 电气控制系统

对各拖动电动机进行控制，使它们按规定的状态、程序运动，并使机床各运动部件的运动得到合乎要求的静态、动态特性。

（1）继电器—接触器控制系统：这种控制系统由按钮开关、行程开关、继电器、接触器等电气元件组成，控制方法简单直接，价格低。

（2）计算机控制系统：由数字计算机控制，高柔性，高精度，高效率，高成本。

（3）可编程控制器控制系统：克服了继电器—接触器控制系统的缺点，又具有计算机的优点，并且编程方便，可靠性高，价格便宜。

10.2 三相异步交流电动机控制线路

本例绘制的三相异步交流电动机正反转控制线路如图 10-1 所示。三相异步电动机是工业环境中最常用的电动驱动器，具有体积小、驱动扭矩大等特点，因此，设计其控制电路，保证电动机可靠正反转起动、停止和过载保护在工业领域具有重要意义。三相异步电动机直接输入三相工频电，将电能转化为电动机主轴旋转的动能。其控制电路主要采用交流接触器，实现异地控制。只要交换三相异步电动机的两相就可以实现电动机的反转起动。当电动机过载时，相电流会显著增加，熔断器保险丝断开，对电动机实现过载保护。本例绘制的图形分供电简图、供电系统图和控制电路图，通过 3 个逐步深入的步骤完成三相异步电动机控制电路的设计。

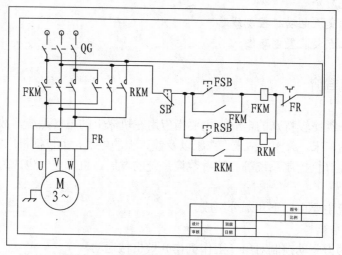

图 10-1　三相异步交流电动机正反转控制线路

　操作步骤

 光盘\动画演示\第 10 章\绘制三相异步交流电动机控制线路.avi

10.2.1　绘制三相异步电动机供电简图

（1）新建文件。启动 AutoCAD 2010 应用程序，打开随书光盘"源文件"文件夹中的"A4

样板图.dwt"文件，设置保存路径，命名为"电动机简图.dwg"并保存。

（2）插入块。单击"绘图"工具栏中的"插入块"按钮🗔或快捷命令 I，弹出"插入"对话框，选择"交流电动机"和"单极开关"块在绘图区选择块的放置点，如图 10-2 所示。调用已有的块，能够大大节省绘图工作量，提高绘图效率，专业的电气设计人员都有一个自己的常用块库。

（3）移动块。单击"修改"工具栏中的"移动"按钮✥或快捷命令 M，选择单极开关块，以其端点为基点，调整单极开关的位置，使其在电动机的正上方。开启"对象捕捉"和"对象追踪"模式，将光标放在"交流电动机"块圆心附近，系统提示捕捉到圆心，如图 10-3 所示；向上移动光标，如图 10-4 所示，将开关块拖到圆心的正上方，单击确认，得到如图 10-4 所示的效果。

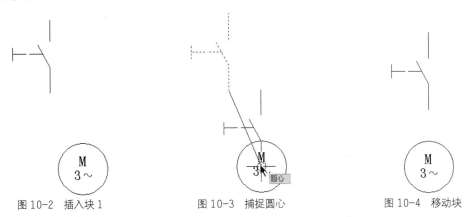

图 10-2　插入块 1　　　　　图 10-3　捕捉圆心　　　　　图 10-4　移动块

（4）绘制圆。单击"绘图"工具栏中的"圆"按钮☉或快捷命令 C，以单极开关的端点为圆心，绘制半径为 2mm 的圆，作为电源端子符号，如图 10-5 所示。

（5）延伸图形。单击"修改"工具栏中的"分解"按钮🗗或快捷命令 X，分解"交流电动机"和"单极开关"块。单击"修改"工具栏中的"延伸"按钮┅或快捷命令 EX，以电机符号的圆为延伸边界，以单极开关的一端引线为延伸对象，将单极开关的一端引线延伸至圆周位置，效果如图 10-6 所示。

（6）绘制角度线。单击"绘图"工具栏中的"直线"按钮╱或快捷命令 L，捕捉延伸线的中点，如图 10-7 所示，绘制与 x 轴成 60°角，长度为 5 的角度线，如图 10-8 所示。

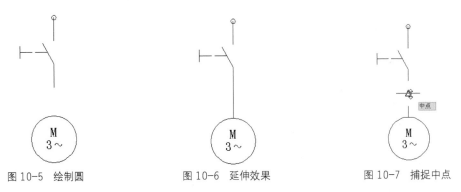

图 10-5　绘制圆　　　　　图 10-6　延伸效果　　　　　图 10-7　捕捉中点

（7）绘制反向直线。单击"绘图"工具栏中的"直线"按钮╱或快捷命令 L，捕捉角度线与单极开关引线的交点，绘制与角度线反向，长度为 5 的直线，如图 10-9 所示。

（8）复制角度线。单击"修改"工具栏中的"复制"按钮🔗或快捷命令 CO，将绘制的两段角度线分别向上、向下平移 5，如图 10-10 所示，表示交流电动机为三相交流供电。完成以上步骤，即可得到三相异步电动机供电简图。

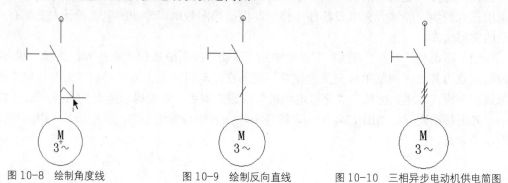

图 10-8　绘制角度线　　　　图 10-9　绘制反向直线　　　　图 10-10　三相异步电动机供电简图

10.2.2　三相异步电动机供电系统图

1. 新建三相异步电动机供电系统图文件

（1）新建文件。新建绘图文件，调用"A4_title.dwt"样板，设置保存路径，命名为"电动机供电系统图.dwg"并保存。

（2）插入块。单击"绘图"工具栏中的"插入块"按钮🔲或快捷命令 I，插入"交流电动机"和"多极开关"块，如图 10-11 所示。

（3）调整块的位置。单击"修改"工具栏中的"移动"按钮✥或快捷命令 M，调整多极开关与电动机的相对位置，使多极开关位于电动机的正上方，调整后的效果如图 10-12 所示。

2. 绘制断流器符号

（1）绘制矩形。单击"绘图"工具栏中的"矩形"按钮▢或快捷命令 REC，捕捉多极开关最左边的端点为矩形的一个对角点，采用相对输入法绘制一个长为 50，宽为 20 的矩形，如图 10-13 所示。

（2）移动矩形。单击"修改"工具栏中的"移动"按钮✥或快捷命令 M，将绘制的矩形向 x 轴负方向移动 10，使熔断器位于多极开关的正下方，如图 10-14 所示。

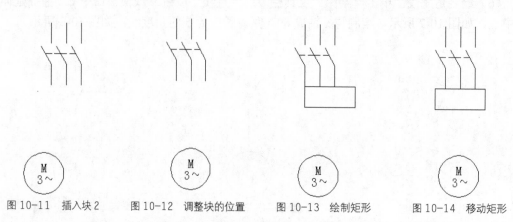

图 10-11　插入块 2　　　　图 10-12　调整块的位置　　　　图 10-13　绘制矩形　　　　图 10-14　移动矩形

（3）绘制正方形。单击"绘图"工具栏中的"矩形"按钮▢或快捷命令 REC，以矩形上侧边的中点为起点，绘制长为 10 的正方形，如图 10-15 所示。

（4）平移正方形。单击"修改"工具栏中的"移动"按钮✥或快捷命令 M，将绘制的正方形向 y 轴负方向平移 5，如图 10-16 所示。

（5）分解正方形并删除边。单击"修改"工具栏中的"分解"按钮⬚或快捷命令 X，分解该正方形，然后删除正方形的右侧边，如图 10-17 所示。

（6）绘制直线。单击"绘图"工具栏中的"直线"按钮╱或快捷命令 L，连接正方形的端点与矩形上下两边的中点，完成断流器的绘制，如图 10-18 所示。

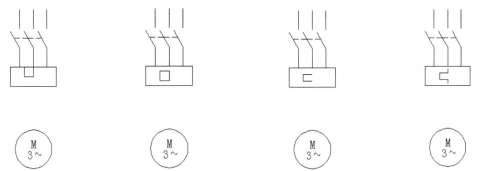

图 10-15　绘制正方形　　图 10-16　平移正方形　　图 10-17　分解正方形并删除边　　图 10-18　断路器

3. 绘制连接导线

（1）分解块。单击"修改"工具栏中的"分解"按钮⬚或快捷命令 X，分解电动机块和多极开关块。

（2）延伸直线。单击"修改"工具栏中的"延伸"按钮⊸或快捷命令 EX，以电机符号的圆为延伸边界，以多极开关的一端引线为延伸对象，将多极开关一端引线延伸使之与电动机相交，效果如图 10-19 所示。

（3）修剪直线。单击"修改"工具栏中的"修剪"按钮⊹或或快捷命令 TR，以矩形为剪刀线，对矩形内部的直线进行修剪，修剪结果如图 10-20 所示。

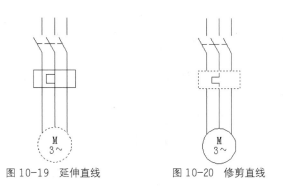

图 10-19　延伸直线　　　　　图 10-20　修剪直线

4. 绘制机壳接地线

（1）绘制折线。单击"绘图"工具栏中的"直线"按钮╱或快捷命令 L，绘制如图 10-21 所示的连续折线，也可以调用"多段线"命令来绘制这段折线。

（2）镜像直线。单击"修改"工具栏中的"镜像"按钮⧉或快捷命令 MI，以竖直直线为对称轴生成另一半地平线符号，如图 10-22 所示。

（3）绘制斜线。单击"绘图"工具栏中的"直线"按钮╱或快捷命令 L，以地平线符号的右端点为起点绘制与 x 轴正方向成-135°角，长度为 3 的斜线段，如图 10-23 所示。

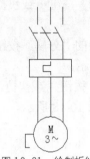

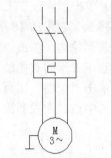

图 10-21　绘制折线　　　　　　　　图 10-22　绘制地平线符号

（4）复制斜线。单击"修改"工具栏中的"复制"按钮或快捷命令 CO，将斜线向左复制 2 份，偏移距离分别为 5 和 10，如图 10-24 所示。

5. 绘制输入端子并添加注释文字

（1）单击"绘图"工具栏中的"圆"按钮或快捷命令 C，在多极开关端点处绘制一个半径为 2 的圆，作为电源的引入端子。

（2）单击"修改"工具栏中的"复制"按钮或快捷命令 CO，复制移动生成另外两个接线端子，如图 10-25 所示。

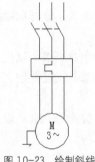

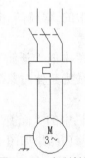

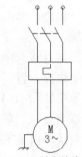

图 10-23　绘制斜线　　　　　　图 10-24　复制斜线　　　　　　图 10-25　绘制接线端子

（3）新建图层。选择菜单栏中的"格式"→"图层"命令，弹出"图层特性管理器"对话框，新建图层"文字说明"。

（4）添加注释文字。在"文字说明"层中添加文字说明，为各元器件和导线添加标示符号，便于图纸的阅读和校核。字体选择"仿宋_GB2312"，字号为 10 号。完成以上操作后，即可得到三相异步电动机供电系统图，如图 10-26 所示。

10.2.3　三相异步电动机控制电路图

1. 绘制正向启动控制电路

（1）打开文件。打开绘制的"电动机供电系统图.dwg"文件，设置保存路径，另存为"电动机控制电路图.dwg"。

（2）新建图层。新建"控制线路"图层和"文字说明"

图 10-26　三相异步电动机供电系统图

图层，在"控制线路"图层中绘制三相交流异步电动机的控制线路，在"文字说明"图层中绘制控制线路的文字标示。分层绘制电气工程图的组成部分，有利于工程图的管理。

2. 在 "控制线路" 图层中绘制正向启动线路

（1）绘制直线。单击 "绘图" 工具栏中的 "直线" 按钮 ✎ 或快捷命令 L，从供电线上引出两条直线，为控制系统供电，两直线的长度分别为 250 和 70。

（2）平移图形。单击 "修改" 工具栏中的 "移动" 按钮 ✛ 或快捷命令 M，将交流接触器 FR 上侧的图形向上平移，为绘制交流接触器主触点留出绘图空间。再单击 "修改" 工具栏中的 "修剪" 修改命令，以元器件 FR 的矩形为剪刀线裁剪掉其内部和删除其以上的导线段，效果如图 10-27 所示。

注意

裁剪时先裁去矩形上的线段，再裁去矩形中间多余的线段，如果裁剪顺序不同，则裁剪结果不同，请读者自行尝试，体会其中的区别。

（3）绘制共线直线。单击 "绘图" 工具栏中的 "直线" 按钮 ✎ 或快捷命令 L，绘制两条共线的直线，为绘制主触点做准备，如图 10-28 所示。

（4）旋转直线。单击 "修改" 工具栏中的 "旋转" 按钮 ↻ 或快捷命令 RO，将共线直线的上部直线绕其下方端点旋转 30°，如图 10-29 所示，即可得到一对常开主触点。

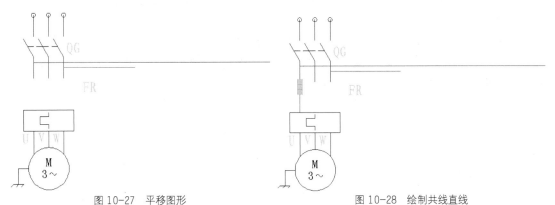

图 10-27　平移图形　　　　　　　　　　　图 10-28　绘制共线直线

（5）复制直线。单击 "修改" 工具栏中的 "复制" 按钮 ❏ 或快捷命令 CO，将绘制的常开主触点进行复制，效果如图 10-30 所示，完成接触器三对常开主触点的绘制。

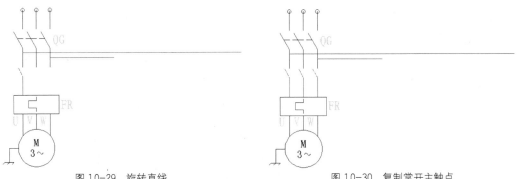

图 10-29　旋转直线　　　　　　　　　　　图 10-30　复制常开主触点

（6）单击 "绘图" 工具栏中的 "直线" 按钮 ✎ 或快捷命令 L，绘制常闭急停按钮，绘制结果如图 10-31 所示。单击 "绘图" 工具栏中的 "创建块" 按钮 ❏ 或快捷命令 B，将常闭急停按钮生成块，供后面设计时调用。

（7）插入块。单击"绘图"工具栏中的"插入块"按钮🔲或快捷命令 I，插入手动单极开关作为正向起动按钮，调整块的大小，如图 10-32 所示。

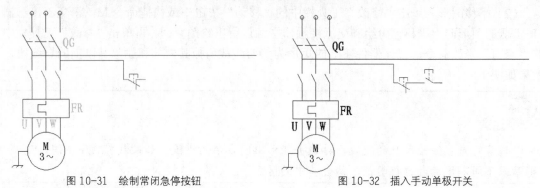

图 10-31　绘制常闭急停按钮　　　　　　　　图 10-32　插入手动单极开关

3．绘制熔断器开关

（1）绘制多段线。单击"绘图"工具栏中的"多段线"按钮⮌或快捷命令 PL，绘制如图 10-33 所示的多段线。

（2）分解多段线。单击"修改"工具栏中的"分解"按钮🔲或快捷命令 X，分解绘制的多段线。

（3）绘制竖直直线。单击"绘图"工具栏中的"直线"按钮╱或快捷命令 L，按住<Shift>键右击，在弹出的快捷菜单中单击"中点"命令。捕捉斜线的中点，如图 10-34 所示，绘制长度为 9 的竖直虚线，如图 10-35 所示。

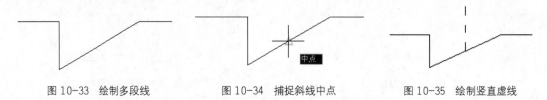

图 10-33　绘制多段线　　　　　图 10-34　捕捉斜线中点　　　　　图 10-35　绘制竖直虚线

（4）绘制折线。单击"绘图"工具栏中的"多段线"按钮⮌或快捷命令 PL，绘制一条如图 10-36 所示的折线。

（5）镜像折线。单击"修改"工具栏中的"镜像"按钮⚎或快捷命令 MI，将绘制的折线进行镜像，效果如图 10-37 所示。

（6）选择直线。关闭"对象捕捉"模式，开启"正交模式"，选择如图 10-38 所示的直线。

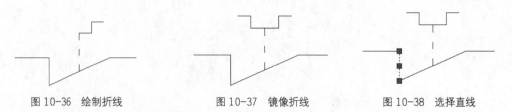

图 10-36　绘制折线　　　　　图 10-37　镜像折线　　　　　图 10-38　选择直线

（7）拖曳直线。选择其下侧的端点向下拖曳，效果如图 10-39 所示。在命令行输入"0，-2"，指定拉伸点，确认后的效果如图 10-40 所示。

图 10-39 拖曳直线

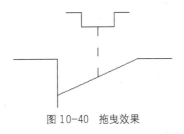

图 10-40 拖曳效果

（8）拖曳斜线。选择如图 10-41 所示的斜线，开启"对象捕捉"模式，选择斜线的下端点，拖曳至如图 10-42 所示位置。单击确认后，热熔断器符号绘制完毕，如图 10-43 所示。

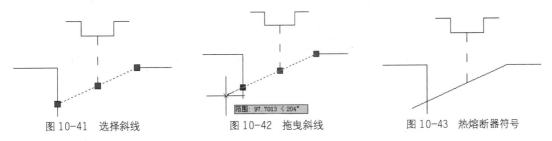

图 10-41 选择斜线　　　　图 10-42 拖曳斜线　　　　图 10-43 热熔断器符号

（9）生成块。单击"绘图"工具栏中的"创建块"按钮 或快捷命令 B，将常闭按钮生成块，供后面设计时调用。

4．插入块并添加注释文字

（1）将熔断器开关块插入电路中，如图 10-44 所示，当主回路电流过大时，FR 熔断，控制线路失电，主回路失电停止运行。

（2）单击"绘图"工具栏中的"矩形"按钮 或快捷命令 REC，绘制正向启动接触器符号，如图 10-45 所示。

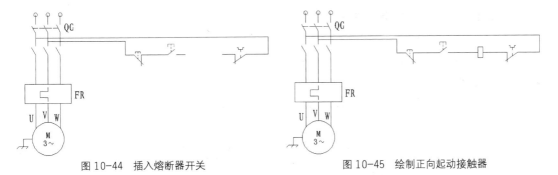

图 10-44 插入熔断器开关　　　　　图 10-45 绘制正向起动接触器

（3）绘制自锁开关。单击"修改"工具栏中的"复制"按钮 或快捷命令 CO，复制主触点，如图 10-46 所示。绘制正向启动辅助触点，作为自锁开关。

（4）在"控制线路"层中绘制反向启动线路，绘制方法与绘制正向启动线路相同。

注意

　反向启动需交换两相电压，主回路线路应该适当做出修改，只要电动机反转主触点闭合交换 U、W 相，则电动机反转，如图 10-47 所示。正反转控制电路如图 10-48 所示。

（5）绘制导通点。单击"绘图"工具栏中的"圆"按钮⊘或快捷命令 C，在导线交点处绘制半径为 1 的圆，并用"solid"图案进行填充，效果如图 10-49 所示。

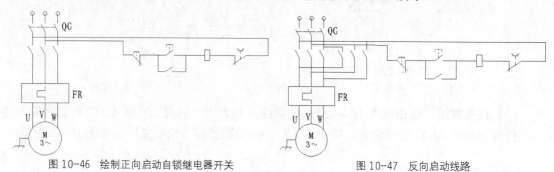

图 10-46 绘制正向启动自锁继电器开关   图 10-47 反向启动线路

（6）添加注释文字。切换至"文字说明"层，单击"绘图"工具栏中的"多行文字"按钮 A 或快捷命令 MT，字体选择"仿宋_GB2312"，字号为 10 号，在图形中输入所需的文字，得到完整的三相异步交流电动机正反转控制线路图，如图 10-1 所示。

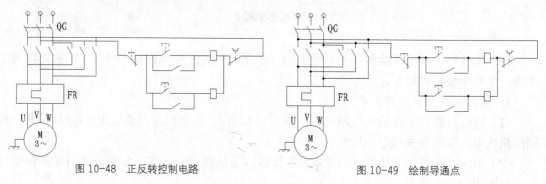

图 10-48 正反转控制电路   图 10-49 绘制导通点

10.3 某发动机点火装置电路图

图 10-50 所示为发动机点火装置电路图。首先设置绘图环境，然后绘制线路结构图和主要电气元件，最后将装置组合在一起。

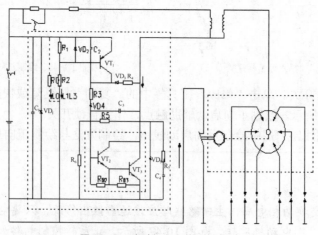

图 10-50 发动机点火装置电路图

操作步骤

参见
光盘   光盘\动画演示\第 10 章\绘制发动机点火装置电路图.avi

10.3.1 绘制线路结构图

（1）打开 AutoCAD 2010 应用程序，以"A3.dwt"样板文件为模板，建立新文件；将新文件命名为"发动机点火装置电气原理图.dwg"并保存。

（2）选择菜单栏中的"格式"→"图层"命令，设置"连接线层"、"实体符号层"和"虚线层"一共 3 个图层，设置各图层的颜色、线型及线宽。将"连接线层"设置为当前图层。

（3）单击"绘图"工具栏中的"直线"按钮 ∕ 或快捷命令 L，在正交方式下，连续绘制直线，得到如图 10-51 所示的线路结构图。图中，各直线段尺寸如下：$AB=280$，$BC=80$，$AD=40$，$CE=500$，$EF=100$，$FG=225$，$AN=BM=80$，$NQ=MP=20$，$PS=QT=50$，$RS=100$，$TW=40$，$TJ=200$，$LJ=30$，$RZ=OL=250$，$LJ=30$，$WV=300$，$UV=230$，$UK=50$，$OH=150$，$EH=80$，$ZL=100$。

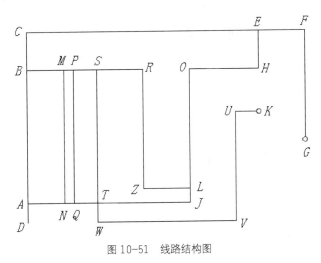

图 10-51   线路结构图

10.3.2 绘制主要电气元件

1. 绘制蓄电池

（1）单击"绘图"工具栏中的"直线"按钮 ∕ 或快捷命令 L，以坐标点{(100,0),(200,0)}绘制水平直线，如图 10-52 所示。

图 10-52   绘制水平直线

（2）选择菜单栏中的"视图"→"缩放"→"全部"命令，将视图调整到易于观察的程度。

（3）单击"绘图"工具栏中的"直线"按钮 ∕ 或快捷命令 L，绘制竖直直线{(125,0),(125,10)}，如图 10-53 所示中的直线 1。

（4）单击"修改"工具栏中的"偏移"按钮 或快捷命令 O，以直线 1 为起始，依次向右绘制直线 2 到直线 4，偏移量依次为 5、40 和 5，如图 10-53 所示。

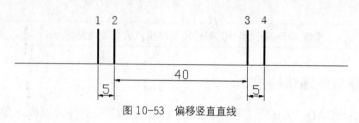

图 10-53 偏移竖直直线

（5）选择菜单栏中的"修改"→"拉长"命令或快捷命令 LEN，将直线 2 和直线 4 分别向上拉长 5，如图 10-54 所示。

图 10-54 拉长竖直直线

（6）单击"修改"工具栏中的"修剪"按钮 或快捷命令 TR，以 4 条竖直直线作为剪切边，对水平直线进行修剪，结果如图 10-55 所示。

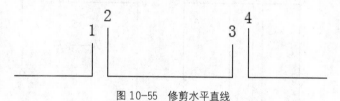

图 10-55 修剪水平直线

（7）选中 5 条偏移中心线，单击"图层"工具栏中的 下拉按钮，弹出下拉菜单，单击鼠标左键选择"虚线层"，将其图层属性设置为"虚线层"，单击结束。更改后的效果如图 10-56 所示。

图 10-56 更改图形对象的图层属性

（8）单击"修改"工具栏中的"镜像"按钮 或快捷命令 MI，选择直线 1、2、3、4 为镜像对象，以水平直线为镜像线，做镜像操作，结果如图 10-57 所示，就是绘制完成的蓄电池的图形符号。

图 10-57 镜像成形

2. 画二极管

（1）单击"绘图"工具栏中的"直线"按钮 ⁄ 或快捷命令 L，以坐标点 {(100,50), (115,50)} 绘制水平直线，如图 10-58 所示。

（2）单击"修改"工具栏中的"旋转"按钮 ⟳ 或快捷命令 RO，选择"复制"模式，将上一步绘制的水平直线绕直线的左端点旋转 60°。重复"旋转"命令，将水平直线绕直线右端点旋转-60°，得到一个边长为 15 的等边三角形，结果如图 10-59 所示。

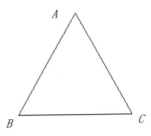

图 10-58　绘制水平直线　　　　图 10-59　绘制等边三角形

（3）单击"绘图"工具栏中的"直线"按钮 ⁄ 或快捷命令 L，在"正交"和"对象捕捉"方式下，用鼠标捕捉等边三角形最上面的顶点 A，以其为起点，向上绘制一条长度为 15 的竖直直线，如图 10-60 所示。

（4）选择菜单栏中的"修改"→"拉长"命令或快捷命令 LEN，将上一步绘制的直线向下拉长 27，如图 10-61 所示。

（5）单击"绘图"工具栏中的"直线"按钮 ⁄ 或快捷命令 L，在"正交"和"对象捕捉"方式下，用鼠标捕捉点 A，向左绘制一条长度为 8 的水平直线。

（6）单击"修改"工具栏中的"镜像"按钮 ⚏ 或快捷命令 MI，选择上一步绘制的水平直线为镜像对象，以竖直直线为镜像线，做镜像操作。得到如图 10-62 所示结果，就是绘制完成的二极管的图形符号。

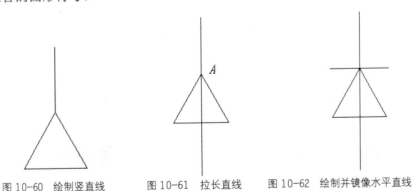

图 10-60　绘制竖直线　　　图 10-61　拉长直线　　　图 10-62　绘制并镜像水平直线

3. 晶体管的绘制

（1）单击"绘图"工具栏中的"直线"按钮 ⁄ 或快捷命令 L，绘制竖直直线 1{(50,50), (50, 51)}，如图 10-63（a）所示。

（2）单击"绘图"工具栏中的"直线"按钮 ⁄ 或快捷命令 L，在"对象捕捉"和"正交"绘图方式下，用鼠标捕捉直线 1 的下端点，并以其为起点，向右绘制长度为 5 的水平直线 2，如图 10-63（b）所示。

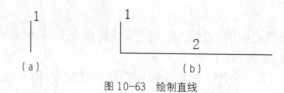

图 10-63　绘制直线

（3）选择菜单栏中的"修改"→"拉长"命令或快捷命令 LEN，选择直线 1 为拉长对象，将其向下拉长 1，如图 10-64 所示。

（4）关闭"正交"绘图方式。单击"绘图"工具栏中的"直线"按钮 ／或快捷命令 L，用鼠标分别捕捉直线 1 的上端点和直线 2 的右端点，绘制直线 3。然后用鼠标分别捕捉直线 1 的下端点和直线 2 的右端点，绘制直线 4，如图 10-65 所示。

（5）单击"修改"工具栏中的"删除"按钮 ✍或快捷命令 E，删除直线 2。这样，直线 1、3 和 4 就构成了一个等腰三角形，如图 10-66 所示。

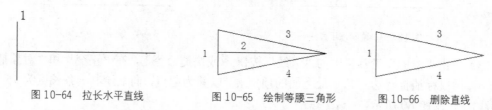

图 10-64　拉长水平直线　　　　图 10-65　绘制等腰三角形　　　　图 10-66　删除直线

（6）单击"绘图"工具栏中的"图案填充"按钮 ▦或快捷命令 H，在弹出的"边界图案填充"对话框中，选择"SOLID"图案，将"角度"设置为 0，"比例"设置为 1，其他为默认值。选择三角形的三条边作为填充边界，如图 10-67 所示。完成三角形的填充，如图 10-68 所示。

图 10-67　拾取填充区域　　　　　　　　　图 10-68　图案填充

（7）单击"绘图"工具栏中的"直线"按钮 ／或快捷命令 L，在"对象捕捉"和"正交"绘图方式下，用鼠标捕捉直线 3 的右端点，以其为起点，向右绘制一条长度为 5 的水平直线 5，如图 10-69 所示。

（8）选择菜单栏中的"修改"→"拉长"命令或快捷命令 LEN，选择直线 5 为拉长对象，将直线 5 向左拉长 10，如图 10-70 所示。

图 10-69　添加连接线　　　　　　　　　图 10-70　拉长直线

（9）单击"修改"工具栏中的"复制"按钮 ❀或快捷命令 CO，将上一步绘制二极管中绘制的三角形拷贝一份过来，如图 10-71 所示。

（10）单击"修改"工具栏中的"旋转"按钮 ↻或快捷命令 RO，将三角形绕其端点 *A* 逆时针旋转 30°，如图 10-72 所示。

（11）单击"修改"工具栏中的"偏移"按钮 ◱或快捷命令 O，将竖直边 *AB* 向左偏移 10，如图 10-73 所示。

图 10-71 拷贝三角形

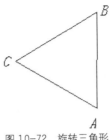

图 10-72 旋转三角形

（12）单击"绘图"工具栏中的"直线"按钮，或快捷命令 L，在"对象捕捉"和"正交"绘图方式下，用鼠标捕捉 C 点，以其为起点，向左绘制长度为 12 的水平直线，如图 10-74 所示。

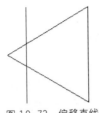

图 10-73 偏移直线

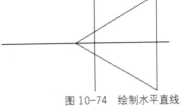

图 10-74 绘制水平直线

（13）单击"修改"工具栏中的"修剪"按钮，或快捷命令 TR，对图形进行剪切，剪切后的图形如图 10-75 所示。

（14）单击"修改"工具栏中的"移动"按钮，或快捷命令 M，将前面绘制的箭头，以其左连接线的左端为基点移动到图形中来，如图 10-76 所示。

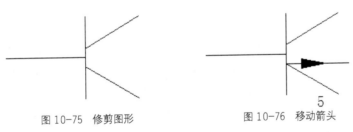

图 10-75 修剪图形

图 10-76 移动箭头

（15）单击"修改"工具栏中的"删除"按钮，或快捷命令 E，删除直线 5，如图 10-77 所示。

（16）单击"修改"工具栏中的"旋转"按钮，或快捷命令 RO，将箭头绕其端点顺时针旋转 30°，如图 10-78 所示。

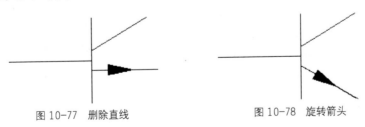

图 10-77 删除直线

图 10-78 旋转箭头

4．点火分离器的绘制

（1）单击"绘图"工具栏中的"多段线"按钮，或快捷命令 PL，绘制箭头，其尺寸如

图 10-79 所示。

（2）单击"绘图"工具栏中的"圆"按钮⊙或快捷命令 C，以（50，50）为圆心，分别绘制一个半径为 1.5 的圆 1 和半径为 20 的圆 2，如图 10-80 所示。

（3）单击"绘图"工具栏中的"直线"按钮✏或快捷命令 L，在"对象捕捉"和"正交"绘图方式下，用鼠标捕捉圆心，并以其为起点，向右绘制一条长度为 20 的水平直线 L，直线的终点 A 刚好落在圆 1 上，如图 10-81 所示。

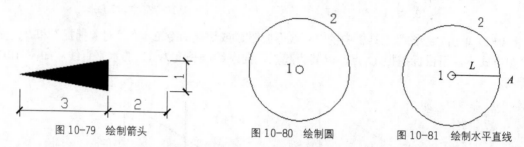

图 10-79　绘制箭头　　　　　图 10-80　绘制圆　　　　　图 10-81　绘制水平直线

（4）单击"修改"工具栏中的"移动"按钮✥或快捷命令 M，用鼠标捕捉箭头直线的右端点，以其为基点，将箭头平移到圆 2 以内，目标点为点 A，如图 10-82 所示。

（5）选择菜单栏中的"修改"→"拉长"命令或快捷命令 LEN，将箭头直线向右拉长 7，如图 10-83 所示。

图 10-82　添加箭头　　　　　　　　　　图 10-83　拉长直线

（6）单击"修改"工具栏中的"删除"按钮✐或快捷命令 E，删除直线 L，如图 10-84 所示。

（7）单击"修改"工具栏中的"阵列"按钮▦或快捷命令 AR，弹出"阵列"对话框。将箭头及其连接线绕圆心进行环形阵列，"项目总数"为 6，"填充角度"为 360°，"项目间角度"为 60°。单击"确定"按钮，效果如图 10-85 所示。

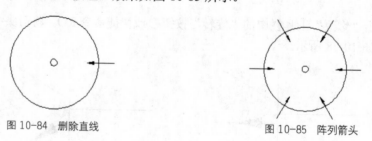

图 10-84　删除直线　　　　　　　　　　图 10-85　阵列箭头

10.3.3　图形各装置的组合

单击"修改"工具栏中的"移动"按钮✥或快捷命令 M，并结合使用"对象追踪"和"正交"功能，将断路器、火花塞、点火分电器、启动自举开关等电气元器件组合在一起，形成启动装置，如图 10-86 所示。同理，将其他元件进行组合，形成开关装置，分别如图 10-87 所示。最后将这两个装置组合在一起，就形成如图 10-50 所示结果。

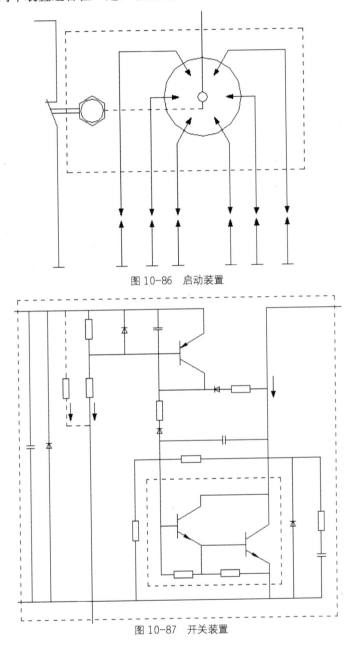

图 10-86　启动装置

图 10-87　开关装置

10.4　上机操作

【实验 1】绘制如图 10-88 所示的车床电气原理图。

操作指导：

（1）绘制主动回路。

（2）绘制控制回路。

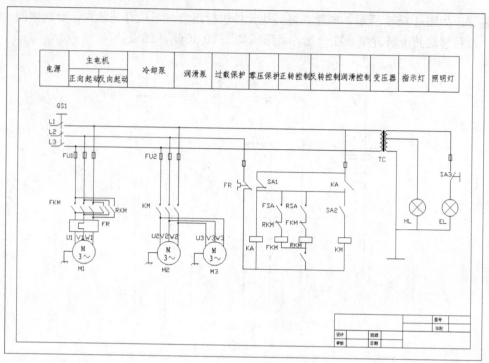

图 10-88　C616 车床电气原理图

（3）绘制照明回路。

（4）添加文字说明。

【实验 2】绘制如图 10-89 所示的钻床电气原理图。

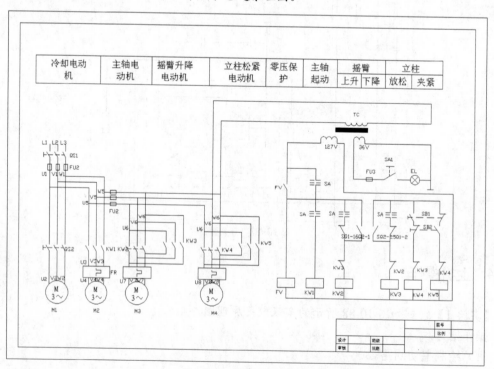

图 10-89　钻床电气原理图

操作指导：

（1）绘制主回路。

（2）绘制控制回路。

（3）绘制照明指示回路。

（4）添加文字说明。

思考与练习

1. 绘制如图 10-90 所示的 KE-Jetronic 的电路图。

2. 绘制如图 10-91 所示的组合机床电气设计。

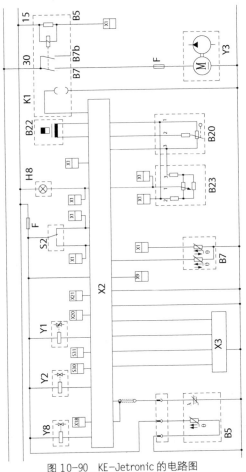

图 10-90　KE-Jetronic 的电路图

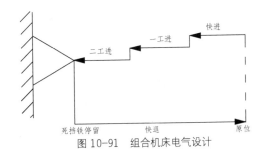

图 10-91　组合机床电气设计

● 学习目标

通信工程是一类比较特殊的电气图，和传统的电气图不同，通信工程图是最近发展起来的一类电气图，主要应用于通信领域。本章将介绍通信系统的相关基础知识，并通过几个通信工程的实例来学习绘制通信工程图的一般方法。

● 学习要点

➢ 通信工程图简介
➢ 移动通信系统图
➢ 无线寻呼系统图

11.1 通信工程图简介

通信就是信息的传递与交流。
通信系统是传递信息所需要的一切技术设备和传输媒介，其过程如图 11-1 所示。

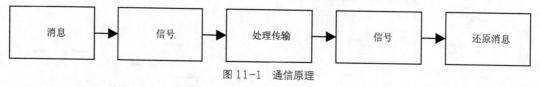

图 11-1　通信原理

通信系统工作流程如图 11-2 所示。

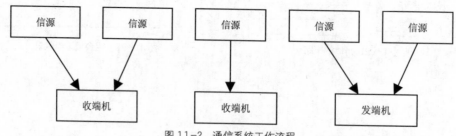

图 11-2　通信系统工作流程

通信工程主要分为移动通信和固定通信，但无论是移动通信还是固定通信，它们在通信原理上都是相同的。通信的核心是交换机，在通信过程中，数据通过传输设备传输到交换机上，在交换机上进行交换，选择目的地，这就是通信的基本过程。通信工程图的绘制主要包括楼宇综合布线图的绘制，通信光缆施工图的绘制，传输系统供电图的绘制，网络拓扑图的绘制。

11.2 移动通信系统图

本例绘制天线馈线系统图，如图 11-3 所示。

图 11-3 所示的天线馈线系统图由两部分组成，图（a）为同轴电缆天线馈线系统，图（b）为圆波导天线馈线系统。按照顺序，依次绘制（a）、（b）两图，和前面的一些电气工程图不同，本图没有导线，所以可以严格按照电缆的顺序来绘制。

 **操作步骤**

 光盘\动画演示\第 11 章\移动通信系统图.avi

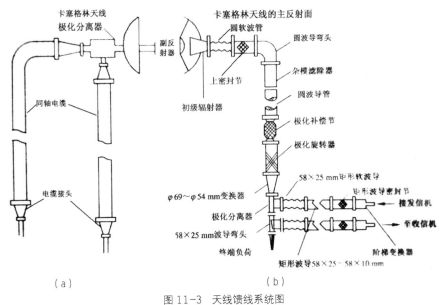

图 11-3　天线馈线系统图

11.2.1 （a）图的绘制

1．建立新文件

打开 AutoCAD 2010 应用程序，以"A3.dwt"样板文件为模板，建立新文件，将新文件命名为"移动通信系统图.dwg"并保存。

2．单击"图层"工具栏中的"图层特性管理器"按钮，设置"实体符号层"和"中心线层"一共两个图层，各图层的颜色、线型及线宽如图 11-4 所示。将"中心线层"设置为当前图层。

3．绘制同轴电缆弯曲部分

（1）单击"绘图"工具栏中的"直线"按钮或快捷命令 L，在"正交"绘图方式下，分别绘制水平直线 1 和竖直直线 2，长度分别为 40 和 50，如图 11-5（a）所示。

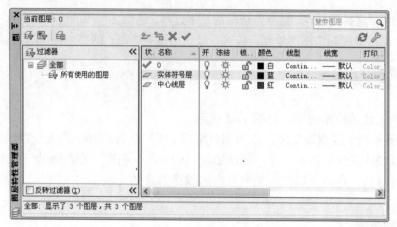

图 11-4 设置图层

（2）单击"修改"工具栏中的"圆角"按钮 或快捷命令 F，对两直线相交的角点倒圆角，圆角的半径为 12，命令行提示如下：

```
命令：_fillet
当前设置：模式 = 修剪，半径 = 12.0000
选择第一个对象或 [放弃(U)/多段线(P)/半径(R)/修剪(T)/多个(M)]：R
指定圆角半径 <12.0000>：12
选择第一个对象或 [放弃(U)/多段线(P)/半径(R)/修剪(T)/多个(M)](用鼠标拾取直线1)
选择第二个对象，或按住 Shift 键选择要应用角点的对象：(用鼠标拾取直线1)
```

结果如图 11-5（b）所示。

（3）单击"修改"工具栏中的"偏移"按钮 或快捷命令 O，将圆弧向外偏移 12。然后，将直线 1 和直线 2 分别向左和向上偏移 12，偏移结果如图 11-5（c）所示。

 技巧荟萃

在进行第（3）步的时候，偏移方向只能是向外，如果偏移方向是向圆弧圆心方向，将得不到需要的结果，读者可以实际操作验证一下，思考一下为什么会这样。

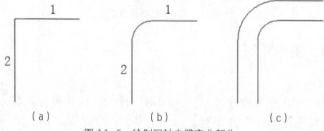

图 11-5 绘制同轴电缆弯曲部分

4. 绘制副反射器

（1）单击"绘图"工具栏"圆弧"按钮 或快捷命令 A，以（150，150）为圆心，绘制一条半径为 60 的半圆弧，如图 11-6（a）所示。

（2）单击"绘图"工具栏中的"直线"按钮 或快捷命令 L，在"对捕捉踪"绘图方式下，用鼠标分别捕捉半圆弧的两个端点绘制竖直直线 1，如图 11-6（b）所示。

（3）单击"修改"工具栏中的"偏移"按钮⊿或快捷命令 O，将竖直直线向左偏移偏移量为 30，如图 11-6（c）所示。

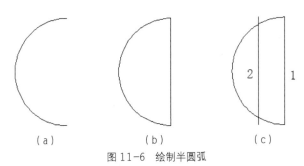

（a）　　　　　　　（b）　　　　　　　（c）

图 11-6　绘制半圆弧

（4）单击"绘图"工具栏中的"直线"按钮╱或快捷命令 L，在"对捕捉踪"和"正交"绘图方式下，用鼠标捕捉圆弧圆心，以其为起点，向左绘制一条长度为 60mm 的水平直线 3，终点刚好落在圆弧上，如图 11-7（a）所示。

（5）单击"修改"工具栏中的"偏移"按钮⊿或快捷命令 O，将直线 3 分别向上和向下偏移 7.5，得到直线 4 和 5，如图 11-7（b）所示。

（6）单击"修改"工具栏中的"删除"按钮╱或快捷命令 X，删除直线 3，如图 11-7（c）所示。

（7）单击"修改"工具栏中的"修剪"按钮⊹或快捷命令 TR，对图形进行修剪，完成副反射器的绘制，如图 11-8 所示。

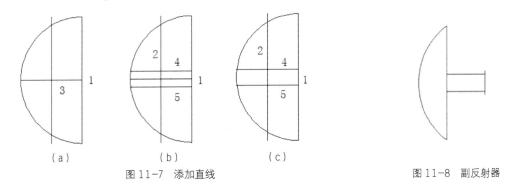

（a）　　　　　　　（b）　　　　　　　（c）

图 11-7　添加直线　　　　　　　　　　　　图 11-8　副反射器

5．绘制极化分离器

（1）单击"绘图"工具栏中的"矩形"按钮▢或快捷命令 REC，绘制一个长为 75、宽为 45 的矩形，命令行序提示如下：

```
命令：_rectang
指定第一个角点或 [倒角(C)/标高(E)/圆角(F)/厚度(T)/宽度(W)] (在屏幕空白处单击鼠标)
指定另一个角点或 [面积(A)/尺寸(D)/旋转(R)]：D
指定矩形的长度 <0.0000>:7.5
指定矩形的宽度 <0.0000>:10
指定另一个角点或 [面积(A)/尺寸(D)/旋转(R)]：(在屏幕空白处合适位置单击鼠标)
```

绘制的矩形如图 11-9（a）所示。

（2）单击"绘图"工具栏中的"分解"按钮⬚或快捷命令 X，将绘制的矩形分解为直线 1、2、3、4。

（3）单击"修改"工具栏中的"偏移"按钮▲或快捷命令 O，将直线 1 向下偏移，偏移量分别为 15 和 15；将直线 3 向右偏移，偏移量分别为 25 和 25，偏移结果如图 11-9（b）所示。

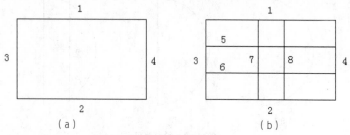

图 11-9　绘制、分解矩形

（4）选择菜单栏中的"修改"→"拉长"命令或快捷命令 LEN，将直线 5、6 分别向两端拉长 15，将直线 7、8 分别向下拉长 15，拉长结果如图 11-10（a）所示。

（5）单击"修改"工具栏中的"删除"按钮✍或快捷命令 E，再单击"修改"工具栏中的"修剪"按钮✂或快捷命令 TR，对图形进行修剪操作，并删除多余直线段，绘制的极化分离器如图 11-10（b）所示。

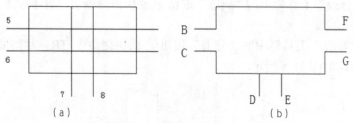

图 11-10　绘制、分解矩形

6．连接成天线馈线系统

将绘制好的各部件连接起来，并加上注释，得到图 11-3（a）所示的结果。连接过程中，需要调用平移命令，并结合使用"对象追踪"等功能，下面介绍连接方法。

（1）由于与极化分离器相连的电器元件最多，所以将其作为整个连接操作的中心。首先，单击"绘图"工具栏中的"插入块"按钮🔲或快捷命令 I，弹出如图 11-11 所示的"插入"对话框。"插入点"选择"在屏幕上指定"，"缩放比例"选择"统一比例"，在"X"后面的文本框中输入 1.5 作为缩放比例，"旋转"角度为 90°。

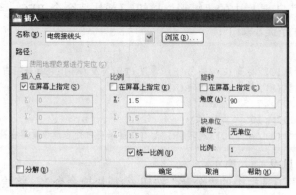

图 11-11　"插入"对话框

将"电缆接线头"块插入到图形中,并使用"对象捕捉"功能捕捉图 11-10(b)中的 C,使得如图 11-10(b)中的 C 点刚好与之重合,结果如图 11-12 所示。

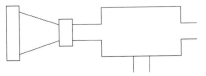

图 11-12　连接"电缆接线头"与"极化分离器"

(2)采用类似的方法插入另一个电缆接线头,并移入副反射器符号,结果如图 11-13 所示。

(3)重复(1)和(2)中的步骤,向图形中插入另外的两个电缆接线头和弯管连接部分。这些电器元件之间用直线连接即可,比较简单。值得注意的是,实际的电缆长度会很长,在此不必绘制其真正的长度,可用图 11-14 中的形式来表示。

(4)添加注释文字。

本图可以作为单独的一副电气工程图,因此可以在此添加文字注释,当然也可以在(b)图绘制完毕后一起添加文字注释。图 11-4 所示即为最后完成的天线馈线系统(a)图。

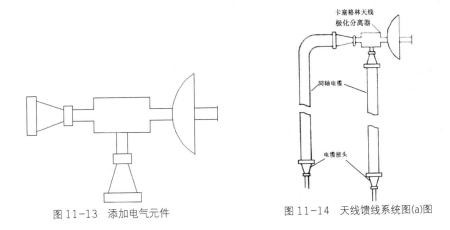

图 11-13　添加电气元件　　　　　图 11-14　天线馈线系统图(a)图

11.2.2 （b）图的绘制

1. 天线反射面的绘制

(1)单击"绘图"工具栏中的"圆弧"按钮 或快捷命令 A,绘制两个同心半圆弧,两圆弧半径分别为 60 和 20,如图 11-15(a)所示。

(2)单击"绘图"工具栏中的"直线"按钮 或快捷命令 L,在"对象捕捉"和"极轴"绘图方式下,用鼠标捕捉圆心点,以其为起点,分别绘制 5 条沿半径方向的直线段。这些直线段分别与竖直方向成 30°、60°、90°角,长度均为 60,如图 11-15(b)所示。

(3)单击"修改"工具栏中的"修剪"按钮 或快捷命令 TR,再单击"修改"工具栏中的"删除"按钮 或快捷命令 E,对整个图形进行修剪,并删除多余的直线或者圆弧,得到如图 11-15(c)所示的图示结果,就是绘制完成的天线反射面的图形符号。

2. 绘制密封节

(1)单击"绘图"工具栏中的"矩形"按钮 或快捷命令 REC,绘制一个长和宽均为 60 的矩形,如图 11-16(a)所示。

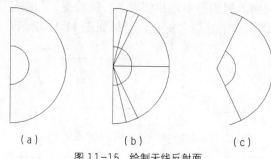

图 11-15　绘制天线反射面

（2）单击"绘图"工具栏中的"分解"按钮或快捷命令 X，将绘制的矩形分解为直线 1、2、3、4。

（3）单击"修改"工具栏中的"偏移"按钮或快捷命令 O，以直线 1 为起始，向下绘制两条水平直线，偏移量均为 20；以直线 3 为起始，向右绘制两条竖直直线，偏移量均为 20，如图 11-16（b）所示。

（4）单击"修改"工具栏中的"旋转"按钮或快捷命令 RO，将图 11-16（b）所示的图形旋转 45°，旋转过程中，命令行提示如下：

```
命令：_rotate
UCS 当前的正角方向： ANGDIR=逆时针  ANGBASE=0
选择对象：指定对角点：找到 8 个（用鼠标框选图 11-16（b）所示的图形）
选择对象：
指定基点：（在图形内任意点单击鼠标）
指定旋转角度，或 [复制(C)/参照(R)] <270>： 45
```

旋转结果如图 11-16（c）所示。

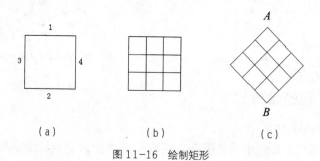

图 11-16　绘制矩形

（5）添加矩形。

① 单击"绘图"工具栏中的"直线"按钮或快捷命令 L，在"对象捕捉"方式下，用鼠标捕捉 A 点，以其为起点，分别向左和向右绘制长度均为 10 的水平直线 5 和 6；用鼠标捕捉 B 点，以其为起点，分别向左和向右绘制长度均为 10 的水平直线 7 和 8，结果如图 11-17（a）所示。

② 单击"绘图"工具栏中的"直线"按钮或快捷命令 L，在"对象捕捉"方式下，用鼠标分别捕捉直线 5 和 7 的左端点，绘制竖直直线 9，如图 11-17（b）所示。

③ 选择菜单栏中的"修改"→"拉长"命令或快捷命令 LEN，将直线 9 分别向上和向下拉长 35，如图 11-18（a）所示。

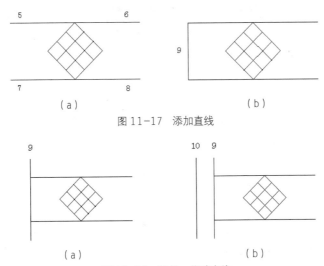

图 11-17　添加直线

图 11-18　拉长、偏移直线

④ 单击"修改"工具栏中的"偏移"按钮△或快捷命令 O，以直线 9 为起始，向左绘制竖直直线 10，偏移量为 35，如图 11-18（b）所示。

⑤ 单击"绘图"工具栏中的"直线"按钮╱或快捷命令 L，在"对象捕捉"绘图方式下，用鼠标分别捕捉直线 9 和 10 的上端点，绘制一条水平直线；用鼠标分别捕捉直线 9 和 10 的下端点，绘制另外一条水平直线。这两条水平直线和直线 9、10 构成了一个矩形，结果如图 11-19（a）所示。

⑥ 用和前面相同的方法在直线 6 和 8 的右端绘制另外一个矩形，结果如图 11-19（b）所示，就是绘制完成的密封节的图形符号。

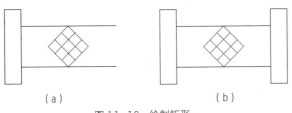

图 11-19　绘制矩形

（6）绘制极化补偿节。

① 单击"绘图"工具栏中的"矩形"按钮□或快捷命令 REC，绘制一个长为 120、宽为 30 的矩形，如图 11-20（a）所示。

② 单击"绘图"工具栏中的"直线"按钮╱或快捷命令 L，在"对象捕捉"和"极轴"绘图方式下，用鼠标捕捉 A 点，并以其为起点，绘制一条与水平方向成 135°角，长度为 20 的直线 1，如图 11-20（b）所示。

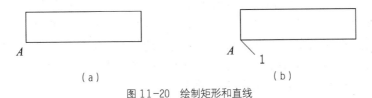

图 11-20　绘制矩形和直线

③ 单击"修改"工具栏中的"移动"按钮✥或快捷命令 M，将直线 1 向右平移 20，如图 11-21（a）所示。

④ 用同样的方法绘制直线 2，如图 11-21（b）所示。

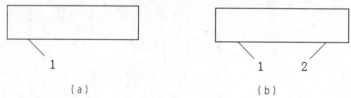

（a）　　　　　　　　　　　　（b）

图 11-21　添加直线

⑤ 单击"绘图"工具栏中的"直线"按钮✏或快捷命令 L，在"对象捕捉"和"极轴"绘图方式下，用鼠标捕捉直线 1 的下端点，并以其为起点，绘制一条与水平方向成 45°角，长度为 40 的直线；用同样的方法，以直线 2 的下端点为起点，绘制一条与水平方向成 45°角，长度为 40 的直线，结果如图 11-22（a）所示。

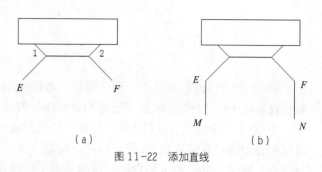

（a）　　　　　　　　　（b）

图 11-22　添加直线

⑥ 单击"绘图"工具栏中的"直线"按钮✏或快捷命令 L，关闭"极轴"绘图方式，激活"正交"功能，用鼠标捕捉 E 点，以其为起点，向下绘制长度为 40 的竖直直线；用鼠标捕捉 F 点，以其为起点，向下绘制长度为 40 的竖直直线，结果如图 11-22（b）所示。

⑦ 单击"修改"工具栏中的"镜像"按钮⚏或快捷命令 MI，对图形做镜像操作，镜像过程中命令行序列提示如下：

```
命令：_mirror
选择对象：指定对角点：找到 8 个（用鼠标框选整个图形）
选择对象：
指定镜像线的第一点：（用鼠标选择 M 点）
指定镜像线的第二点：（用鼠标选择 N 点）
要删除源对象吗？[是(Y)/否(N)] <N>：
```

镜像结果如图 11-23 所示。

⑧ 单击"绘图"工具栏中的"图案填充"按钮▨或快捷命令 H，或者单击"绘图"工具栏中的按钮，或在命令行中输入 BHATCH 命令后按<Enter>键，弹出"图案填充和渐变色"对话框。单击"图案"选项右侧的▢按钮，弹出"填充图案选项板"对话框，在"ANSI"选项卡中选择"ANSI37"图案，单击"确定"按钮，回到"图案填充和渐变色"对话框，将"角度"设置为 0，"比例"设置为 1，其他为默认值。单击"选择对象"按钮，暂时回到绘图窗口中进行选择。用鼠标选择填充对象，如图 11-24 所示。按<Enter>键，再次回到"边界图案填充"对话框，单击"确定"按钮，完成填充，填充结果如图 11-25 所示。

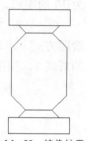

图 11-23　镜像结果

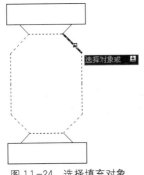
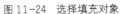

图 11-24　选择填充对象

图 11-25　填充结果

（7）连接成圆波导天线馈线系统。将上面绘制的各电气元件连接起来，就构成了本图的主题，具体操作方法参考 11.2.1 小节（a）图的绘制。

（8）添加文字和注释。

① 选择菜单栏中"格式"→"文字样式"命令或者在命令行输入"STYLE"命令，弹出"文字样式"对话框，如图 11-26 所示。

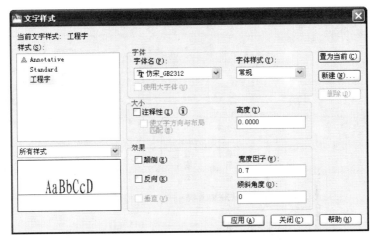

图 11-26　"文字样式"对话框

② 在"文字样式"对话框中单击"新建"按钮，然后输入样式名"工程字"，并单击"确定"按钮。

③ 在"字体名"下拉列表中选择"仿宋_GB2312"。

④ "高度"选择默认值为 0。

⑤ "宽度因子"设置为 0.7，"倾斜角度"选择默认值为 0。

⑥ 检查预览区文字外观，如果合适，单击"应用"和"关闭"按钮。

⑦ 单击"绘图"工具栏中的"多行文字"按钮 **A** 或快捷命令 MT，或者在命令行输入"MTEXT"命令，在图 11-3 中相应位置添加文字。

　技巧荟萃

如果觉得文字的位置不理想，可以选定文字，将文字移动到需要的位置。移动文字的方法比较多，下面推荐一种比较方便的方法：

首先选定需要移动的文字，单击菜单栏中的"修改"→"移动"命令，此时命令行出现提示：

指定基点或 [位移(D)] <位移>：

把鼠标的光标移动到被移动文字的附近（不是屏幕任意位置，一定不能是离被移动文字比较远的位置），单击鼠标左键，此时移动鼠标就会发现被选定的文字会随着鼠标移动并实时显示出来。将鼠标光标移动到需要的位置，再单击鼠标左键，选定文字就被移动到了合适的位置。利用此方法可以将文字调整到任意的位置。

11.3　无线寻呼系统图

本例绘制的无线寻呼系统图如图 11-27 所示。先根据需要绘制一些基本图例，然后绘制机房区域示意模块，再绘制设备图形，接下来绘制连接线路，最后添加文字和注释，完成图形的绘制。

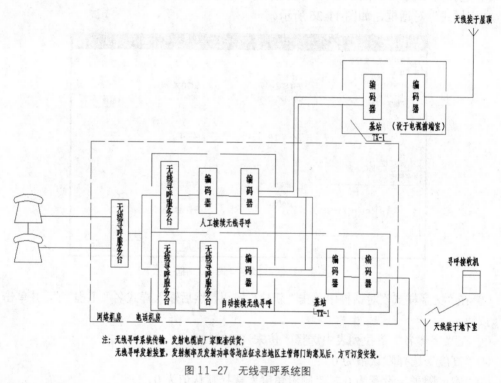

图 11-27　无线寻呼系统图

操作步骤

光盘\动画演示\第 11 章\绘制无线寻呼系统图.avi

11.3.1　绘制机房区域模块

（1）新建文件。启动 AutoCAD 2010 应用程序，选择菜单栏中的"文件"→"新建"命令，系统弹出"选择样板"对话框，在该对话框中选择需要的样板图。单击"打开"按钮，添加图形样板，图形样板左下角点的坐标为（0，0）。本例选用 A3 图形样板。

（2）设置图层。选择菜单栏中的"格式"→"图层"命令，在弹出的"图层特性管理器"对话框中新建图层，各图层的颜色、线型、线宽等设置如图 11-28 所示。将"虚线层"设置为当前图层。

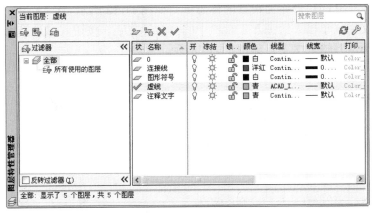

图 11-28 设置图层

（3）绘制矩形。单击"绘图"工具栏中的"矩形"按钮▢或快捷命令 REC，绘制一个长度为 70、宽度为 40 的矩形，并将线型比例设置为 0.3，如图 11-29 所示。

（4）分解矩形。单击"修改"工具栏中的"分解"按钮▤或快捷命令 X，将矩形分解。

（5）分隔区域。选择菜单栏中的"绘图"→"点"→"定数等分"命令，将底边 5 等分，用辅助线分隔，如图 11-30 所示。

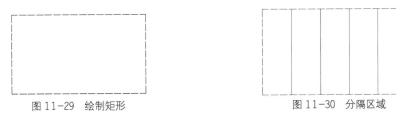

图 11-29 绘制矩形   图 11-30 分隔区域

（6）绘制内部区域。单击"绘图"工具栏中的"矩形"按钮▢或快捷命令 REC，绘制两个矩形，删除辅助线，如图 11-31 所示。

（7）绘制前端室。单击"绘图"工具栏中的"矩形"按钮▢或快捷命令 REC，在大矩形的右上角绘制一个长度为 20、宽度为 15 的小矩形，作为前端室的模块区域，如图 11-32 所示。

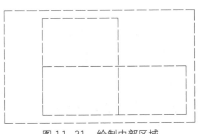

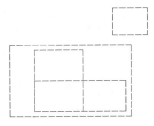

图 11-31 绘制内部区域   图 11-32 绘制前端室

11.3.2　绘制设备

（1）修改线宽。将"图形符号"层设置为当前图层，并将线型设为"bylayer"，并将线宽设为 0.5mm。

（2）绘制设备标志框。单击"绘图"工具栏中的"矩形"按钮□或快捷命令 REC，分别绘制 4×15 和 4×10 的矩形作为设备的标志框，如图 11-33 所示。

（3）添加文字。单击"绘图"工具栏中的"多行文字"按钮 A 或快捷命令 MT，以刚刚绘制的标志框为区域输入文字，如图 11-34 所示。

图 11-33　绘制设备标志框　　　　　图 11-34　输入文字

（4）可以看到，文字的间距太大，而且位置不是正中。可以选择文字并右击，在弹出的快捷菜单中单击"特性"命令，弹出"特性"对话框，如图 11-35 所示。将"行距比例"设置为 0.7，将文字的位置设置为"正中"，修改后的效果如图 11-36 所示。

（5）单击"修改"工具栏中的"复制"按钮或快捷命令 CO，将绘制的图形复制移动到相应的机房区域内，结果如图 11-37 所示。

图 11-35　"特性"对话框

图 11-36　修改后的效果

（6）插入图块。单击"修改"工具栏中的"插入块"按钮或快捷命令 I，插入"电话.dwg"文件，在图形的左侧插入；再打开文件夹中的"天线.dwg"和"寻呼接收机.dwg"文件，在图形的右侧插入，如图 11-38 所示。

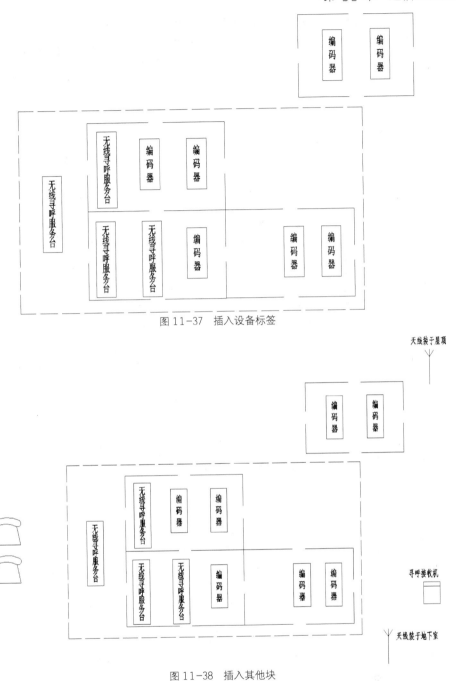

图 11-37 插入设备标签

图 11-38 插入其他块

11.3.3 绘制连接线

将图层转换为"连接线"层，单击"绘图"工具栏中的"直线"按钮 ╱ 或快捷命令 L，绘制设备之间的线路，"电话"模块之间的线路用虚线进行连接，如图 11-39 所示。

11.3.4 文字标注

（1）创建文字样式。将"注释文字"层设置为当前图层，单击菜单栏中的"格式"→"文字样式"命令，系统弹出"文字样式"对话框，创建一个名为"标注"的文字样式。设置"字体名"为"仿宋 GB_2312"、"字体样式"为"常规"、"高度"为 50、"宽度因子"为 0.7。

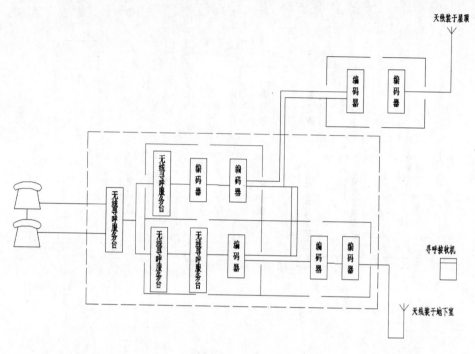

图 11-39　绘制线路

（2）添加注释文字。单击"绘图"工具栏中的"多行文字"按钮 A 或快捷命令 MT，在图形中添加注释文字，完成无线寻呼系统的绘制。结果如图 11-27 所示。

11.4　上机操作

【实验 1】绘制如图 11-40 所示的数字交换机系统结构图。

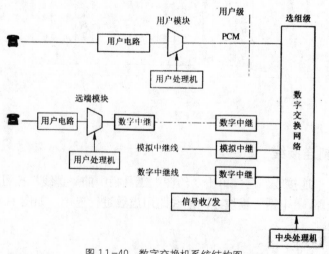

图 11-40　数字交换机系统结构图

操作提示：

（1）图形布局。

（2）添加连接线。

（3）标注文字。

【实验 2】绘制如图 11-41 所示的网络拓扑图。

操作提示：

（1）绘制部件符号。

（2）绘制局部图。

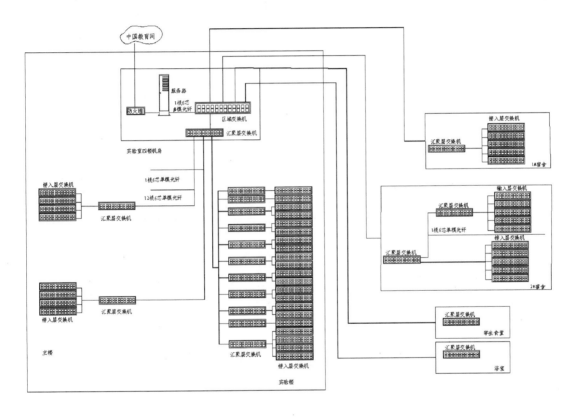

图 11-41 网络拓扑图

思考与练习

1. 绘制如图 11-42 所示的程控交换系统图。

2. 绘制如图 11-43 所示的数控机床电气控制系统图。

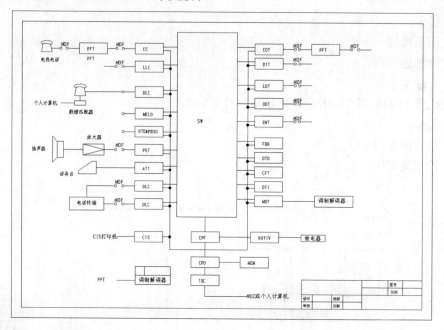

图 11-42　程控交换机系统图

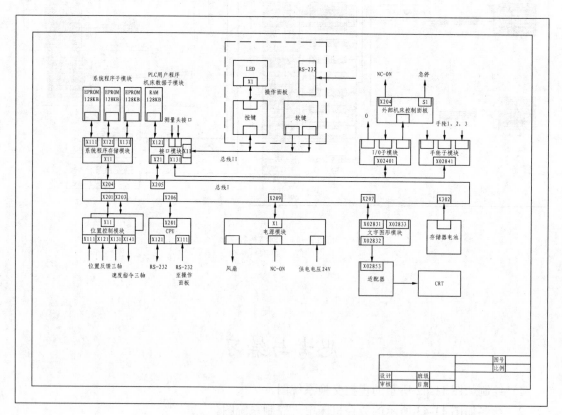

图 11-43　数控机床电气控制系统图

第 **12** 章 电力电气工程图设计

● 学习目标

电能的生产、传输和使用是同时进行的。从发电厂出来的电力，需要经过升压后才能够输送给远方的用户。输电电压一般很高，用户一般不能直接使用，高压电要经过变电所变压才能分配给电能用户使用。本章将对变电所防雷平面图、架空线路图进行讲解。

● 学习要点

➢ 电力电气工程图简介

➢ 电缆线路工程图

➢ 高压开关柜

12.1 电力电气工程图简介

电能的生产、传输和使用是同时进行的。发电厂生产的电能，有一小部分供给本厂和附近用户使用，其余绝大部分要经过升压变电站将电压升高，由高压输电线路送至距离很远的负荷中心，再经过降压变电站将电压降低到用户所需要的电压等级，分配给电能用户使用。由此可知，电能从生产到应用，一般需要 5 个环节来完成，即发电→输电→变电→配电→用电，其中配电又根据电压等级不同分为高压配电和低压配电。

由各种电压等级的电力线路，将各种类型的发电厂、变电站和电力用户联系起来的一个发电、输电、变电、配电和用电的整体，称为电力系统。电力系统由发电厂、变电所、线路和用户组成。变电所和输电线路是联系发电厂和用户的中间环节，起着变换和分配电能的作用。

12.1.1 变电工程

为了更好地了解变电工程图，下面先对变电工程的重要组成部分——变电所做简要介绍。系统中的变电所，通常按其在系统中的地位和供电范围，分成以下几类。

1. 枢纽变电所

枢纽变电所是电力系统的枢纽点，连接电力系统高压和中压的几个部分，汇集多个电源，电压为 330~500kV 的变电所称为枢纽变电所。全所停电后，将引起系统解列，甚至出现瘫痪。

2. 中间变电所

高压侧以交换潮流为主，起系统交换功率的作用，或使长距离输电线路分段，一般汇集 2~3 个电源，电压为 220~330kV，同时又降压供给当地用电。这样的变电所主要起中间环节的作用，所以叫做中间变电所。全所停电后，将引起区域网络解列。

3. 地区变电所

高压侧电压一般为 110~220kV，是对地区用户供电为主的变电所。全所停电后，仅使该地区中断供电。

4. 终端变电所

在输电线路的终端，接近负荷点，高压侧电压多为 110kV。经降压后直接向用户供电的变电所即为终端变电所。全所停电后，只是用户受到损失。

12.1.2 变电工程图

为了能够准确清晰地表达电力变电工程各种设计意图，就必须采用变电工程图。简单来说，变电工程图也就是对变电站、输电线路各种接线形式、各种具体情况的描述。它的意义就在于用统一直观的标准来表达变电工程的各方面。

变电工程图的种类很多，包括主接线图、二次接线图、变电所平面布置图、变电所断面图、高压开关柜原理图、布置图等很多种，每种情况各不相同。

12.1.3 输电工程及输电工程图

1. 输电线路任务

发电厂、输电线路、升降压变电站以及配电设备和用电设备构成电力系统。为了减少系统备用容量，错开高峰负荷，实现跨区域跨流域调节，增强系统的稳定性，提高抗冲击负荷的能力，在电力系统之间采用高压输电线路进行联网。电力系统联网，既提高了系统的安全性、可靠性和稳定性，又可实现经济调度，使各种能源得到充分利用。起系统联络作用的输电线路，可进行电能的双向输送，实现系统间的电能交换和调节。

因此，输电线路的任务就是输送电能，并联络各发电厂、变电所使之并列运行，实现电力系统联网。高压输电线路是电力系统的重要组成部分。

2. 输电线路的分类

输送电能的线路称为电力线路。电力线路有输电线路和配电线路之分。由发电厂向电力负荷中心输送电能的线路以及电力系统之间的联络线路称为输电线路。由电力负荷中心向各个电力用户分配电能的线路称为配电线路。

电力线路按电压等级分为低压、高压、超高压和特高压线路。一般地，输送电能容量越大，线路采用的电压等级就越高。

输电线路按结构特点分为架空线路和电缆线路。架空线路由于结构简单，施工简便，建设费用低，施工周期短，检修维护方便，技术要求较低等优点，得到广泛的应用。电缆线路受外界环境因素的影响小，但需用特殊加工的电力电缆，费用高，施工及运行检修的技术要求高。

目前我国电力系统广泛采用的是架空输电线路，架空输电线路一般由导线、避雷线、绝缘子、金具、杆塔、杆塔基础、接地装置和拉线这几部分组成。

（1）导线。导线是固定在杆塔上输送电流用的金属线，目前在输电线路设计中，一般采用钢芯铝绞线，局部地区采用铝合金线。

（2）避雷线。避雷线的作用是防止雷电直接击于导线上，并把雷电流引入大地。避雷线常用镀锌钢绞线，也有的采用铝包钢绞线。目前国内外都采用了绝缘避雷线。

（3）绝缘子。输电线路用的绝缘子主要有针式绝缘子、悬式绝缘子、瓷横担等。

（4）金具。通常把输电线路使用的金属部件总称为金具，它的类型繁多，主要有连接金具、连续金具、固定金具、防震锤、间隔棒、均压屏蔽环等几种类型。

（5）杆塔。线路杆塔是支撑导线和避雷线的。按照杆塔材料的不同，分为木杆、铁杆、钢筋混凝杆，国外还采用了铝合金塔。杆塔可分为直线型和耐张型两类。

（6）杆塔基础。杆塔基础是用来支撑杆塔的，分为钢筋混凝土杆塔基础和铁塔基础两类。

（7）接地装置。埋没在基础土壤中的圆钢、扁钢、角钢、钢管或其组合式结构均称为接地装置。其与避雷线或杆塔直接相连，当雷击杆塔或避雷线时，能将雷电引入大地，可防止雷电击穿绝缘子串的事故发生。

（8）拉线。为了节省杆塔钢材，国内外广泛使用了带拉线杆塔。拉线材料一般用镀锌钢绞线。

12.2 电缆线路工程图

绘制如图 12-1 所示的电缆分支箱的三视图。电缆分支箱包含以下 3 部分：电缆井、预留基座及电缆分支箱。首先根据三视图中各部件的位置确定图纸布局，得到各个视图的轮廓线。然后分别绘制正视图、俯视图和左视图，最后进行标注。

 操作步骤

 光盘\动画演示\第 12 章\绘制电缆线路工程图.avi

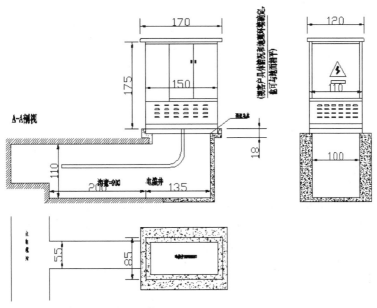

图 12-1 电缆分支箱的三视图

12.2.1 设置绘图环境

（1）建立新文件。打开 AutoCAD 2010 应用程序，以"A3.dwt"样板文件为模板，建立新文件，将新文件命名为"电缆线路工程图.dwg"并保存。

（2）放大样板文件。单击"修改"工具栏中的"缩放"按钮 ，将 A3 样板文件的尺寸放大 3 倍，以适应本图的绘制范围。执行完毕后，视图内所有图形尺寸被放大 3 倍。

（3）设置缩放比例。选择菜单栏中的"格式"→"比例缩放列表"命令，弹出"编辑比例列表"对话框，如图 12-2 所示。在"比例列表"列表框中选择"1∶4"，单击"确定"按钮，可以保证在 A3 的图纸上可以打印出图形。

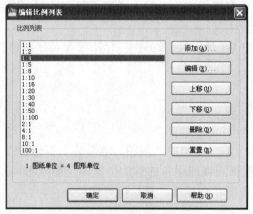

图 12-2 "编辑比例列表"对话框

（4）设置图形界限。选择菜单栏中的"格式"→"图形界限"命令，设置图形界限的两个角点坐标分别为左下角点（0，0），右上角点（1700，1400）。

（5）设置图层。选择菜单栏中的"格式"→"图层"命令，打开"图层特性管理器"对话框，设置"轮廓线层"、"实体符号层"、"连接导线层"和"中心线层"一共 4 个图层，各图层的颜色、线型及线宽如图 12-3 所示。将"中心线层"设置为当前图层。

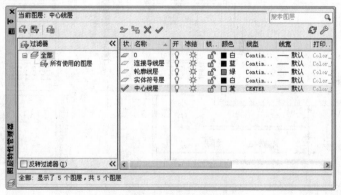

图 12-3 图层设置

12.2.2 图纸布局

由于本图的各个尺寸间不是整齐对齐的，要把所有的尺寸间的位置关系都表达出来比较复杂，因此，在图纸布局时，只标出主要尺寸，在绘制各个视图时，再详细标出各视图中的尺寸关系。

（1）绘制水平线。单击"绘图"工具栏中的"直线"按钮／或快捷命令 L，在"正交"绘图方式下，绘制一条水平线。

（2）偏移水平线。单击"修改"工具栏中的"偏移"按钮 或快捷命令 O，以水平直线为起始，向下依次绘制 5 条直线，偏移量依次为 120、45、150、60、125，结果如图 12-4 所示。

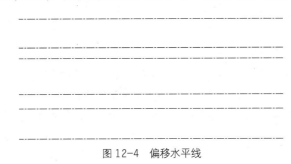

图 12-4　偏移水平线

（3）绘制竖直直线。单击"绘图"工具栏中的"直线"按钮／或快捷命令 L，绘制竖直直线。

（4）偏移竖直直线。单击"修改"工具栏中的"偏移"按钮 或快捷命令 O，以竖直直线为起始，向右依次绘制 8 条直线，偏移量依次为 80、190、10、150、10、10、150、150，结果如图 12-5 所示。

（5）修剪直线。单击"修改"工具栏中的"修剪"按钮／···或快捷命令 TR，修剪掉多余线段，得到图纸布局，如图 12-6 所示。

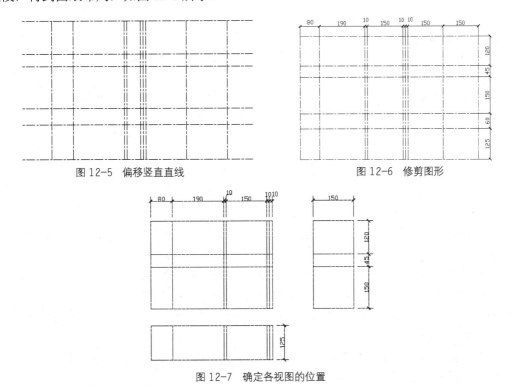

图 12-5　偏移竖直直线　　　　　　　　图 12-6　修剪图形

图 12-7　确定各视图的位置

（6）绘制三视图布局。单击"修改"工具栏中的"修剪"按钮 -/-- 或快捷命令 TR，将图 12-6 修剪成图 12-7 所示的 3 个区域，每个区域对应一个视图。

12.2.3 绘制主视图

1. 修剪主视图

单击"修改"工具栏中的"修剪"按钮 -/-- 或快捷命令 TR，将图 12-7 中的主视图修剪成如图 12-8 所示的样子，得到主视图的轮廓线。

2. 添加定位线

按照图中的尺寸，添加定位线。

（1）切换图层：将当前图层从"中心线层"切换为"绘图图层"。

（2）单击"绘图"工具栏中的"直线"按钮 / 或快捷命令 L，绘制出主视图的大体轮廓。

（3）用两条竖直线将区域 1 三等分，通过偏移与剪切，得到小门，并加上把手，如图 12-9 所示。

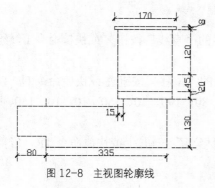

图 12-8 主视图轮廓线

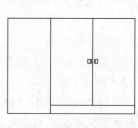

图 12-9 绘制小门

3. 在 2 区域绘制通风孔

（1）单击"绘图"工具栏中的"矩形"按钮 □ 或快捷命令 REC，绘制一个长为 9、宽为 2 的矩形，如图 12-10 所示。

（2）单击"修改"工具栏中的"圆角"按钮 ◻ 或快捷命令 F，将直线 1 和直线 2 之间的角进行倒圆角，圆角半径为 1.5。重复同样的步骤，选择线段 1 和 3，效果如图 12-11 所示。

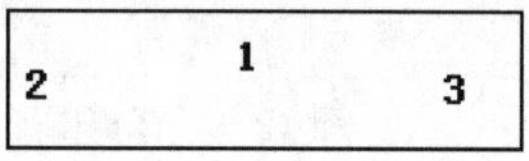

图 12-10 绘制矩形

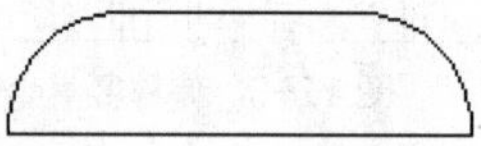

图 12-11 倒圆角

（3）单击"修改"工具栏中的"移动"按钮 ✥ 或快捷命令 M，将绘制好的单个通风孔复制到距离区域 2 左上角长 350、宽 150 的位置。

（4）单击"修改"工具栏中的"阵列"按钮 ▦ 或快捷命令 AY，打开"阵列"对话框，将通风孔进行矩形阵列，设置"行数"为 4，"列数"为 6，"行偏移"为 60，"列偏移"为 20，"阵列角度"为 0。单击"确定"按钮，则区域 2 的通风孔添加完毕，结果如图 12-12 所示。

4. 加电缆接口

（1）单击"绘图"工具栏中的"直线"按钮 / 或快捷命令 L，绘制如图 12-13 所示尺寸的两段相互垂直的线段。

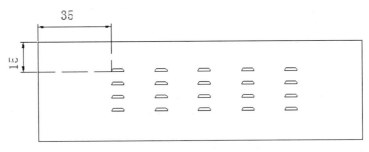

图 12-12　阵列通风孔

（2）单击"修改"工具栏中的"圆角"按钮◻或快捷命令 F，将两段线段连接起来，圆角的半径为 30，结果如图 12-14 所示。

（3）单击"修改"工具栏中的"偏移"按钮◻或快捷命令 O，将图 12-14 所示的组合曲线偏移，偏移距离为 6，并将左端两端点连接起来，结果如图 12-15 所示。

（4）单击"修改"工具栏中的"移动"按钮✛或快捷命令 M，将绘制好的电缆移动到主视图中。

图 12-13　绘制直线　　　　　　　　图 12-14　倒圆角　　　　　　　　图 12-15　偏移组合曲线

5．边缘的填充

（1）单击"修改"工具栏中的"偏移"按钮◻或快捷命令 O，绘制边缘线。

（2）单击"绘图"工具栏中的"图案填充"按钮◻或快捷命令 H，填充主视图下半部分的外边框如图 12-16 所示，由 1、2、3 三个区域组成。区域 1 和区域 3 填充"AR-CONC"图案，区域 2 填充"ANSI31"图案，结果如图 12-17 所示。

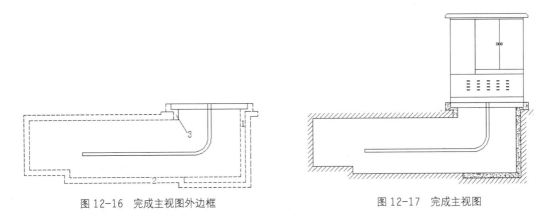

图 12-16　完成主视图外边框　　　　　　　　　　图 12-17　完成主视图

12.2.4　绘制俯视图

（1）单击"绘图"工具栏中的"矩形"按钮◻或快捷命令 REC，补充轮廓线，尺寸如图 12-18 所示。

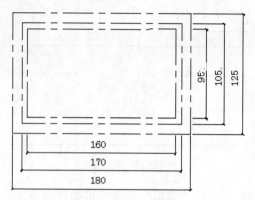

图 12-18　补充轮廓线

（2）将"绘图图层"置为当前图层，根据轮廓线绘制出俯视图的草图。

（3）单击"绘图"工具栏中的"圆"按钮⊙或快捷命令 C，在第 2 层环的 4 个角附近分别绘制 4 个半径为 20 的小圆。

（4）单击"绘图"工具栏中的"图案填充"按钮▨或快捷命令 H，填充最外面的环形区域，结果如图 12-19 所示。

（5）单击"绘图"工具栏中的"直线"按钮╱或快捷命令 L，绘制主电缆沟，尺寸如图 12-20 所示。

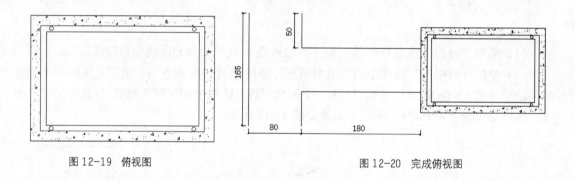

图 12-19　俯视图　　　　　　　　　　　　　图 12-20　完成俯视图

12.2.5　绘制左视图

（1）单击"绘图"工具栏中的"直线"按钮╱或快捷命令 L，补充轮廓线，尺寸如图 12-21 所示。

（2）根据轮廓线绘制俯视图的草图。

（3）加通风孔。与主视图中一样，先绘制单个通风孔，然后调用阵列功能；得到左视图中的通风孔。

（4）加入警示标志。单击"绘图"工具栏中的"正多边形"按钮⬠或快捷命令 POL，绘制一个长 30、宽 6 的矩形和边长为 30 的等边三角形，在三角形内加入标志"⚡"，然后将矩形和三角形移动到图中合适的位置，结果如图 12-22 所示。

（5）单击"绘图"工具栏中的"图案填充"按钮▨或快捷命令 H，填充外框，效果如图 12-23 所示。至此，左视图绘制完毕。

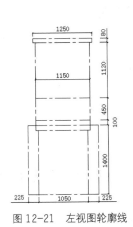

图 12-21　左视图轮廓线

图 12-22　修改左视图

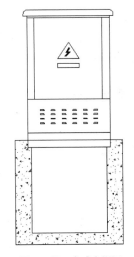

图 12-23　完成左视图

12.2.6　尺寸标注及添加文字注释

（1）单击"标注"工具栏中的"线性"按钮 ⊢，标注尺寸。

（2）单击"文字"工具栏中的"单行文字"按钮 **A**，添加文字注释，效果如图 12-1 所示。

12.3　高压开关柜

图 12-24 所示为 HXGN26-12 高压开关柜配电图，在绘制过程中要注意各柜间的相对位置与实际排列位置应一致。

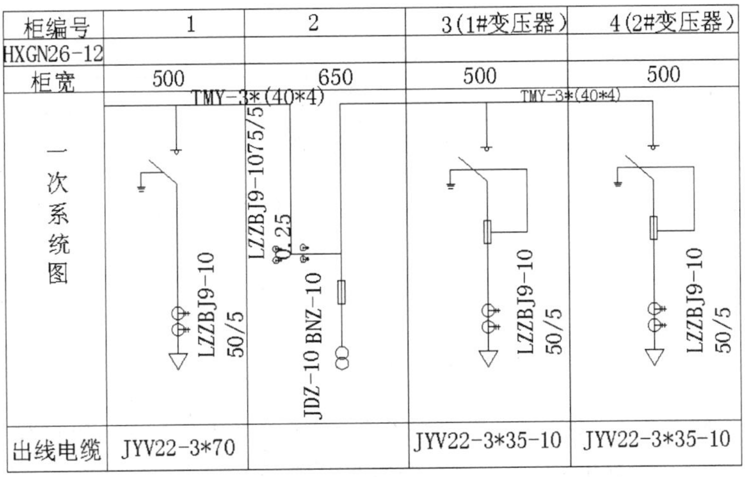

柜编号	1	2	3(1#变压器)	4(2#变压器)
HXGN26-12				
柜宽	500	650	500	500
一次系统图	LZZBJ9-10 50/5	TMY-3*(40*4) LZZBJ9-1075/5 0.25 JDZ-10 BNZ-10	TMY-3*(40*4) LZZBJ9-10 50/5	LZZBJ9-10 50/5
出线电缆	JYV22-3*70		JYV22-3*35-10	JYV22-3*35-10

图 12-24　HXGN26-12 高压开关柜配电图

分析本图纸，有如下两个特点。

（1）本图有其特殊性，因为整个图纸的框架是按照表格来排列的，所以一定要注意各个表格的位置和表格内的内容。

（2）本图也有和普通电气图类似的地方，那就是表格中和表格之间通过普通的电气符号和连线连接起来。

基于以上分析，本图纸的绘制思路是先绘制表格，然后分别绘制各部分的电气符号，最后把绘制好的电气符号插入表格中，再加上文字注释等，完成图纸绘制。

操作步骤

光盘\动画演示\第 12 章\绘制高压开关柜.avi

12.3.1 图纸布局

（1）打开 AutoCAD 2010 应用程序，以 "A3.dwt" 样板文件为模板，建立新文件；将新文件命名为 "高压开关柜配电图.dwg" 并保存。

（2）选择菜单栏中的 "格式" → "图层" 命令，设置 "标注层"、"图框层"、"图形符号层" 和 "样板层" 一共 4 个图层，各图层的颜色、线型及线宽如图 12-25 所示。将 "图框层" 设置为当前图层。

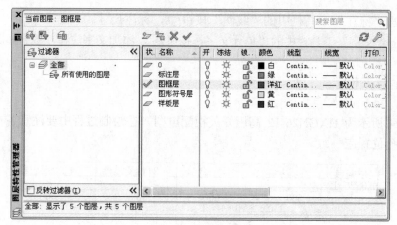

图 12-25 设置图层

（3）单击"绘图"工具栏中的"直线"按钮／或快捷命令 L，绘制直线 1{(100,100), (65,100)}，如图 12-26 所示。

图 12-26 水平直线

（4）单击 "修改" 工具栏中的 "偏移" 按钮⚙或快捷命令 O，以直线 1 为起始，依次向下偏移 13、13、13、160、22，得到一组水平直线。

（5）单击 "绘图" 工具栏中的 "直线" 按钮／或快捷命令 L，并启动 "对象追踪" 功能，用鼠标分别捕捉直线 1 和最下面一条水平直线的左端点，连接起来，得到一条竖直直线。

（6）单击 "修改" 工具栏中的 "偏移" 按钮⚙或快捷命令 O，以竖直直线为起始，依次向右偏移 50、70、80、80、85，得到一组竖直直线。前述绘制的水平直线和竖直直线构成了如图 12-27 所示的表格，即为高压开关柜配电图的图纸布局。

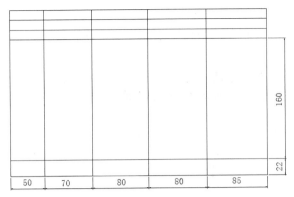

图 12-27 图纸布局

12.3.2 绘制电气符号

1. 绘制接地线

（1）单击"绘图"工具栏中的"直线"按钮 ✏ 或快捷命令 L，绘制直线 1{(20,20), (22,20)}，如图 12-28（a）所示。

（2）单击"修改"工具栏中的"偏移"按钮 ⚎ 或快捷命令 O，以直线 1 为起始，依次向上绘制直线 2 和 3，偏移量依次为 1、1，如图 12-28（b）所示。

（3）选择菜单栏中的"修改"→"拉长"命令或快捷命令 LEN，将直线 2 向左右两端分别拉长 0.5，将直线 3 向左右两端分别拉长 1，结果如图 12-28（c）所示。

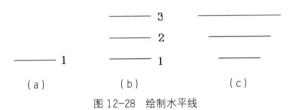

图 12-28 绘制水平线

（4）单击"绘图"工具栏中的"直线"按钮 ✏ 或快捷命令 L，在"对象捕捉"和"正交"绘图方式下，用鼠标捕捉直线 3 的左端点，并以其为起点，绘制长度为 7 的竖直直线 4，如图 12-29（a）所示。

（5）单击"修改"工具栏中的"移动"按钮 ✛ 或快捷命令 M，将直线 4 向右平移 2，得到如图 12-29（b）所示的结果。

（6）单击"绘图"工具栏中的"直线"按钮 ✏ 或快捷命令 L，在"对象捕捉"和"正交"绘图方式下，用鼠标捕捉直线 4 的上端点，并以其为起点，向右绘制长度为 11 的水平直线 5，如图 12-29（c）所示，即为绘制完成的接地线的图形符号。

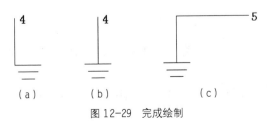

图 12-29 完成绘制

2. 绘制双绕组变压器

（1）单击"绘图"工具栏中的"圆"按钮⊙或快捷命令 C，绘制一个半径为 3 的圆 O，如图 12-30（a）所示。

（2）单击"修改"工具栏中的"复制"按钮⊙或快捷命令 CO，复制圆 O，并以圆 O 的圆心为基点，将复制后的圆向上平移 5，结果如图 12-30（b）所示。

（a）   （b）

图 12-30　绘制双绕组变压器

12.3.3　连接各柜内电气设备

根据设备情况，连接各元器件，得到如图 12-31 所示 1~4 号柜的电气图。

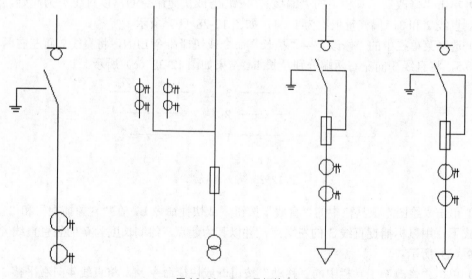

图 12-31　1~4 号柜的电气图

然后连接 1~4 号柜的连线得到图 12-24 所示的结果。连线的时候要注意尺寸的分配，以保证每个柜对应的元器件刚好在对应的方格内。

12.3.4　添加注释及文字

1. 添加注释

（1）创建一个文字样式，样式名为"注释文字"，字体为"宋体"，高度为 3，宽度比例为1，倾斜角度为 0。

（2）使用多行文字命令输入文字，然后将文字旋转 90°，移动到合适的位置，如图 12-32所示。

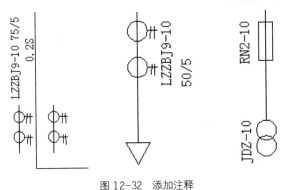

图 12-32 添加注释

2. 添加文字

（1）创建一个文字样式，样式名为"表格文字"，字体为"宋体"，高度为 6，宽度比为 1，倾斜角度为 0。

（2）在各表格内添加文字，所有除了"一次系统图"之外，其他文字都为水平。

（3）创建一个文字样式，样式名为"竖直文字"，在"效果"标签下选择"垂直"，其他参数和"表格文字"相同。在"竖直文字"样式下，在左边第 4 格中输入"一次系统图"。

注意

所有的文字都位于表格中央，即所有文字的文字格式都选"居中"，设置方法如下：

键入文字后，选定文字，双击鼠标左键，弹出"文字格式"工具条，在左下角单击 ▤，待该按钮变白即可。

12.4 上机操作

【实验 1】绘制如图 12-33 所示的输电工程图。

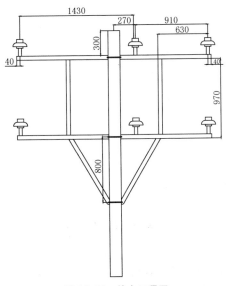

图 12-33 输电工程图

操作指导：

（1）绘制电线杆。

（2）绘制绝缘子。

（3）复制到适当位置。

（4）标注图形。

【实验 2】绘制如图 12-34 所示的架空线路图。

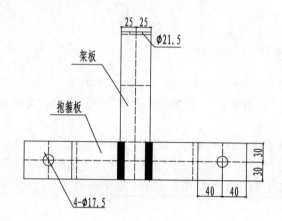
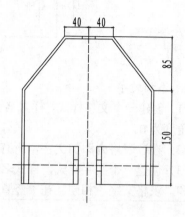

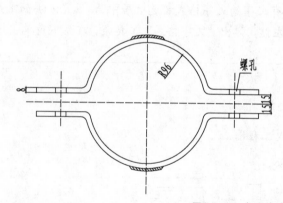

图 12-34　架空线路图

操作指导：

（1）图纸布局。

（2）绘制主视图。

（3）绘制左视图。

（4）绘制俯视图。

（5）标注尺寸和注释文字。

思考与练习

1. 绘制如图 12-35 所示的绝缘端子装配图。

2. 绘制如图 12-36 所示的变电站主接线图。

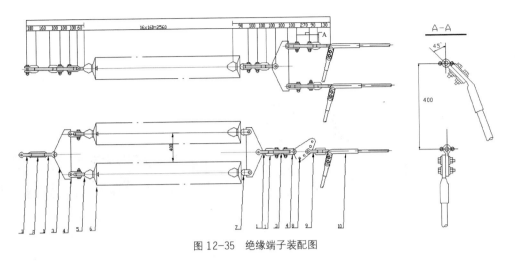

图 12-35 绝缘端子装配图

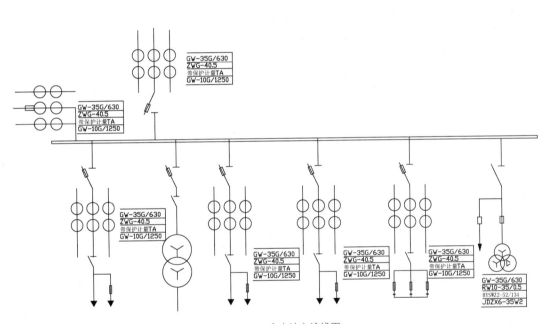

图 12-36 变电站主接线图

第 **13** 章 建筑电气工程图设计

● **学习目标**

建筑电气设计是基于建筑设计和电气设计的一个交叉学科。建筑电气一般又分为建筑电气平面图和建筑电气系统图。本章将着重讲解建筑电气平面图的绘制方法和技巧，简要介绍建筑电气系统图的绘制方法。

● **学习要点**

➢ 建筑电气工程图简介
➢ 某建筑物消防安全系统图
➢ 乒乓球馆照明平面图

13.1 建筑电气工程图简介

建筑系统电气图是电气工程的重要图纸，是建筑工程的重要组成部分。它提供了建筑内电气设备的安装位置、安装接线、安装方法及设备的有关参数。根据建筑物的功能不同，电气图也不相同，主要包括建筑电气安装平面图，电梯控制系统电气图，照明系统电气图，中央空调控制系统电气图，消防安全系统电气图，防盗保安系统电气图以及建筑物的通信、电视系统、防雷接地系统的电气平面图等。

建筑电气工程图是应用非常广泛的电气图之一。建筑电气工程图可以表明建筑电气工程的构成规模和功能，详细描述电气装置的工作原理，提供安装技术数据和使用维护方法。随着建筑物的规模和要求不同，建筑电气工程图的种类和图纸数量也不同，常用的建筑电气工程图主要有以下几类。

1. 说明性文件

（1）图纸目录：内容有序号、图纸名称、图纸编号、图纸张数等。

（2）设计说明（施工说明）：主要阐述电气工程设计依据、工程的要求和施工原则、建筑特点、电气安装标准、安装方法、工程等级、工艺要求及有关设计的补充说明等。

（3）图例：即图形符号和文字代号，通常只列出本套图纸中涉及的一些图形符号和文字代号所代表的意义。

（4）设备材料明细表（零件表）：列出该项电气工程所需要的设备和材料的名称、型号、规格和数量，供设计概算、施工预算及设备订货时参考。

2. 系统图

系统图是表现电气工程的供电方式、电力输送、分配、控制和设备运行情况的图纸。从系统图中可以粗略地看出工程的概貌。系统图可以反映不同级别的电气信息，如变配电系统图、动力系统图、照明系统图、弱电系统图等。

3. 平面图

电气平面图是表示电气设备、装置与线路平面布置的图纸，是进行电气安装的主要依据。电气平面图是以建筑平面图为依据，在图上绘出电气设备、装置及线路的安装位置、敷设方法等。常用的电气平面图有变配电所平面图、室外供电线路平面图、动力平面图、照明平面图、防雷平面图、接地平面图、弱电平面图等。

4. 布置图

布置图是表现各种电气设备和器件的平面与空间的位置、安装方式及其相互关系的图纸。通常由平面图、立面图、剖面图、各种构件详图等组成。一般来说，设备布置图是按三视图原理绘制的。

5. 接线图

安装接线图在现场常被称为安装配线图，主要是用来表示电气设备、电器元件和线路的安装位置、配线方式、接线方法和配线场所特征的图纸。

6. 电路图

现场常称作电气原理图，主要是用来表现某一电气设备或系统的工作原理的图纸，它是按照各个部分的动作原理图采用分开表示法展开绘制的。通过对电路图的分析，可以清楚地看出整个系统的动作顺序。电路图可以用来指导电气设备和器件的安装、接线、调试、使用与维修。

7. 详图

详图是表现电气工程中设备的某一部分的具体安装要求和做法的图纸。

13.2 某建筑物消防安全系统图

本例绘制的某建筑物消防安全系统图如图 13-1 所示。该建筑物消防安全系统主要由以下几部分组成。

（1）火灾探测系统：主要由分布在各个区域的多个探测器网络构成。图中 S 为感烟探测器，H 为感温探测器，手动装置主要供调试和平时检查试验时使用。

（2）火灾判断系统：主要由各楼层区域的报警器和大楼集中报警器组成。

（3）通报与疏散诱导系统：由消防紧急广播、事故照明、避难诱导灯、专用电话等组成。

（4）灭火设施：由自动喷淋系统组成。当火灾广播之后，总监控台使消防泵启动，建立水压，并打开着火区域消防水管的电磁阀，使消防水进入喷淋管路进行喷淋灭火。

（5）排烟装置及监控系统：由排烟阀门、抽排烟机及其电气控制系统组成。

本图绘制思路是先确定图纸的大致布局，然后绘制各个元件和设备，并将元件及设备插入到结构图中，最后添加注释文字，完成图形的绘制。

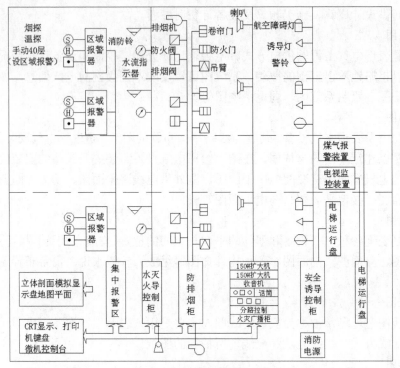

图 13-1　某建筑物消防安全系统图

操作步骤

光盘\动画演示\第 13 章\绘制某建筑物消防安全系统图.avi

13.2.1　图纸布局

（1）新建文件。启动 AutoCAD 2010 应用程序，以"A4 样板图.dwt"文件为模板新建文件，将新文件命名为"某建筑物消防安全系统图.dwt"并保存。

（2）设置图层。新建"绘图层"、"标注层"和"虚线层"，设置各图层的属性如图 13-2 所示。将"绘图层"设为当前图层。

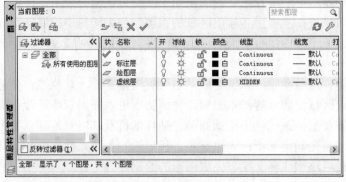

图 13-2　设置图层

（3）绘制辅助矩形。单击"绘图"工具栏中的"矩形"按钮⬚或快捷命令 REC，绘制一个长度为 160、宽度为 143 的矩形，如图 13-3 所示。

（4）分解矩形。单击"修改"工具栏中的"分解"按钮🖧或快捷命令 X，将矩形分解为直线。

（5）偏移直线。单击"修改"工具栏中的"偏移"按钮🖿或快捷命令 O，将矩形的上边框向下偏移，偏移距离分别为 29、52、75，选中偏移后的 3 条直线，将直线移动到"虚线层"；再将矩形的左边框向右偏移，偏移距离分别为 45、60、75、77、102、127，如图 13-4 所示。

图 13-3　绘制辅助矩形

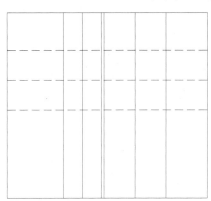

图 13-4　偏移直线

13.2.2　绘制区域报警器标志框

（1）绘制矩形。单击"修改"工具栏中的"矩形"按钮⬚或快捷命令 REC，绘制一个长度为 18、宽度为 9 的矩形，如图 13-5 所示。

（2）分解矩形。单击"绘图"工具栏中的"分解"按钮🖧或快捷命令 X，将矩形分解为直线。

（3）等分矩形边。在命令行输入"div"，命令行中的提示与操作如下：

```
命令：DIV
选择要定数等分的对象:（选择矩形的一条长边）
输入线段数目或[块(B)]: 4
```

（4）捕捉设置。右击状态栏中的"对象捕捉"按钮⬚，在弹出的快捷菜单中单击"设置"命令，弹出"草图设置"对话框，在"对象捕捉"选项卡的"对象捕捉模式"选项组中勾选"节点"复选框。

（5）绘制短线。单击"绘图"工具栏中的"直线"按钮╱或快捷命令 L，在矩形边上捕捉节点，如图 13-6 所示，水平向左绘制长度为 5.5 的直线，如图 13-7 所示。

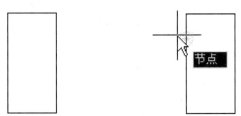

图 13-5　绘制矩形 1

图 13-6　捕捉节点

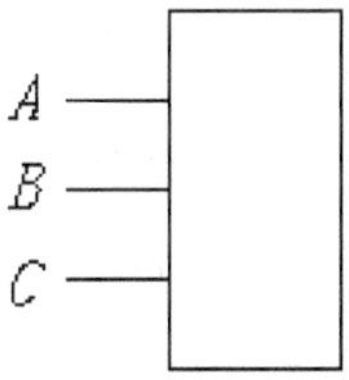

图 13-7　绘制短线

（6）绘制圆。单击"绘图"工具栏中的"圆"按钮⊙或快捷命令 C，以图 13-7 中的 A 点为圆心，绘制半径为 2 的圆。

（7）移动圆。单击"修改"工具栏中的"移动"按钮✛或快捷命令 M，以圆心为基准点将圆水平向左移动 2，如图 13-8 所示。

（8）复制圆。单击"修改"工具栏中的"复制"按钮❀或快捷命令 CO，将移动后的圆形竖直向下复制一份至 B 点处，复制距离为 4.5，如图 13-9 所示。

（9）绘制矩形。单击"绘图"工具栏中的"矩形"按钮▭或快捷命令 REC，绘制长和宽均为 4 的矩形。单击"修改"工具栏中的"移动"按钮✛或快捷命令 M，捕捉矩形右边框的中点，将其移到到 C 点位置，如图 13-10 所示。

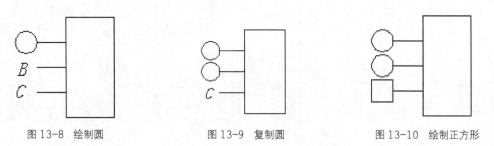

图 13-8　绘制圆　　　　　　　图 13-9　复制圆　　　　　　　图 13-10　绘制正方形

（10）绘制并填充圆。单击"绘图"工具栏中的"圆"按钮⊙或快捷命令 C，捕捉小正方形的中心为圆心，绘制半径为 0.5 的圆。单击"绘图"工具栏中的"图案填充"按钮▨或快捷命令 H，用"SOLID"图案填充刚刚绘制的圆，如图 13-11 所示。

（11）添加文字。将"标注层"设为当前图层。单击"绘图"工具栏中的"多行文字"按钮A或快捷命令 MT，设置样式为"Standard"，字体高度为 2.5，添加文字后的效果如图 13-12 所示。

图 13-11　填充圆　　　　　　　　　图 13-12　添加文字

（12）放置区域报警器。单击"修改"工具栏中的"移动"按钮✛或快捷命令 M，移动图 13-12 所示的图形到图纸布局中的合适位置，单击"绘图"工具栏中的"直线"按钮╱或快捷命令 L，添加连接线，结果如图 13-13 所示。

（13）复制图形。单击"修改"工具栏中的"复制"按钮❀或快捷命令 CO，将区域报警器图形向下复制两份，复制距离分别为 25 和 72，如图 13-14 所示。

13.2.3　绘制消防铃与水流指示器

（1）绘制直线。单击"绘图"工具栏中的"直线"按钮╱或快捷命令 L，绘制长度为 6 的水平直线。捕捉直线的中点为起点，竖直向下绘制长度为 3 的直线，然后将直线的端点相连，如图 13-15（a）所示。

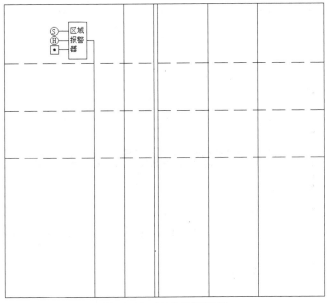

图 13-13　放置区域报警器

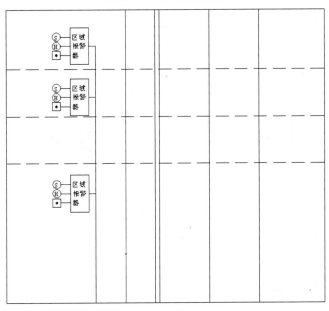

图 13-14　复制图形 1

（2）偏移直线。单击"修改"工具栏中的"偏移"按钮 或快捷命令 O，将水平直线向下偏移，偏移距离为 1.5。

（3）修剪图形。单击"修改"工具栏中的"修剪"按钮 或快捷命令 TR，以斜线为修剪边，修剪偏移后的直线。单击"修改"工具栏中的"删除"按钮 或快捷命令 E，删除竖直直线，完成消防铃的绘制，如图 13-15（b）所示。

（4）插入"箭头"块。选择菜单栏中的"插入"→"块"命令或快捷命令 I，弹出"插入"对话框，设置对话框中的参数，如图 13-16 所示。单击"浏览"按钮，打开随书光盘"源文件"文件夹中的"箭头.dwg"文件，将图块插入到当前图形中，如图 13-17（a）所示。

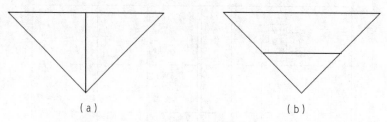

图 13-15　绘制消防铃

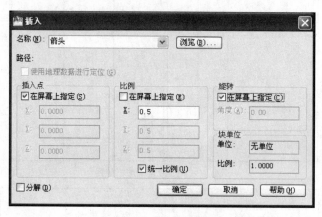

图 13-16　"插入"对话框

（5）绘制直线。单击"绘图"工具栏中的"直线"按钮／或快捷命令 L，捕捉图 13-17（a）中箭头竖直线的中点，水平向左绘制长度为 2 的直线，如图 13-17（b）所示。

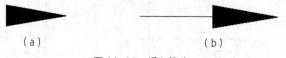

图 13-17　插入箭头

（6）旋转箭头。单击"修改"工具栏中的"旋转"按钮○或快捷命令 RO，将图 13-17（b）中的箭头绕顶点旋转 50°，如图 13-18 所示。

（7）单击"绘图"工具栏中的"圆"按钮◎或快捷命令 C，在箭头外绘制圆，完成水流指示器的绘制，如图 13-19 所示。

图 13-18　旋转箭头　　　　　　　　　　图 13-19　水流指示器

（8）插入消防铃和水流指示器符号。单击"修改"工具栏中的"移动"按钮✛或快捷命令 M，将上面绘制的消防铃和水流指示器符号插入到图纸布局中。单击"绘图"工具栏中的"直线"按钮／或快捷命令 L，添加连接线，如图 13-20 所示。

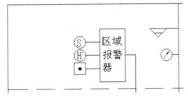

图 13-20 插入消防铃和水流指示器符号

（9）复制图形。单击"修改"工具栏中的"复制"按钮 或快捷命令 CO，将消防铃和水流指示器符号向下复制 2 份，复制距离为 25 和 72，如图 13-21 所示。

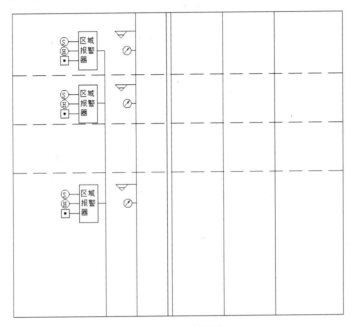

图 13-21 复制图形 2

13.2.4 绘制排烟机、防火阀与排烟阀

（1）绘制圆。单击"绘图"工具栏中的"圆"按钮 或快捷命令 C，绘制半径为 2 的圆。

（2）绘制直线。单击"绘图"工具栏中的"直线"按钮 或快捷命令 L，捕捉圆的上象限点为起点，水平向左绘制长度为 4.5 的直线。

（3）偏移直线。单击"修改"工具栏中的"偏移"按钮 或快捷命令 O，将绘制的直线向下偏移，偏移距离为 1.5。单击"绘图"工具栏中的"直线"按钮 或快捷命令 L，连接两条水平直线的左端点，如图 13-22（a）所示。

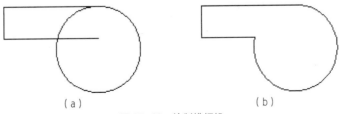

（a）   （b）

图 13-22 绘制排烟机

（4）修剪图形。单击"修改"工具栏中的"修剪"按钮 ⊬ 或快捷命令 TR，修剪掉多余的直线，完成排烟机的绘制，如图 13-22（b）所示。

（5）绘制矩形。单击"绘图"工具栏中的"矩形"按钮 □ 或快捷命令 REC，绘制长和宽均为 4 的矩形，如图 13-23 所示。

（6）绘制斜线。单击"绘图"工具栏中的"直线"按钮 ∕ 或快捷命令 L，绘制一条对角线，如图 13-24 所示，完成防火阀的绘制。

（7）绘制直线。单击"修改"工具栏中的"复制"按钮 ⅋ 或快捷命令 CO，将图 13-23 所示的图形复制一份，单击"绘图"工具栏中的"直线"按钮 ∕ 或快捷命令 L，连接上、下两条直线的中点，如图 13-25 所示，完成排烟阀的绘制。

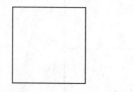

图 13-23　绘制矩形

图 13-24　防火阀

图 13-25　排烟阀

（8）移动图形。单击"修改"工具栏中的"移动"按钮 ✛ 或快捷命令 M，将绘制的排烟机、防火阀和排烟阀符号插入到图纸布局中。单击"绘图"工具栏中的"直线"按钮 ∕ 或快捷命令 L，添加连接线，部分图形如图 13-26 所示。

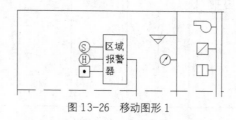

图 13-26　移动图形 1

（9）复制图形。单击"修改"工具栏中的"复制"按钮 ⅋ 或快捷命令 CO，将防火阀与排烟阀符号向下复制两份，复制距离分别为 25 和 72，如图 13-27 所示。

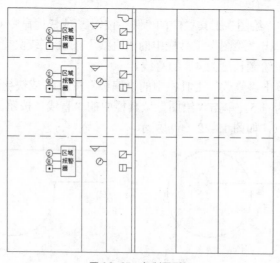

图 13-27　复制图形 3

13.2.5　绘制卷帘门、防火门和吊壁

（1）绘制矩形。单击"绘图"工具栏中的"矩形"按钮▢或快捷命令 REC，绘制一个长度为 4.5、宽度为 3 的矩形，效果如图 13-28 所示。

（2）等分矩形边。在命令行输入"DIV"，命令行中的提示与操作如下：

```
命令：div
选择要定数等分的对象：（选择矩形的一条长边）
输入线段数目或[块(B)]：3
```

（3）绘制水平直线。单击"绘图"工具栏中的"直线"按钮✎或快捷命令 L，捕捉矩形的等分节点，以其为起始点水平向右绘制长度为 3 的直线，效果如图 13-29 所示，完成卷帘门符号的绘制。

（4）旋转图形。在卷帘门符号的基础上，单击"修改"工具栏中的"旋转"按钮↻或快捷命令 RO，将卷帘门符号旋转 90°，如图 13-30 所示，完成防火门符号的绘制。

图 13-28　绘制矩形 2　　　　图 13-29　卷帘门符号　　　　图 13-30　防火门符号

（5）绘制矩形。单击"绘图"工具栏中的"矩形"按钮▢或快捷命令 REC，绘制一个 4×4 的矩形，如图 13-31（a）所示。

（6）绘制直线。单击"绘图"工具栏中的"直线"按钮✎或快捷命令 L，捕捉矩形上边框的中点和下边框的端点绘制斜线，如图 13-31（b）所示，完成吊壁符号的绘制。

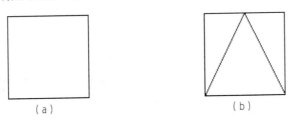

（a）　　　　　　　　　　（b）

图 13-31　绘制吊壁符号

（7）移动图形。单击"修改"工具栏中的"移动"按钮✥或快捷命令 M，将绘制的卷帘门、防火门与吊壁符号插入到图纸布局中。单击"绘图"工具栏中的"直线"按钮✎或快捷命令 L，添加连接线，部分图形如图 13-32 所示。

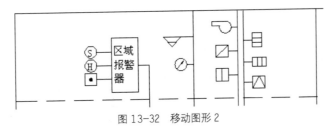

图 13-32　移动图形 2

（8）复制图形。单击"修改"工具栏中的"复制"按钮 或快捷命令 CO，将图 13-32 中的卷帘门、防火门和吊壁符号向下复制两份，复制距离分别为 25 和 72，如图 13-33 所示。

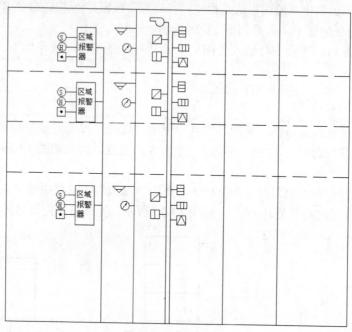

图 13-33　复制图形 4

13.2.6　绘制喇叭、障碍灯、诱导灯和警铃

（1）绘制矩形。单击"绘图"工具栏中的"矩形"按钮 或快捷命令 REC，绘制一个长为 3、宽为 1 的矩形，如图 13-34 所示。

（2）绘制斜线。选择菜单栏中的"工具"→"草图设置"命令，在弹出的"草图设置"对话框中设置极轴角，如图 13-35 所示。单击"绘图"工具栏中的"直线"按钮 或快捷命令 L，关闭"正交模式"，绘制长度为 2 的斜线，如图 13-36 所示。

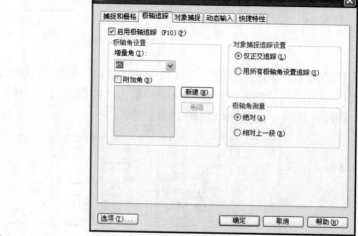

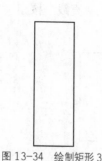

图 13-34　绘制矩形 3

图 13-35　"草图设置"对话框

（3）镜像斜线。单击"修改"工具栏中的"镜像"按钮⚠或快捷命令 MI，将绘制的斜线以矩形两个宽边的中点连线为镜像线进行镜像，如图 13-37 所示。

（4）绘制直线。单击"绘图"工具栏中的"直线"按钮✎或快捷命令 L，连接两斜线的端点，如图 13-38 所示，完成喇叭符号的绘制。

图 13-36　绘制斜线　　　　　图 13-37　镜像斜线　　　　　图 13-38　喇叭符号

（5）绘制矩形。单击"绘图"工具栏中的"矩形"按钮▢或快捷命令 REC，绘制一个长度为 3.5、宽度为 3 的矩形，如图 13-39（a）所示。

（6）绘制圆。单击"绘图"工具栏中的"圆"按钮◉或快捷命令 C，以矩形上侧边的中点为圆心，绘制半径为 1.5 的圆。

（7）修剪圆。单击"修改"工具栏中的"修剪"按钮✂或快捷命令 TR，修剪掉矩形内的圆弧，完成障碍灯符号的绘制，如图 13-39（b）所示。

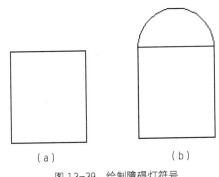

（a）　　　　　　（b）

图 13-39　绘制障碍灯符号

（8）绘制圆。单击"绘图"工具栏中的"圆"按钮◉或快捷命令 C，绘制半径为 2.5 的圆。

（9）绘制直径。单击"绘图"工具栏中的"直线"按钮✎或快捷命令 L，绘制圆的水平和竖直直径，如图 13-40（a）所示。

（10）偏移直线。单击"修改"工具栏中的"偏移"按钮❐或快捷命令 O，将绘制的水平直径向下偏移，偏移距离为 1.5；将竖直直径向左右两侧偏移，偏移距离均为 1，如图 13-40（b）所示。

（11）绘制直线。单击"绘图"工具栏中的"直线"按钮✎或快捷命令 L，分别连接图 13-40（b）中的点 P 与点 T 和点 Q 与点 S。

（12）修剪图形。单击"修改"工具栏中的"修剪"按钮✂或快捷命令 TR，修剪掉多余的直线，如图 13-40（c）所示，完成警铃符号的绘制。

（13）单击"绘图"工具栏中的"直线"按钮✎或快捷命令 L，绘制长度为 3 的竖直直线，如图 13-41（a）所示。

（14）单击"修改"工具栏中的"旋转"按钮 ○ 或快捷命令 RO，选择"复制"模式，将刚刚绘制的竖直直线绕下端点逆时针旋转 60°，如图 13-41（b）所示。单击"修改"工具栏中的"旋转"按钮 ○ 或快捷命令 RO，选择"复制"模式，将竖直直线绕上端点顺时针旋转 60°，如图 13-41（c）所示，完成诱导灯符号的绘制。

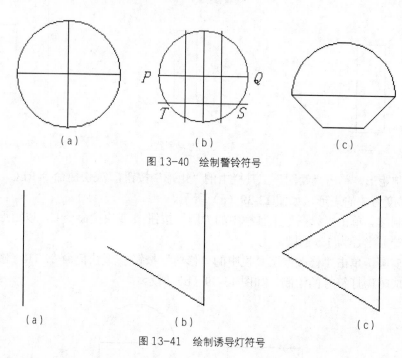

图 13-40　绘制警铃符号

图 13-41　绘制诱导灯符号

（15）移动图形。单击"修改"工具栏中的"移动"按钮 ✛ 或快捷命令 M，将绘制的喇叭、障碍灯、诱导灯与警铃符号插入到图纸布局中。单击"绘图"工具栏中的"直线"按钮 ╱ 或快捷命令 L，添加连接线，如图 13-42 所示。

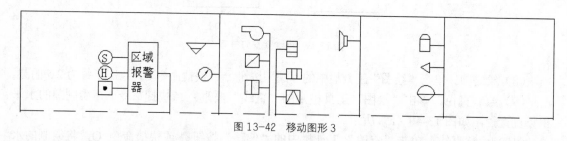

图 13-42　移动图形 3

（16）复制图形。单击"修改"工具栏中的"复制"按钮 ⏦ 或快捷命令 CO，将图 13-42 中的喇叭、诱导灯和警铃符号向下复制两份，复制距离分别为 25 和 72。单击"修改"工具栏中的"修剪"按钮 ╱ 或快捷命令 TR，修剪掉多余的曲线，如图 13-43 所示。

13.2.7　完善图形

（1）绘制其他设备标志框。单击"绘图"工具栏中的"矩形"按钮 ▭ 或快捷命令 REC，绘制一系列矩形，代表各主要组成部分在图纸中的位置分布，如图 13-44 所示。

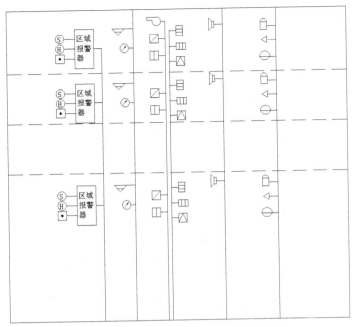

图 13-43 复制图形 5

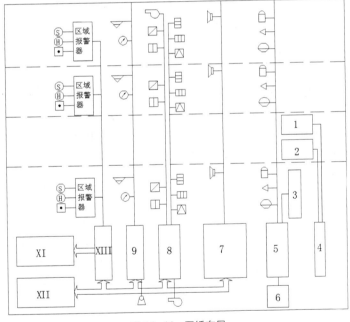

图 13-44 图纸布局

（2）添加连接线。单击"绘图"工具栏中的"直线"按钮 ✏ 或快捷命令 L，绘制导线；然后单击"修改"工具栏中的"移动"按钮 ✛ 或快捷命令 M，将各个导线移动到合适的位置，效果如图 13-45 所示。

（3）添加文字。将"标注层"设为当前图层，在布局图中对应的矩形中间和各元件旁边添加文字。单击"修改"工具栏中的"分解"按钮 ✍ 或快捷命令 X，将图 13-45 中的矩形 7 分解为直线。在命令行输入"DIV"，等分矩形 7 的长边，命令行中的提示与操作如下：

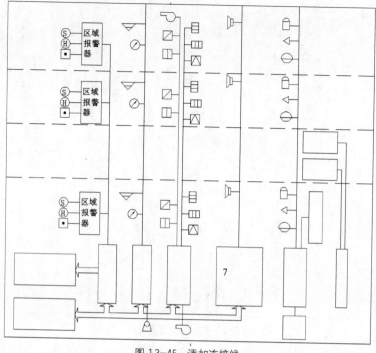

图 13-45　添加连接线

```
命令：div
选择要定数等分的对象：（选择矩形 7 的一条长边）
输入线段数目或 [块(B)]：7
```

　　（4）绘制直线。单击"绘图"工具栏中的"直线"按钮 ✎ 或快捷命令 L，以各个节点为起点，水平向右绘制直线，直线的长度为 20，如图 13-46 所示。

　　（5）添加文字。单击"绘图"工具栏中的"多行文字"按钮 **A** 或快捷命令 MT，在矩形框中输入文字，添加文字后的效果如图 13-47 所示。

图 13-46　绘制直线

图 13-47　添加文字 1

　　（6）生成最终图形。单击"绘图"工具栏中的"多行文字"按钮 **A** 或快捷命令 MT，添加其他文字，效果如图 13-1 所示。仔细检查图形，补充绘制消防泵、送风机等图形，完成图形的绘制。

13.3　乒乓球馆照明平面图

　　本例绘制乒乓球馆照明平面图，如图 13-48 所示。此图的绘制思路为：先绘制轴线和墙

线，然后绘制门洞和窗洞，即可完成电气图所需建筑图的绘制；在建筑图的基础上绘制电路
图，其中包括灯具、开关、插座等电器元件，每类元件分别安装在不同的场合。

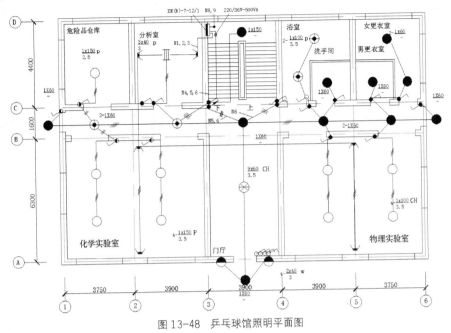

图 13-48　乒乓球馆照明平面图

 操作步骤

 光盘\动画演示\第 13 章\绘制乒乓球馆照明平面图.avi

13.3.1　绘制墙体

（1）新建文件。启动 AutoCAD 2010 应用程序，以"A4 样板图.dwt"样板文件为模板新
建文件，将新文件命名为"乒乓球馆照明平面图.dwt"并保存。

（2）选取菜单栏中的"格式"→"图层"命令，打开"图层特性管理器"对话框，新建并设
置每一个图层，如图 13-49 所示。将"轴线层"设为当前图层，关闭"图层特性管理器"对话框。

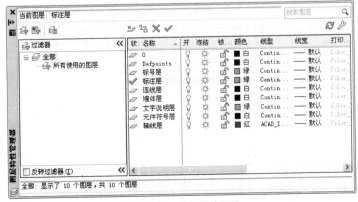

图 13-49　设置其他图层

（3）绘制轴线。单击"绘图"工具栏中的"直线"按钮／或快捷命令 L，在图中绘制一条水平直线，长度为 192，再绘制一条竖直直线，长度为 123，如图 13-50 所示。

（4）偏移轴线。单击"修改"工具栏中的"偏移"按钮📐或快捷命令 O，将竖直直线依次向右偏移，并将偏移后的直线进行偏移，偏移距离分别为 37.5、39、39、39、37.5，再将水平直线依次向上偏移 63、79、123，结果如图 13-51 所示

（5）将"墙线层"设置为当前图层。选择菜单栏中的"格式"→"多线样式"命令，打开"多线样式"对话框，如图 13-52 所示。

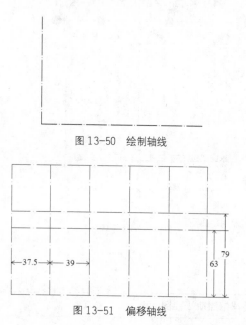

图 13-50 绘制轴线

图 13-51 偏移轴线

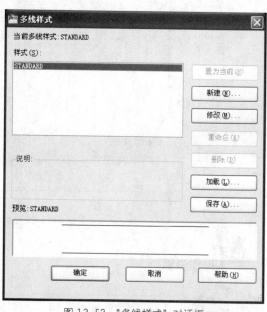

图 13-52 "多线样式"对话框

（6）新建多线样式。单击"新建"按钮，弹出"创建新的多线样式"对话框，如图 13-53 所示。在"新样式名"文本框中输入"240"，单击"继续"按钮，弹出"新建多线样式"对话框，如图 13-54 所示，在对话框中设置多线样式的参数。

（7）继续新建"wall_1"和"wall_2"多线样式，参数设置如图 13-55 所示。

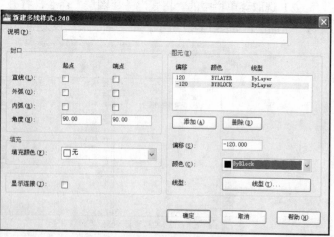

图 13-53 "创建新的多线样式"对话框

图 13-54 "新建多线样式"对话框

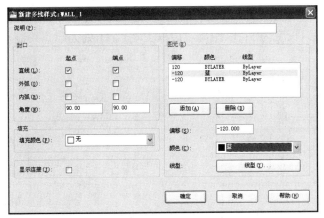

（a）"wall_1"多线样式参数设置

（b）"wall_2"多线样式参数设置

图 13-55　新建多线样式

（8）绘制墙线。选择菜单栏中的"绘图"→"多线"命令或快捷命令 ML，命令行中的提示与操作如下：

```
命令：_mline
当前设置：对正 = 上，比例 = 20.00，样式 = STANDARD
指定起点或 [对正(J)/比例(S)/样式(ST)]：st✓（设置多线样式）
输入多线样式名或 [?]：240✓（多线样式为240）
当前设置：对正 = 上，比例 = 20.00，样式 = 240
指定起点或 [对正(J)/比例(S)/样式(ST)]：j✓
输入对正类型 [上(T)/无(Z)/下(B)] <上>：z✓（设置对中模式为无）
当前设置：对正 = 无，比例 = 20.00，样式 = 240
指定起点或 [对正(J)/比例(S)/样式(ST)]：s✓
输入多线比例 <20.00>：0.0125✓（设置线型比例为0.0125）
当前设置：对正 = 无，比例 = 0.0125，样式 = 240
指定起点或 [对正(J)/比例(S)/样式(ST)]：（选择底端水平轴线的左端点）
指定下一点：（选择底端水平轴线的右端点）
指定下一点或 [放弃(U)]：✓
```

按照相同的方法绘制其他外墙墙线，如图 13-56 所示。

（9）编辑墙线。单击"修改"工具栏中的"分解"按钮 或快捷命令 X，将绘制的多线分解。单击"绘图"工具栏中的"直线"按钮 ✎ 或快捷命令 L，以距离上边框左端点 7.75 处为起点绘制竖直线段，长度为 3；以距离左边框上端点 11 处为起点绘制水平线段，长度为 3，如图 13-57 所示。

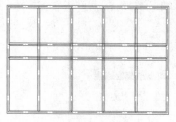

图 13-56 绘制墙线

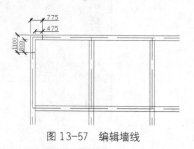

图 13-57 编辑墙线

（10）偏移墙线。单击"修改"工具栏中的"偏移"按钮 ♨ 或快捷命令 O，将绘制的竖直线段向右偏移，并将偏移后的线段进行偏移，偏移距离分别为 25、13.25、25、14、25、14、25、14、25；将绘制的水平线段向下偏移，并将偏移后的线段进行偏移，偏移距离分别为 8、25、12、10、21、25；

（11）绘制偏移墙线。在多线 2 中间距离左边框 12.75mm 处绘制竖直直线，将绘制的竖直线段向右偏移，并将偏移后的线段进行偏移，偏移距离分别为 15、22.5、15、56、10、5、10、19、10、5、10。

（12）继续绘制偏移墙线。在多线 1 中间距离左边框 6mm 处绘制竖直直线，将绘制的竖直线段向右偏移，并将偏移后的线段进行偏移，偏移距离分别为 20、27.5、20、48、20、27.5、20，效果如图 13-58 所示。

（13）修剪墙线。单击"修改"工具栏中的"修剪"按钮 ⊹ 或快捷命令 TR，对墙线进行修剪，如图 13-59 所示。

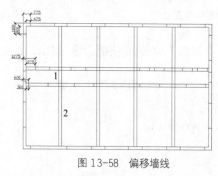

图 13-58 偏移墙线

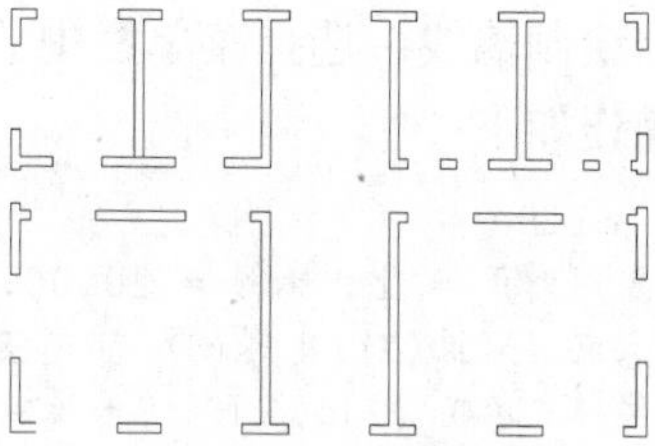

图 13-59 修剪墙线

（14）绘制多段线 wall_1。单击菜单栏中的"绘图"→"多线"命令或快捷命令 ML，命令行中的提示与操作如下：

```
输入多线样式名或 [?]: wall_1（多线样式为 wall_1）
```

在墙线之间绘制多线，如图 13-60 所示。

（15）绘制多段线 wall_2。单击菜单栏中的"绘图"→"多线"命令或快捷命令 ML，命令行中的提示与操作如下：

```
输入多线样式名或 [?]: wall_2（多线样式为 wall_2）
```

以墙线的中点为起点，绘制高为 20mm 的多线，如图 13-61 所示。

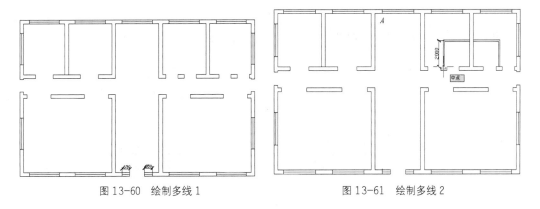

图 13-60　绘制多线 1　　　　　　图 13-61　绘制多线 2

13.3.2　绘制楼梯

（1）绘制矩形。单击"绘图"工具栏中的"矩形"按钮□或快捷命令 REC，以图 13-61 中的 *A* 点为起始点，绘制一个长度为 4、宽度为 30 的矩形。单击"修改"工具栏中的"移动"按钮✥或快捷命令 M，将矩形向右移动 16，然后向下移动 10，效果如图 13-62 所示。

（2）偏移矩形。单击"修改"工具栏中的"偏移"按钮△或快捷命令 O，将矩形向内侧偏移复制一份，偏移距离为 1，效果如图 13-63 所示。

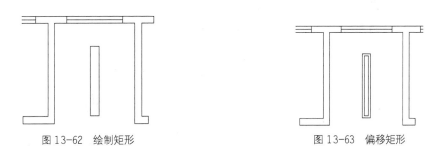

图 13-62　绘制矩形　　　　　　　　图 13-63　偏移矩形

（3）绘制直线。单击"绘图"工具栏中的"直线"按钮✎或快捷命令 L，以矩形右侧边的中点为起点，水平向右绘制长度为 16 的直线，如图 13-64 所示。单击"修改"工具栏中的"移动"按钮✥，将直线向上移动 14，如图 13-65 所示。

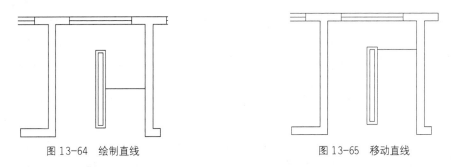

图 13-64　绘制直线　　　　　　　　图 13-65　移动直线

（4）阵列直线。单击"修改"工具栏中的"阵列"按钮▦或快捷命令 AR，系统弹出"阵列"对话框，设置对话框中的参数，如图 13-66 所示。单击"确定"按钮，完成阵列操作，如图 13-67 所示。

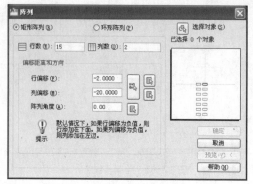

图 13-66　"阵列"对话框

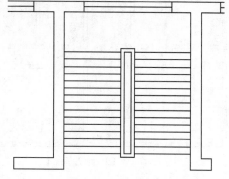

图 13-67　阵列直线

13.3.3　绘制元件符号

1. 绘制照明配电箱

（1）绘制矩形。单击"绘图"工具栏中的"矩形"按钮□或快捷命令 REC，绘制一个长为 6、宽为 2 的矩形，如图 13-68 所示。

（2）绘制直线。开启"对象捕捉"模式，捕捉矩形短边的中点，单击"绘图"工具栏中的"直线"按钮／或快捷命令 L，绘制一条竖直直线，将矩形平分。

（3）填充矩形。单击"绘图"工具栏中的"图案填充"按钮▨或快捷命令 H，用"SOLID"图案填充图形，如图 13-69 所示。

图 13-68　绘制矩形

图 13-69　填充矩形

2. 绘制单极暗装开关与防爆暗装开关

（1）绘制圆。单击"绘图"工具栏中的"圆"按钮⊙或快捷命令 C，绘制半径为 1 的圆。

（2）绘制折线。单击"绘图"工具栏中的"直线"按钮／或快捷命令 L，开启"对象捕捉"和"正交模式"，捕捉圆心作为起点，绘制长度为 5，且与水平方向成 30°角的斜线。继续单击"绘图"工具栏中的"直线"按钮／或快捷命令 L，以刚绘制的斜线的终点为起点，绘制长度为 2，与前一斜线成 90°角的另一斜线，如图 13-70（a）所示。

（3）填充圆形。单击"绘图"工具栏中的"图案填充"按钮▨或快捷命令 H，用"SOLID"图案填充圆形，如图 13-70（b）所示，完成单极暗装开关的绘制。

（4）绘制直线。单击"修改"工具栏中的"复制"按钮°%或快捷命令 CO，将图 13-70（a）所示的图形复制一份，然后单击"绘图"工具栏中的"直线"按钮／或快捷命令 L，绘制圆的竖直直径，如图 13-71（a）所示。

（5）填充半圆。单击"绘图"工具栏中的"图案填充"按钮▨或快捷命令 H，用"SOLID"图案填充图 13-71（a）中的右侧半圆形，如图 13-71（b）所示，完成防爆暗装开关的绘制。

图 13-70 绘制单极暗装开关

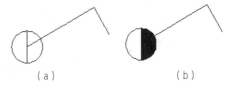

图 13-71 绘制防爆暗装开关

3. 绘制灯具符号

（1）绘制圆。单击"绘图"工具栏中的"圆"按钮⊙或快捷命令 C，绘制半径为 2.5 的圆。

（2）偏移圆。单击"修改"工具栏中的"偏移"按钮▣或快捷命令 O，将绘制的圆向内偏移 1.5，效果如图 13-72（a）所示。

（3）绘制直线。单击"绘图"工具栏中的"直线"按钮╱或快捷命令 L，以圆心为起点水平向右绘制大圆的半径线，如图 13-72（b）所示。

（4）阵列直线。单击"修改"工具栏中的"阵列"按钮▤或快捷命令 AY，将绘制的半径线环形阵列 4 份，阵列效果如图 13-72（c）所示。

（5）填充圆。单击"绘图"工具栏中的"图案填充"按钮▨或快捷命令 H，用"SOLID"图案填充内圆，如图 13-72（d）所示，完成防水防尘灯的绘制。

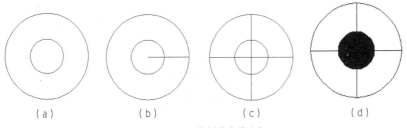

图 13-72 绘制防水防尘灯

（6）绘制其他灯具符号。其他灯具符号的绘制过程在此不再赘述，图 13-73 所示依次为普通吊灯、壁灯、球形灯、花灯和日光灯符号。

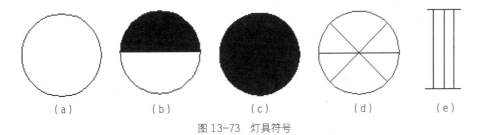

图 13-73 灯具符号

13.3.4 插入元件符号

1. 插入照明配电箱符号

单击"修改"工具栏中的"移动"按钮✛或快捷命令 M，捕捉前面绘制的配电箱端点为移动基准点，如图 13-74 所示。以图 13-75 所示的 *A* 点为目标点进行移动，结果如图 13-76 所示。单击"修改"工具栏中的"移动"按钮✛，将配电箱符号垂直向下移动 1，效果如图 13-77 所示。

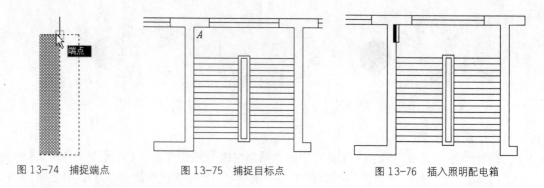

图 13-74　捕捉端点　　　　图 13-75　捕捉目标点　　　　图 13-76　插入照明配电箱

2. 插入单极暗装拉线开关

单击"修改"工具栏中的"移动"按钮 ⊕ 或快捷命令 M，插入单极暗装拉线开关，插入位置如图 13-78 所示。

3. 插入单极暗装开关

（1）移动图形。单击"修改"工具栏中的"移动"按钮 ⊕ 或快捷命令 M，将单极暗装开关插入到右下方的墙角位置，如图 13-79 所示。

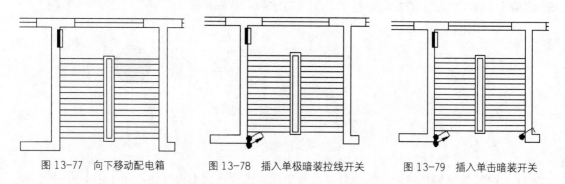

图 13-77　向下移动配电箱　　　图 13-78　插入单极暗装拉线开关　　　图 13-79　插入单击暗装开关

（2）复制图形。单击"修改"工具栏中的"复制"按钮 ⅋ 或快捷命令 CO，将插入的单极暗装开关向下垂直复制一份，如图 13-80 所示。

（3）绘制直线。单击"绘图"工具栏中的"直线"按钮 ／ 或快捷命令 L，绘制如图 13-81 所示的折线。

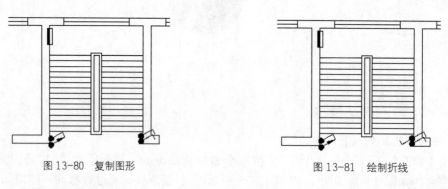

图 13-80　复制图形　　　　　　图 13-81　绘制折线

（4）复制单级暗装开关。单击"修改"工具栏中的"复制"按钮 ⅋ 或快捷命令 CO，将单极暗装开关复制到其他位置，如图 13-82 所示。

4．插入防爆暗装开关

单击"修改"工具栏中的"移动"按钮✛或快捷命令 M，将防爆暗装开关放置到危险品仓库、化学实验室门旁边和门厅、浴室等位置，效果如图 13-83 所示。

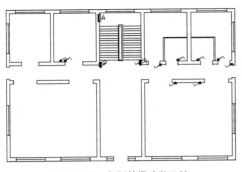

图 13-82　复制单极暗装开关

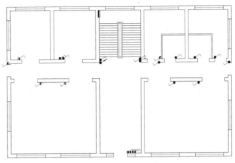

图 13-83　插入防爆暗装开关

5．插入灯具符号

（1）局部放大。单击"标准"工具栏中的"窗口缩放"按钮◎，局部放大墙线的左上部，如图 13-84 所示。

（2）插入灯具符号 1。单击"修改"工具栏中的"复制"按钮❀或快捷命令 CO，将日光灯、防水防尘灯和普通吊灯符号放置到如图 13-85 所示的位置。

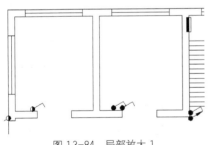

图 13-84　局部放大 1

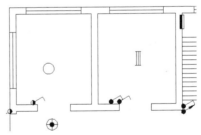

图 13-85　插入灯具符号 1

（3）局部放大。单击"标准"工具栏中的"窗口缩放"按钮◎，局部放大墙线的左下部，如图 13-86 所示。

（4）插入灯具符号 2。单击"修改"工具栏中的"复制"按钮❀或快捷命令 CO，将球形灯、壁灯和花灯图形符号放置到如图 13-87 所示的位置上。

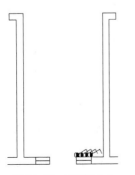

图 13-86　局部放大 2

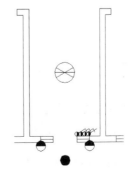

图 13-87　插入灯具符号 2

（5）复制图形。单击"修改"工具栏中的"复制"按钮🔳或快捷命令 CO，将球形灯、日光灯、防水防尘灯、普通吊灯和花灯的图形符号进行复制，放置位置如图 13-88 所示。

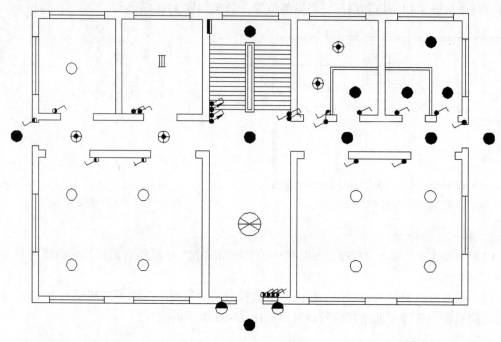

图 13-88 复制灯具符号

6. 插入暗装插座

（1）局部放大。单击"标准"工具栏中的"窗口缩放"按钮🔍，局部放大墙线的左下部，如图 13-89 所示。

（2）插入暗装插座符号。单击"修改"工具栏中的"旋转"按钮↻或快捷命令 RO，将暗装插座符号旋转 90°；然后单击"修改"工具栏中的"复制"按钮🔳或快捷命令 CO，将暗装插座符号放置到如图 13-90 所示的中点位置；最后单击"修改"工具栏中的"移动"按钮✛或快捷命令 M，将插座符号向下移动适当的距离。

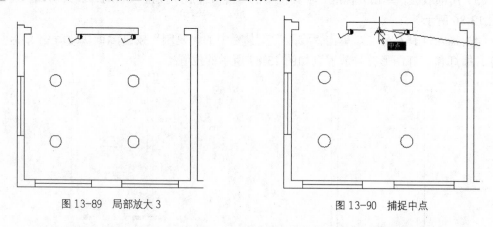

图 13-89 局部放大 3　　　　　　　　　　　　图 13-90 捕捉中点

（3）复制暗装插座符号。单击"修改"工具栏中的"复制"按钮🔳或快捷命令 CO，将暗装插座图形符号复制到目标位置，如图 13-91 所示。

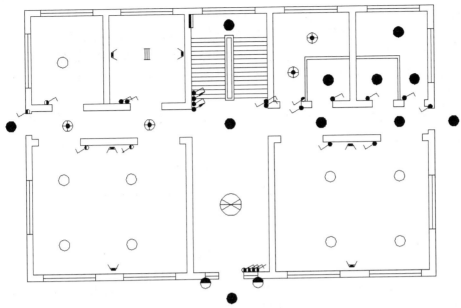

图 13-91　复制暗装插座

7. 绘制连接线

　　检查图形可以发现，配电箱旁边缺少一个变压器，配电室缺少一个开关，将缺少的元器件补齐。单击"绘图"工具栏中的"直线"按钮□或快捷命令 L，连接各个元器件，并且在一些连接线上绘制平行的斜线，表示它们的相数，效果如图 13-92 所示。

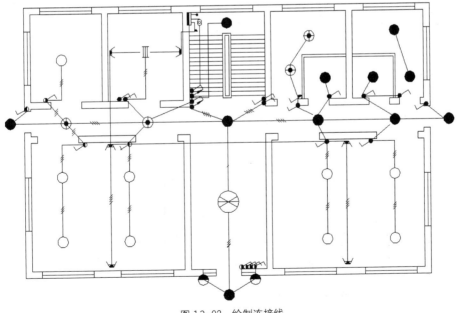

图 13-92　绘制连接线

13.3.5　绘制并插入标号

（1）绘制圆。将"标号层"设置为当前图层，单击"绘图"工具栏中的"圆"按钮◎或快捷命令 C 绘制一个半径为 3 的圆。

（2）绘制直线。单击"绘图"工具栏中的"直线"按钮／或快捷命令 L，开启"对象捕捉"和"正交模式"，捕捉圆心作为起点，向右绘制长度为 15 的直线，如图 13-93（a）所示。

（3）修剪直线。单击"修改"工具栏中的"修剪"按钮┼或快捷命令 TR，以圆为剪切边，修剪掉圆内的直线。

（4）单击"绘图"工具栏中的"多行文字"按钮 **A** 或快捷命令 MT，在圆的内部添加文字，如图 13-93（b）所示。

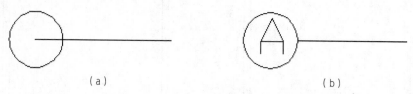

（a） （b）

图 13-93　绘制横向标号

（5）复制图形。单击"修改"工具栏中的"复制"按钮⁸⁸或快捷命令 CO，将横向标号向上复制 3 份，距离分别为 66、82 和 126，如图 13-94 所示。

（6）旋转图形。单击"修改"工具栏中的"旋转"按钮↻或快捷命令 RO，将横向标号旋转 90°，如图 13-95（a）所示。

（7）修改文字。单击"修改"工具栏中的"删除"按钮✐或快捷命令 E，删除掉圆内的字母"A"。单击"绘图"工具栏中的"多行文字"按钮 **A** 或快捷命令 MT，在圆的内部填写数字"1"，调整其位置，生成竖向标号，如图 13-95（b）所示。

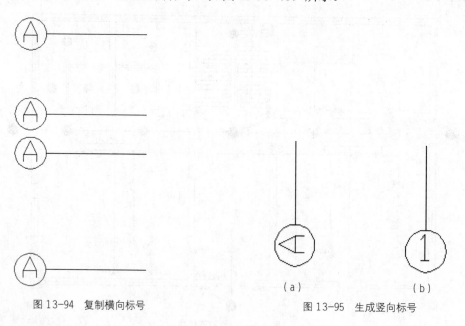

图 13-94　复制横向标号

（a） （b）

图 13-95　生成竖向标号

（8）复制图形。单击"修改"工具栏中的"复制"按钮⁸⁸或快捷命令 CO，将竖向标号向右复制 5 份，相邻两符号间的距离分别为 37.5、39、39、39、39 和 37.5，如图 13-96 所示。

（9）修改文字。选择菜单栏中的"修改"→"对象"→"文字"→"编辑"命令，将标号圆圈中的文字进行修改，如图 13-97 所示。

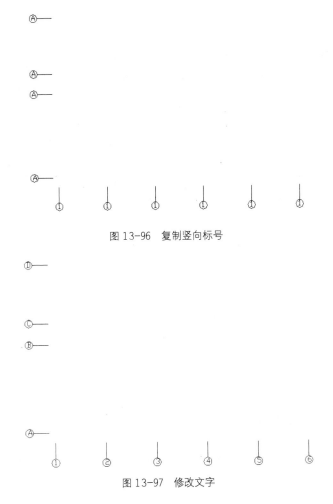

图 13-96 复制竖向标号

图 13-97 修改文字

（10）插入标号。将"轴线层"设为当前图层，将标号移动至图中与中线对齐的位置，结果如图 13-98 所示。

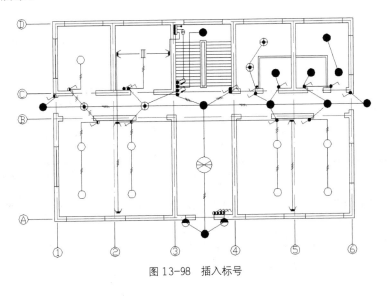

图 13-98 插入标号

13.3.6 添加文字和标注

（1）添加文字。将"文字层"设为当前图层，单击"绘图"工具栏中的"多行文字"按钮 A 或快捷命令 MT，添加各个房间的文字代号及元器件符号，如图 13-99 所示。

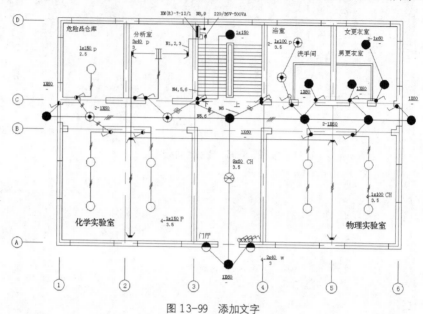

图 13-99 添加文字

（2）添加标注。单击菜单栏中的"格式"→"标注样式"命令，系统弹出"标注样式管理器"对话框，如图 13-100 所示。

（3）单击"新建"按钮，系统弹出"创建新标注样式"对话框。在"新样式名"文本框中输入"照明平面图"，选择"基础样式"为"制造业（公制）"，在"用于"下拉列表中选择"所有标注"选项，如图 13-101 所示。

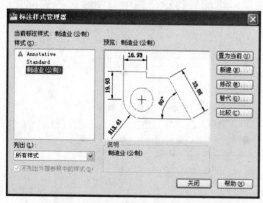

图 13-100 "标注样式管理器"对话框

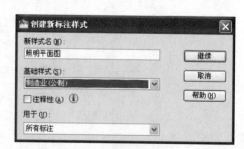

图 13-101 "创建新标注样式"对话框

（4）单击"继续"按钮，弹出"新建标注样式"对话框，设置"符号和箭头"选项卡中的选项，如图 13-102 所示。

（5）设置完毕后，返回"标注样式管理器"对话框，单击"置为当前"按钮，将"照明平面图"样式设置为当前使用的标注样式。

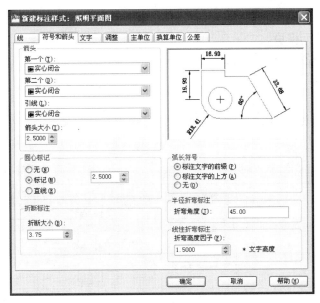

图 13-102 "符号和箭头"选项卡设置

（6）单击"标注"工具栏中的"线性"按钮 ⊢ ，标注轴线间的尺寸，完成图形的绘制。

13.4 上机操作

【实验1】绘制如图 13-103 所示的门禁系统图。

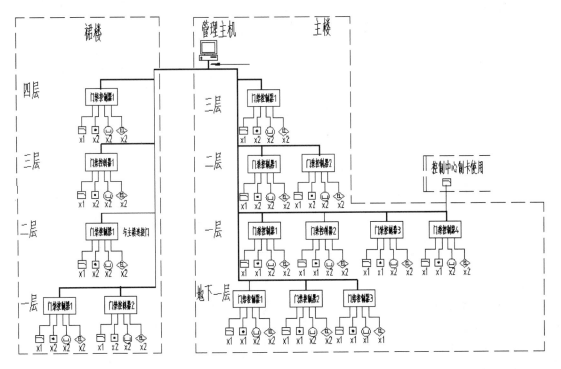

图 13-103 门禁系统图

操作指导：

（1）绘制各个单元模块。

（2）插入和复制各个单元模块。

（3）绘制连接线。

（4）文字标注。

【实验 2】绘制如图 13-104 所示的媒体工作间综合布线系统图。

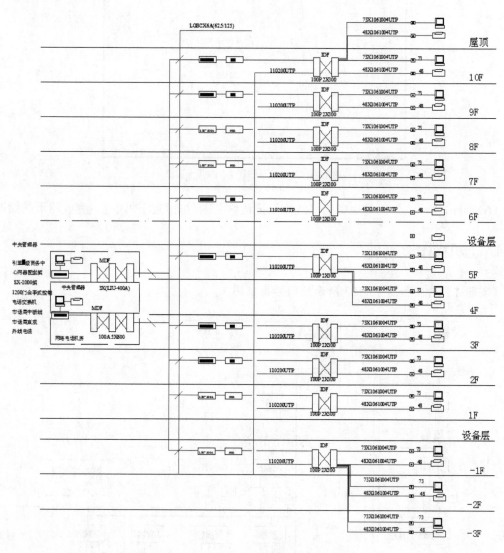

图 13-104　综合布线系统图

操作指导：

（1）绘制轴线。

（2）绘制图块。

（3）插入模块。

（4）文字标注。

思考与练习

1. 绘制如图 13-105 所示的跳水馆照明干线系统图。

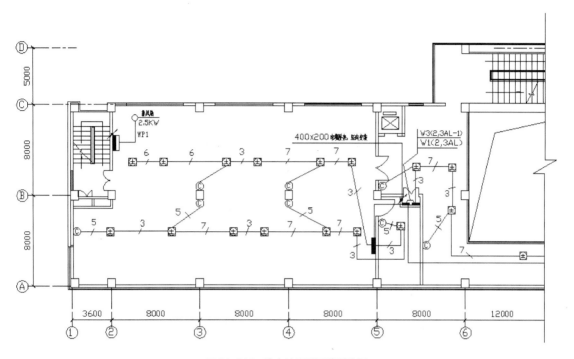

图 13-105　跳水馆照明干线系统图

2. 绘制如图 13-106 所示的车间电力平面图。

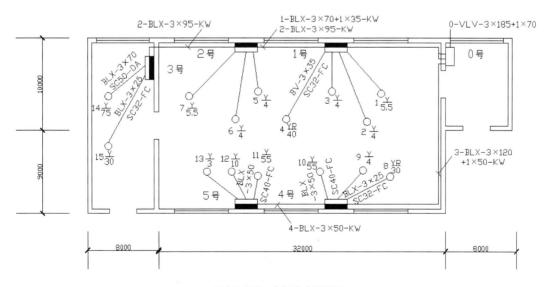

图 13-106　车间电力平面图